高等教育规划教材

Android 移动应用开发实用教程

夏辉　李天辉　陈枭　等编著

机械工业出版社

本书主要介绍Android移动应用开发的基础知识和开发技巧，从基础知识开始讲解，由易入难，循序渐进，主要包括：Android基础知识、环境搭建、开发组件介绍、Menu和消息框、数据库和存储技术、多线程、网络通信开发，以及移动通信业务开发等。从技术实现上，讲解了Android平台下一个完整综合实例及源代码分析——新闻移动客户端开发，该案例包括了客户端和服务器端的开发，几乎涉及了本书的所有知识点。每章都配有习题和实验，并将重要的知识点和经验技巧以“小实验”“小知识”的活泼形式呈现给读者。

本书为了指导读者更深入地进行学习，包含了所有章节实例和实验的源代码。本书既可作为高等学校计算机软件技术课程的教材，也可作为管理信息系统开发人员的技术参考书。

本书配套授课电子课件，需要的教师可登录www.cmpedu.com免费注册，审核通过后下载，或联系编辑索取（QQ：2850823885，电话：010-88379739）。

图书在版编目（CIP）数据

Android移动应用开发实用教程/夏辉等编著．—北京：机械工业出版社，2015.8（2018.1重印）
高等教育规划教材
ISBN 978-7-111-51177-9

Ⅰ．①A…　Ⅱ．①夏…　Ⅲ．①移动终端－应用程序－程序设计－高等学校－教材　Ⅳ．①TN929.53

中国版本图书馆CIP数据核字（2015）第189375号

机械工业出版社（北京市百万庄大街22号　邮政编码100037）
策划编辑：郝建伟　张　冰　　责任编辑：郝建伟
责任校对：张艳霞　　责任印制：李　昂
三河市宏达印刷有限公司印刷

2018年1月第1版·第3次印刷
184mm×260mm·19.5印张·484千字
4801-6300册
标准书号：ISBN 978-7-111-51177-9
定价：49.00元

凡购本书，如有缺页、倒页、脱页，由本社发行部调换
电话服务　　网络服务
服务咨询热线：(010)88379833　　机 工 官 网：www.cmpbook.com
读者购书热线：(010)88379649　　机 工 官 博：weibo.com/cmp1952
教育服务网：www.cmpedu.com
封面无防伪标均为盗版　　金 书 网：www.golden-book.com

出 版 说 明

当前，我国正处在加快转变经济发展方式、推动产业转型升级的关键时期。为经济转型升级提供高层次人才，是高等院校最重要的历史使命和战略任务之一。高等教育要培养基础性、学术型人才，但更重要的是加大力度培养多规格、多样化的应用型、复合型人才。

为顺应高等教育迅猛发展的趋势，配合高等院校的教学改革，满足高质量高校教材的迫切需求，机械工业出版社邀请了全国多所高等院校的专家、一线教师及教务部门，通过充分的调研和讨论，针对相关课程的特点，总结教学中的实践经验，组织出版了这套“高等教育规划教材”。

本套教材具有以下特点：

1）符合高等院校各专业人才的培养目标及课程体系的设置，注重培养学生的应用能力，加大案例篇幅或实训内容，强调知识、能力与素质的综合训练。

2）针对多数学生的学习特点，采用通俗易懂的方法讲解知识，逻辑性强、层次分明、叙述准确而精炼、图文并茂，使学生可以快速掌握，学以致用。

3）凝结一线骨干教师的课程改革和教学研究成果，融合先进的教学理念，在教学内容和方法上做出创新。

4）为了体现建设“立体化”精品教材的宗旨，本套教材为主干课程配备了电子教案、学习与上机指导、习题解答、源代码或源程序、教学大纲、课程设计和毕业设计指导等资源。

5）注重教材的实用性、通用性，适合各类高等院校、高等职业学校及相关院校的教学，也可作为各类培训班教材和自学用书。

欢迎教育界的专家和老师提出宝贵的意见和建议。衷心感谢广大教育工作者和读者的支持与帮助！

机械工业出版社

前　言

Android 是一种基于 Linux 内核、开放源代码的操作系统，主要使用于移动设备，如智能手机、平板电脑和数字电视等。来自互联网的统计数据显示，Android 已经成为目前使用最为广泛的移动操作系统，远超 Apple 公司的 iOS 和 Microsoft 公司的 Windows Phone。根据 Gartner 对智能手机操作系统占有市场份额的预期，2015 年，Android 操作系统的占有份额将达到 50% 左右，远高于其他操作系统。

对于学习 Java 编程语言的读者，Android 操作系统的出现，提供了新的学习方向。巨大的市场需求，提供了更多的机会，也急需更多的开发者来提供更加丰富的应用。本书主要针对学习过 Java 编程语言，具备一定的编程基础，有意愿学习 Android 平台应用程序开发的读者人群。

多数学习开发的读者在熟悉了语法知识之后，都想迫不及待地一展身手，编写一款属于自己的软件，这是良好的学习习惯，也是值得肯定的学习编程的积极态度。但是，如果所选择的项目过大、过于复杂，往往很难将功能实现，即使有参考代码和帮助文档，也会陷入代码海洋或文档风暴中，这样只会收到事倍功半的效果，而且，学习的积极性也会受到很大的打击。所以，对于初学者，建议选择功能单一、结构简单的项目。

本书共分为 11 章。第 1 章介绍 Android 应用开发基础知识；第 2 章介绍 Android 开发组件；第 3 章介绍 Android 开发的 Java 基础知识；第 4 章介绍 Android 布局管理器；第 5 章介绍 Android 基本控件；第 6 章介绍 Menu 菜单和消息框；第 7 章介绍数据库与存储技术；第 8 章介绍 Android 多线程；第 9 章介绍 Android 网络通信开发；第 10 章介绍移动通信功能开发。第 11 章介绍一个综合案例——新闻移动客户端开发。每章都有相应的实例和针对该章节的实验，以便读者更好地理解本章的内容，并且每章都有精选的课后习题，习题都有详细的参考答案和代码可供读者下载。

本书在编写过程中，按照知识的逻辑关系来分章，循序渐进、突出重点，对知识点的讲解与介绍尽量做到全面，并给出可以应用于何种场合的建议。对于重点、难点知识，给出专门的演示项目，按步骤讲解实现方式。全书所有章节讲解知识的方式统一，结构清晰，方便读者快速查询相关问题。每个章节开始都给出了该章的主要内容，列举出该章主要介绍的知识点。在介绍内容时，根据不同知识点的具体情况，介绍知识点的分类、周边信息并总结功能实现的步骤。

本书配套电子资料中含有本书中所列全部项目的实例和实验代码，读者可以将整个工作空间都引入 Eclipse 中。配套资料中的 Android 项目在开发时采用 Eclipse ADT 4.2、SDK 4.2，运行的目的平台最低是 Android 2.3.3。配套资料中的 Web 项目在开发时采用 MyEclipse 9.1，这些项目需要部署在服务器（如 Tomcat 6.0）中才能运行。

作为 developer. android、CSDN、51CTO、eoeandroid 和机锋开发者等技术论坛和社区的忠实用户和学习者，在本书的编写过程中，作者从中受益匪浅，也建议读者在遇到学习问题时，向专业技术论坛或社区求助。在本书完成之际，特别要感谢刘杰教授和李航教授给予的指导和建议。

本书由夏辉、李天辉、陈枭编写，参加本书编写、调试工作的还有吴鹏、李航、穆宝良、张勇。本书的顺利出版，要感谢学校的领导和老师给予的大力支持和帮助。

由于作者学术与经验的欠缺，在本书的结构、知识点与难点的选择和解析过程中，难免会存在一定的问题与不足，希望广大读者不吝赐教。相关技术问题可以发送邮件到 freund_xia@ 126. com 进行交流，作者会尽量给予答复。

编　者

目　录

第1章　Android应用开发概述

Android是Google公司开发的基于Linux的开源移动信息设备应用程序开发平台，是首个为移动终端打造的真正开放和完整的软件开发平台。本章将首先对Android的历史、发展和功能进行简单介绍，并在此基础上详细介绍Android应用程序开发环境的搭建过程及平台架构组成，为后续的应用程序开发打下良好的基础。

1.1　Android简介

无论你是一名经验丰富的移动开发工程师、桌面开发人员或者Web开发人员，还是一个初出茅庐的编程新手，Android都为编写具有创新性的移动应用程序带来了令人兴奋的新机遇。

虽然它被命名为Android（机器人），但事实上，Android是一个开源的软件栈，它包含了操作系统、中间件和关键的移动应用程序，以及一组用于编写移动应用程序的API库。所编写的移动应用程序将决定移动设备的样式、观感和功能。

小巧玲珑、外观时尚且功能丰富的现代移动设备，已经成为了集触摸屏、摄像头、媒体播放器、GPS系统和近场通信（Near Field Communications，NFC）硬件为一体的强大工具。随着技术的发展，手机的功能已不再仅仅是打电话那么简单。在添加了对平板电脑和Google TV等的支持后，Android已经不再只是一个手机操作系统，它为在越来越多的硬件上进行应用开发提供了一个一致的平台。

在Android中，本地应用程序和第三方应用程序使用相同的API编写，并且在相同的运行环境（Runtime）上执行。这些API的功能包括硬件访问、视频录制、基于位置的服务（Location - based Service）、后台服务支持、基于地图的Activity、关系数据库、应用程序间的通信、蓝牙、NFC，以及2D和3D图形。通过本书，读者可以学到如何使用这些API来开发自己的Android应用程序。

Android拥有功能强大的API、出色的文档及开发人员社区，而且不需要为开发或发布支付费用。随着移动设备的日益普及，以及越来越多的设备采用Android作为系统，不管具有什么样的开发背景，使用Android来开发新颖的手机应用程序都是一个令人为之振奋的事情。

1. 背景信息

在Twitter和Facebook出现之前，当Google还只是一个想法时，手机只是小体积的便携电话，能够放在公文包中，电池足够用上几个小时。虽然没有多余的功能，但是手机确实使人们可以不通过物理通信线路就能自由通信。

现在，小巧、时尚而且功能强大的手机已经相当普及并且不可或缺。硬件的发展使手机在拥有更大更亮的屏幕和越来越多的外围设备的同时，也变得更加小巧和高效。

继集成了摄像头和媒体播放器以后，现在的手机更是包含了GPS系统、加速计、NFC硬件和高分辨率触摸屏。虽然这些硬件上的创新为软件开发提供了广泛的应用基础，但实际情况却不容乐观，手机应用程序的开发已经落后于相应的硬件水平了。

2. Android 的发展

过去，那些通常使用 C 或者 C ++ 进行编程的开发人员必须理解在其上编写代码的特定硬件。这些硬件通常是一个设备，但也可能是来自于同一家生产商的一系列设备。随着硬件技术和移动互联网接入技术的发展，这种封闭的方法很难追赶硬件发展的步伐。

后来，人们开发出了类似 Symbian 这样的平台，从而给开发人员提供了更广泛的目标用户群（Target Audience）。在鼓励移动开发人员开发更为丰富的应用程序以便更高效地利用硬件方面，这些系统比上述那种封闭的方法更加成功。

这些平台提供了一些访问设备硬件的接口，但是要求编写复杂的 C/C ++ 代码，而且严重依赖那些因难以使用而著称的专有 API。当开发那些必须运行在不同的硬件实现上的应用程序，以及使用特定的硬件功能（如 GPS）的应用程序时，这些困难就呈现在了开发人员面前。

近几年，移动开发的最大亮点在于引入了由 Java 承载（Java – hosted）的 MIDlet。MIDlet 是在一个 Java 虚拟机上执行的，它把底层的硬件抽象出来，从而使开发人员可以开发出能运行在多种硬件上的应用程序，只要这些硬件支持 Java 运行环境（Java Run Time）就可以。遗憾的是，这种便利是以对设备硬件的访问限制为代价的。

在移动开发中，通常第三方应用程序的硬件访问和执行权限与手机制造商编写的本机应用程序的权限是不同的，而 MIDlet 则通常不具有这两种权限。

Java MIDlet 的引入扩大了开发人员的目标用户群，但是由于缺乏对低级硬件的访问权限及沙盒式的执行等原因，大部分移动应用程序都是运行在较小屏幕上的桌面程序或 Web 站点，而没有充分利用移动平台的固有移动性。

3. Android 的未来

Android 作为一个出现不久的移动信息设备开发平台，因为具有一些巨大的先天优势，所以发展前景良好。Android 的优势主要体现在以下几个方面。

（1）系统的开放性和免费性

Android 最震撼人心之处在于 Android 手机系统的开放性和服务免费。Android 是一个对第三方软件完全开放的平台，开发者在为其开发程序时拥有最大的自由度，突破了 iPhone 等只能添加为数不多的固定软件的枷锁，同时与 Windows Mobile、Symbian 等操作系统不同，Android 操作系统免费向开发人员提供，这一点对开发者和厂商来说是最大的诱惑。

（2）移动互联网的发展

Android 采用 WebKit 浏览器引擎，具备触摸屏、高级图形显示和上网功能，用户能够在手机上查看电子邮件、搜索网址，以及观看视频节目等，比 iPhone 等具有更强大的搜索功能，界面更强大，可以说是一种融入全部 Web 应用的互联网络平台。这正顺应了移动互联网这个大潮流，也必将有助于 Android 的推广及应用。

（3）相关厂商的大力支持

Android 项目目前正在从手机运营商、手机制造厂商、开发者和消费者那里获得大力支持。从组建开放手机联盟开始，Google 一直在向服务提供商、芯片厂商和手机销售商提供 Android 平台的技术支持。

但是 Android 也不是一个完美的系统，它同样面临着许多挑战，主要体现在以下几个方面。

（1）技术的进一步完善

目前，Android 系统在技术上仍有许多需要完善的地方，例如，不支持桌面同步功能，还有自身系统的一些 bug，这些都是 Android 需要去继续完善的地方。

（2）开放手机联盟模式的挑战

Android 由开放手机联盟开发、维护和完善，还有未来的创新。很多人会担心，最终的结局是否会像当年的 Linux 和 Windows 操作系统之争那样？这种开放式联盟的模式，对 Android 未来的发展、定位是否存在阻碍作用？这些未知的隐忧，也会影响一些开发者的信心。

（3）其他技术的竞争

提到移动信息设备，特别是智能手机，永远都要注意 Windows Phone，因为它背后的微软公司拥有 PC 操作系统市场最大、最牢不可破的占有率。而智能手机与 PC 互相连动，实现无缝对接，这是智能手机的一个发展趋势。在这方面，Android 就显得稍逊一筹。此外，即使在智能手机自身的操作系统上，苹果公司的 iPhone 目前也拥有很强的竞争力。

1.2 Android 开发环境搭建

对于 Android 开发人员来说，开发工具非常重要。作为一项新兴技术，在进行开发前，首先要搭建一个相应的开发环境。但是 Android 提供的就业机会太多了，程序员既可以做底层开发，也可以做顶层的应用开发。其中底层开发多数是指与硬件相关的工作，并且是基于 Linux 环境的，例如开发驱动程序，使用 C 和 C ++ 语言来实现。而应用开发是指开发能在 Android 系统上运行的程序，例如游戏、地图等程序，使用 Java 语言来实现。因为本书重点是讲解应用开发，所以接下来只讲解搭建 Android 应用开发平台的方法。

1.2.1 安装 Android 系统要求

在安装一款软件之前，需要先考虑一个问题，那就是自己的计算机是否能够满足该软件的运行环境。表 1-1 中列出了安装 Android 应用开发平台的硬件需求。

表 1-1 开发系统所需参数

项　目	版本要求	说　明	备　注
操作系统	Windows XP/Vista/7/8、Mac OS X10.8.4、Linux Ubuntu Drapper	根据自己的计算机自行选择	选择自己最熟悉的操作系统
软件开发包	Android SDK	选择最新版本的 SDK	本书选择的手机版本是 4.4.2
IDE	Eclipse IDE、ADT	Eclipse 4.3(Kepler)、4.4(Luna)，ADT(Android Development Tools）开发插件	选择“for Java Developer”
其他	JDK Apache Ant	Java SE Development Kit 5 或 6，Linux 和 Mac 上使用 Apache Ant 1.6.5 +，Windows 上使用 1.7 + 版本	（单独的 JRE 不可以，必须要有 JDK），不兼容 GNU Java 编译器（gcj）

Android 开发工具是由多个开发包组成的，其中最主要的开发包如下。

- JDK：可到 http://www.oracle.com/technetwork/java/javase/downloads 下载。
- Eclipse：可到 http://www.eclipse.org/downloads/下载 Eclipse IDE for Java Developer。
- Android SDK：可到 http://developer.android.com 下载。
- 对应的开发插件。

1.2.2 搭建 Android 环境具体步骤

本书所讲的安装是以 Windows 为平台，安装的软件为 JDK 1.7、Eclipse 4.4、ADT 1.5 和 Android SDK 4.4.2。下面具体介绍各种软件的安装步骤。

1. 安装 JDK

安装 Eclipse 的开发环境需要 JRE 的支持，在 Windows 上安装 JRE/JDK 的方法非常简单，具体流程如下。

1）打开上一小节给出网址，界面如图 1-1 所示。

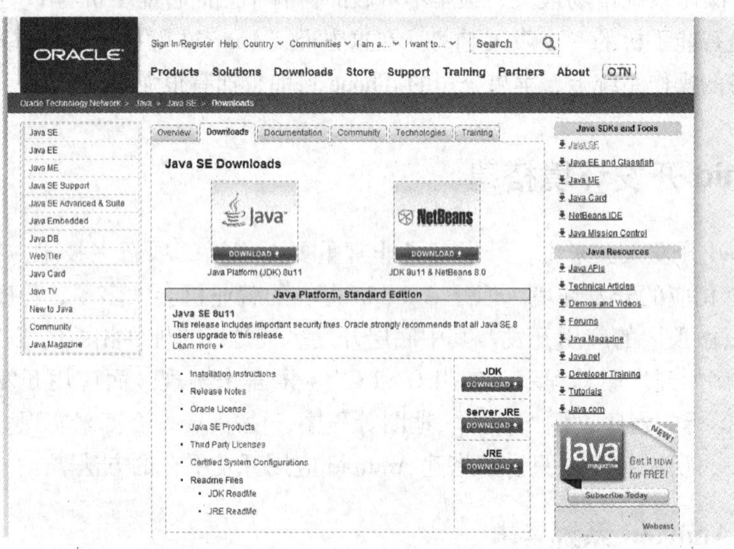

图 1-1 下载页面

2）单击“JRE DOWNLOADS”按钮，进入下载页面，根据自己所拥有的计算机配置选择下载的软件版本，如图 1-2 所示。

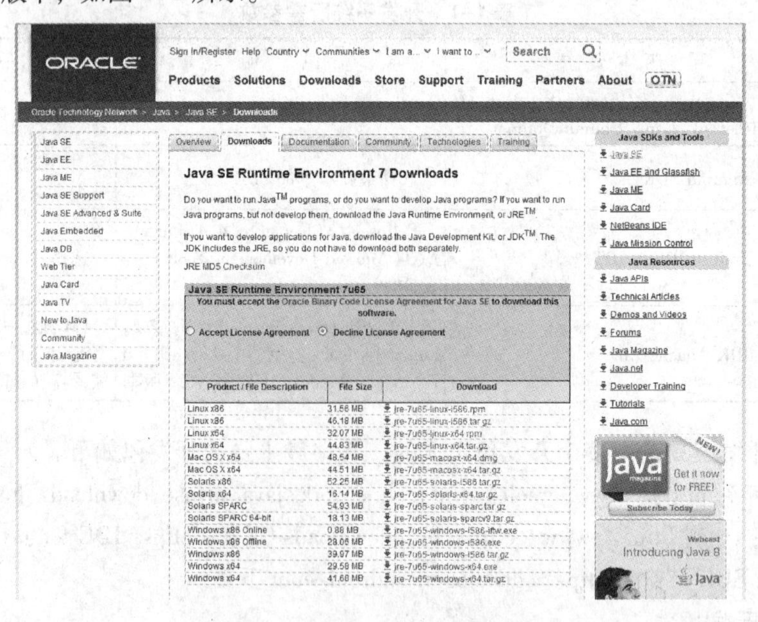

图 1-2 选择需要安装的软件版本

3）这里根据使用操作系统类型选择“Windows x86 Offline”，下载离线版本到本机安装。安装过程使用软件默认选项即可，过程不再赘述。

如果经过上述安装步骤并检测之后，发现安装失败，只需将其目录的绝对路径添加到系统的 PATH 中即可解决。这个解决办法的具体流程如下。

1）在桌面上右击“我的电脑”图标，在弹出的快捷菜单中选择“属性”命令，在弹出的对话框中选择“高级”选项卡。单击下面的“环境变量”按钮，在弹出的对话框的“系统变量”选项组中单击“新建”按钮，在弹出的对话框的“变量名”文本框中输入“JAVA_HOME”，在“变量值”文本框中输入刚才的目录，比如笔者的是“C:\Program Files\Java\jdk1.7.0_01”。

2）然后新建一个变量，名为 classpath，其变量值如下所示。

单击“确定”按钮，找到 PATH 的变量，双击变量或单击“编辑”按钮，在“变量值”最前面添加如下值。

```
%JAVA_HOME%/bin;
```

📖 完成安装后可以检测是否安装成功，方法是单击“开始”按钮，选择“运行”命令，在弹出的“运行”对话框中输入“cmd”并按〈Enter〉键，在打开的 CMD 窗口中输入“java -version”命令，如果显示如图 1-3 所示的提示信息，则说明安装成功。

```
.;%JAVA_HOME%lib/rt.jar;%JAVA_HOME%/lib/tools.jar
```

```
C:\WINDOWS\system32\cmd.exe
Microsoft Windows XP [版本 5.1.2600]
(C) 版权所有 1985-2001 Microsoft Corp.

C:\Documents and Settings\Administrator>java -version
java version "1.7.0_65"
Java(TM) SE Runtime Environment (build 1.7.0_65-b19)
Java HotSpot(TM) Client VM (build 24.65-b04, mixed mode, sharing)

C:\Documents and Settings\Administrator>
```

图 1-3　CMD 窗口

2. 安装 Eclipse

1）打开 Eclipse 的官方下载页面 http://www.eclipse.org/downloads/，如图 1-4 所示。

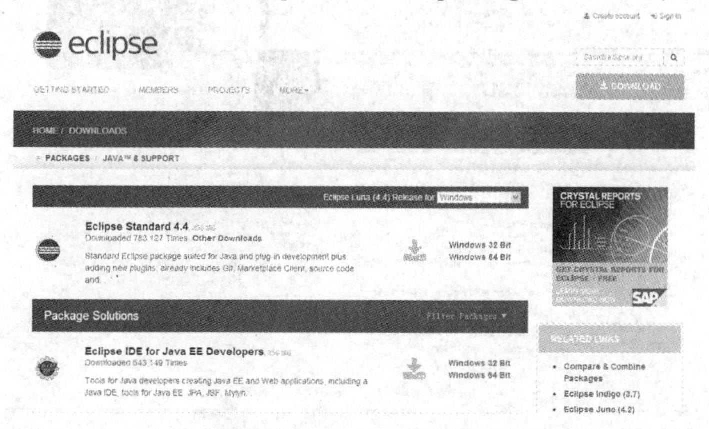

图 1-4　Eclipse 下载页面

2）在页面中根据读者所用机器的位数选择“Windows 32 Bit”选项或“Windows 64 Bit”选项，来到其下载的镜像页面，在此只需选择离用户最近的镜像即可（一般推荐的下载速度都满足需要），如图 1-5 所示。

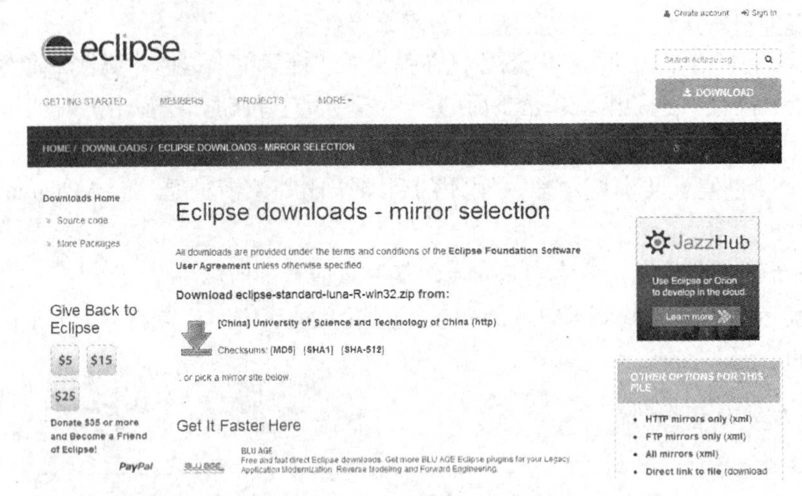

图 1-5　选择镜像

3）下载完成后，找到下载的压缩包“eclipse - standard - luna - R - win32. zip”。解压 Eclipse 下载的压缩文件后即可使用，而无须安装程序，不过在使用前一定要先安装 JDK。在此假设 Eclipse 解压后存放的目录为 D:\eclipse。

4）进入解压后的目录，此时可以看到一个名为“eclipse. exe”的可执行文件，双击此文件直接运行，Eclipse 能自动找到用户先前安装的 JDK 路径。

3. 安装 Android SDK

1）打开 Android 开发者社区网站 http://developer. android. com/sdk/index. html，如图 1-6 所示，然后单击该页面中的“VIEW ALL DOWNLOADS AND SIZES”链接，显示内容如图 1-7 所示，在图中根据笔者使用的操作系统类型，这里选择网站推荐的“installer_r23. 0. 2 - windows. exe”。

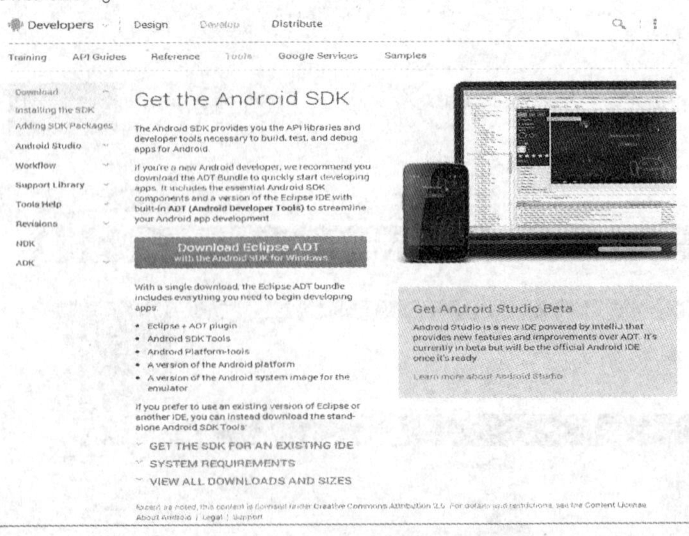

图 1-6　Android SDK 下载页面

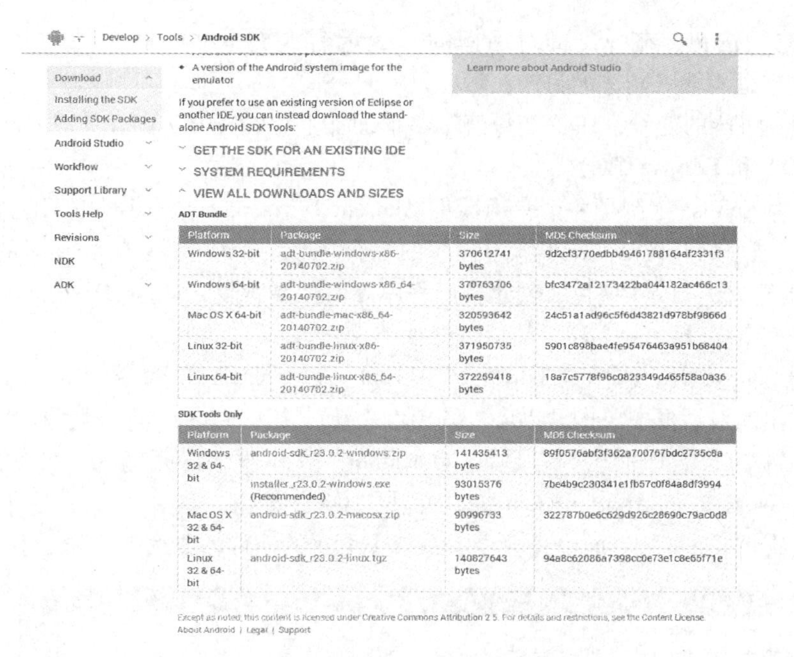

图 1-7　Android SDK 具体版本细节页面

2）下载安装文件，按照软件的默认常规设置安装即可，需要留意软件安装的具体位置，笔者采用的位置是“D:\Program Files\Android\android - sdk”，再单击“开始”按钮，选择“运行”命令，在弹出的“运行”对话框中输入“cmd”并按〈Enter〉键，在打开的CMD窗口中输入一个测试命令，例如“android - h”，如果显示如图 1-8 所示的提示信息，则说明安装成功。

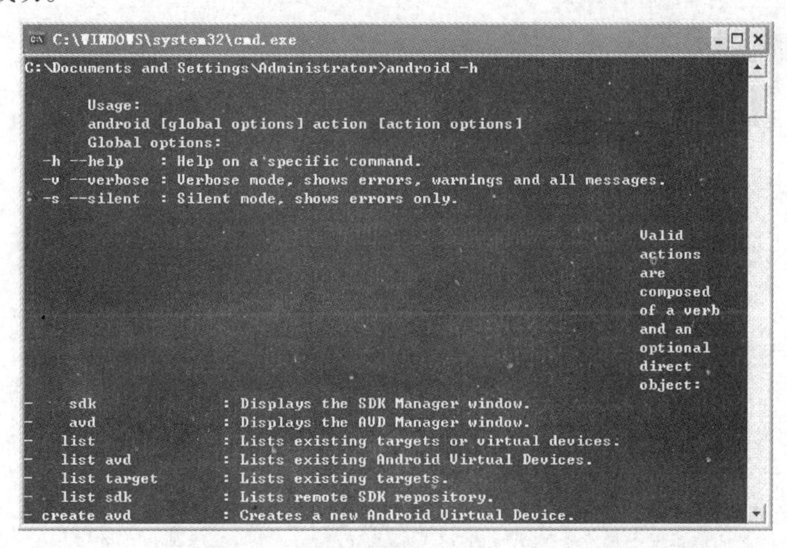

图 1-8　测试信息

如果经过上述安装步骤并检测之后发现安装失败，这时需将其 tools 目录的绝对路径添加到系统的 PATH 中，具体操作步骤如下。

1）右击“我的电脑”图标，在弹出的快捷菜单中选择“属性”命令，在弹出的对话框中选择“高级”选项卡。单击“环境变量”按钮，在弹出的对话框的“系统变量”选项组中单击“新建”按钮，在弹出的对话框的“变量名”文本框中输入“SDK_HOME”，在“变量值”文本框中输入刚才的目录。

2）找到PATH的变量，在“变量值”最前面加上“%SDK_HOME%/tools;”。

4. 将ADT和Eclipse绑定

Android为Eclipse定制了一个专用插件Android Development Tools（ADT），此插件为用户提供了一个强大的开发Android应用程序的综合环境。ADT扩展了Eclipse的功能，可以让用户快速地建立Android项目，创建应用程序界面。要安装Android Development Tools plug-in，需要首先打开Eclipse IDE，然后进行如下操作。

1）打开Eclipse后，选择“Help”→“Install New Software”命令。

2）在弹出的对话框中单击“Add”按钮，在弹出的“Add Site”对话框中分别输入名称和地址，名称可以自己命名，但是在“Location”文本框中必须输入插件的网络地址http://dl-ssl.google.com/Android/eclipse/，单击“OK”按钮。

3）此时在“Install”界面中将会显示系统中可用的插件，如图1-9所示。

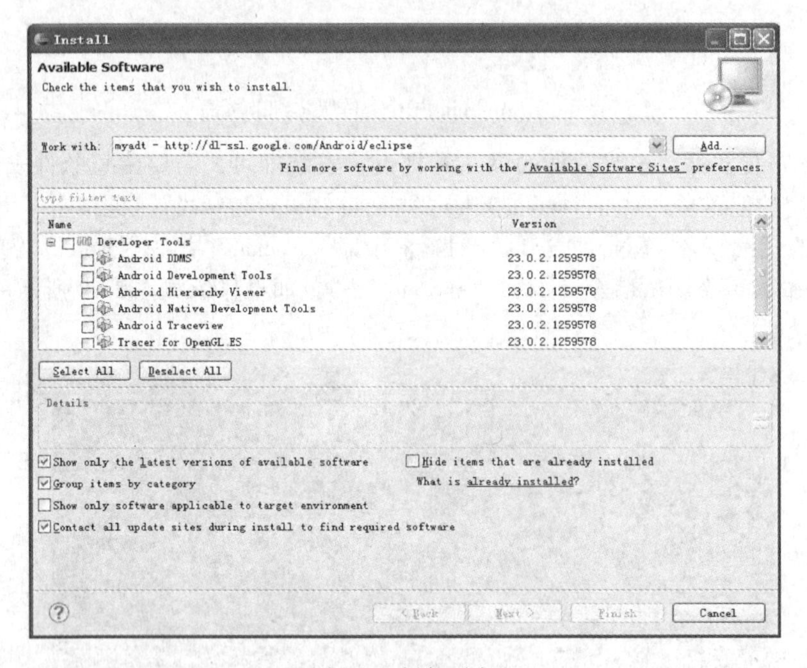

图1-9　插件列表

4）选中“Android DDMS”和“Android Development Tools”复选框，然后单击“Next”按钮，进行安装。

📖 此步骤需要详细计算每一个插件所占用的硬盘空间，这个过程会占用较多的计算机资源，所以安装过程会比较慢，此时需要耐心等待。完成后会提示重启Eclipse来加载插件，等重启后即可使用。不同版本的Eclipse安装插件的方法和步骤是不同的，但是都大同小异，读者根据操作提示都能够自行解决。

1.2.3　创建虚拟设备（AVD）

只有经过调试之后，才能知道程序是否能正确运行。作为一款手机系统，怎样在计算机平台上调试Android程序呢？谷歌提供了模拟器来解决这一问题。所谓模拟器，就是指在计算机上模拟Android系统，可以用这个模拟器来调试并运行开发的Android程序。开发人员不需要一个真实的Android手机，通过计算机即可模拟运行一个手机，开发出应用在手机上的程序。

AVD全称为Android虚拟设备（Android Virtual Device），每个AVD模拟一套虚拟设备来运行Android平台，这个平台至少要有自己的内核、系统图像和数据分区，还可以有自己的SD卡和用户数据，以及外观显示等。创建AVD的基本操作步骤如下。

1）单击Eclipse菜单中的图标，如图1-10所示。

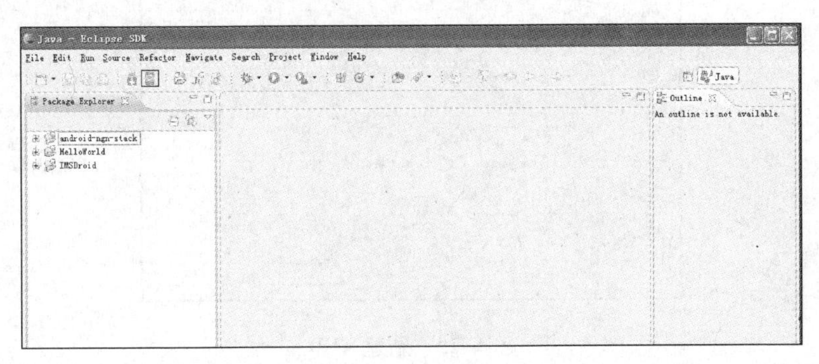

图1-10　创建AVD

2）在打开的“Android Virtual Device Manager”界面的“Virtual Devices”列表框中列出了当前已经存在的AVD，如图1-11所示，可以通过右侧的按钮来创建、删除或修改AVD。

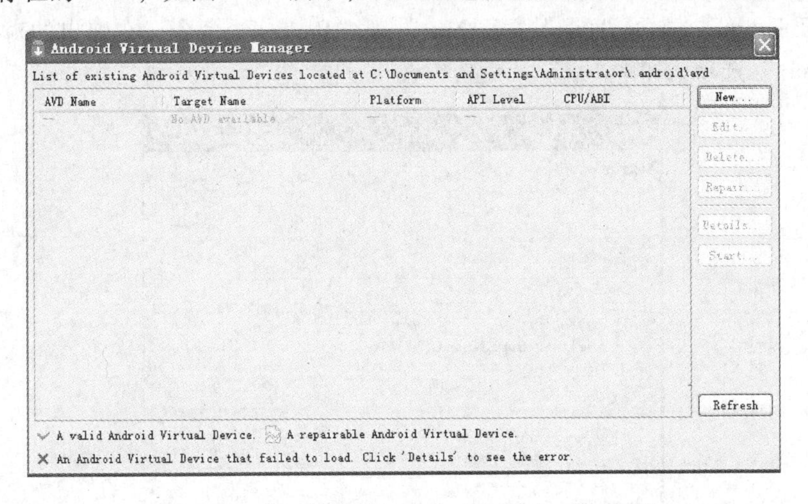

图1-11　“Android Virtual Device Manager”界面

主要按钮的具体说明如下。

- New：创建新的AVD，单击此按钮，在弹出的对话框中可以创建一个新AVD，如图1-12所示。
- Edit：修改已经存在的AVD。
- Delete：删除已经存在的AVD。
- Start：启动一个AVD模拟器。

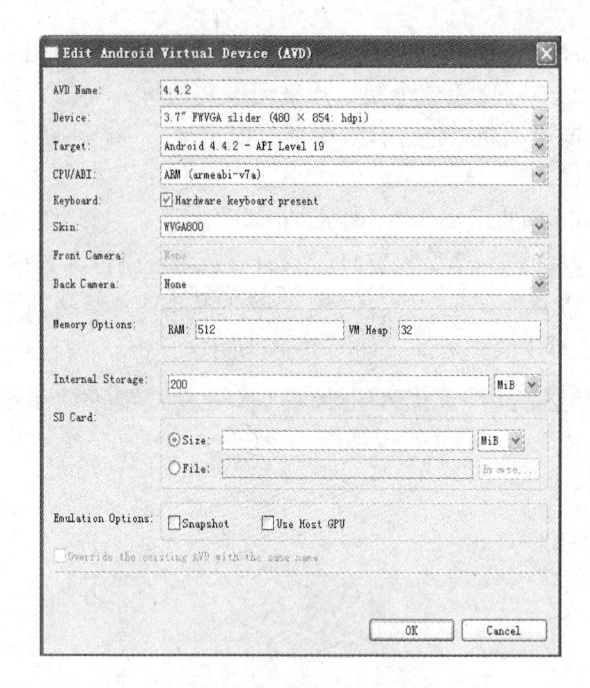

图 1-12　新建 AVD

1.2.4　验证开发环境

接下来新建一个项目来验证搭建的环境是否可行。

1）打开 Eclipse，选择“File”→“New”→“Project”命令，在弹出的对话框中可以看到“Android”选项，如图 1-13 所示。

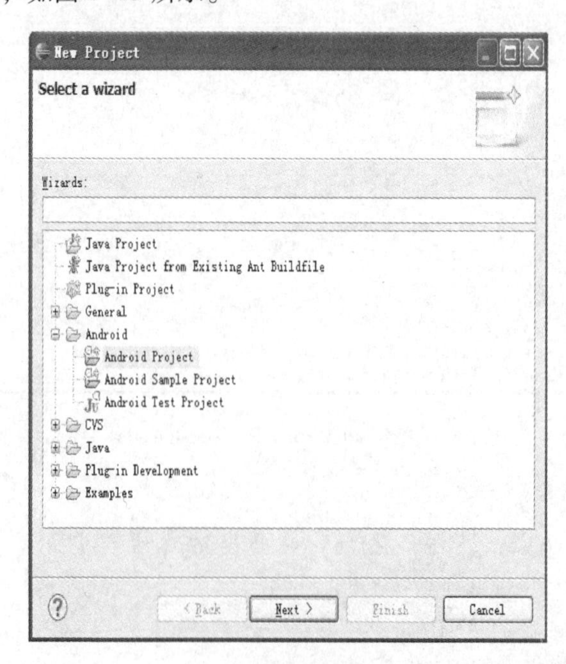

图 1-13　新建项目

2）选择“Android”选项，单击“Next”按钮，打开“New Android Application”对话框，在对应的文本框中输入必要的信息，并选择自己需要的 Android SDK 版本，如图 1-14 所示。

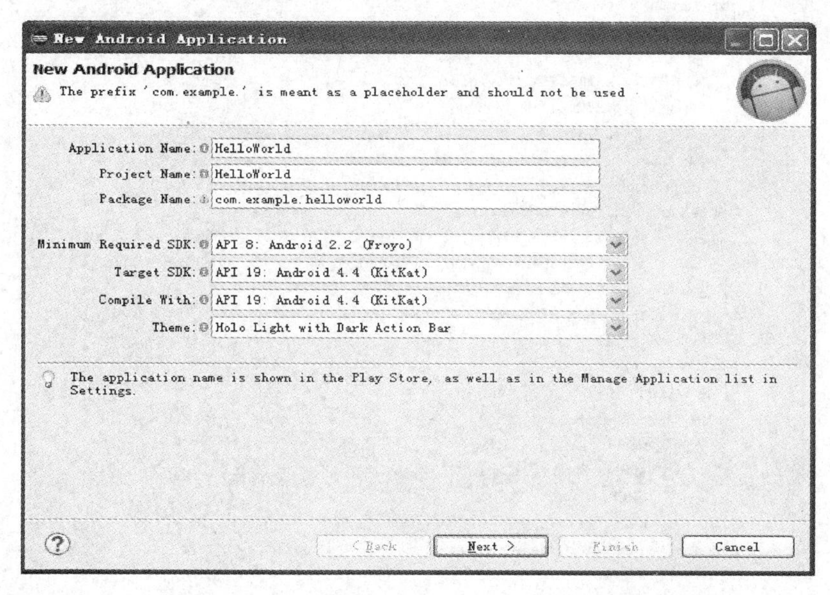

图 1-14 “New Android Application”对话框

3）之后进入配置新建项目参数页面，如图 1-15 所示。依次单击“Next”按钮，直到单击“Finish”按钮，Eclipse 会自动完成项目的创建工作，最后会看到如图 1-16 所示的项目结构。

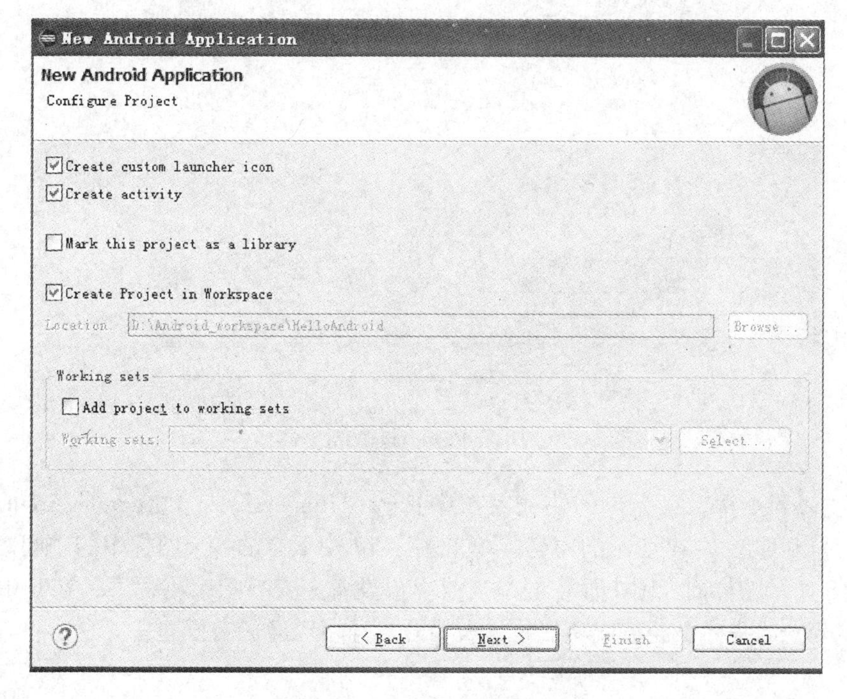

图 1-15 配置项目参数界面

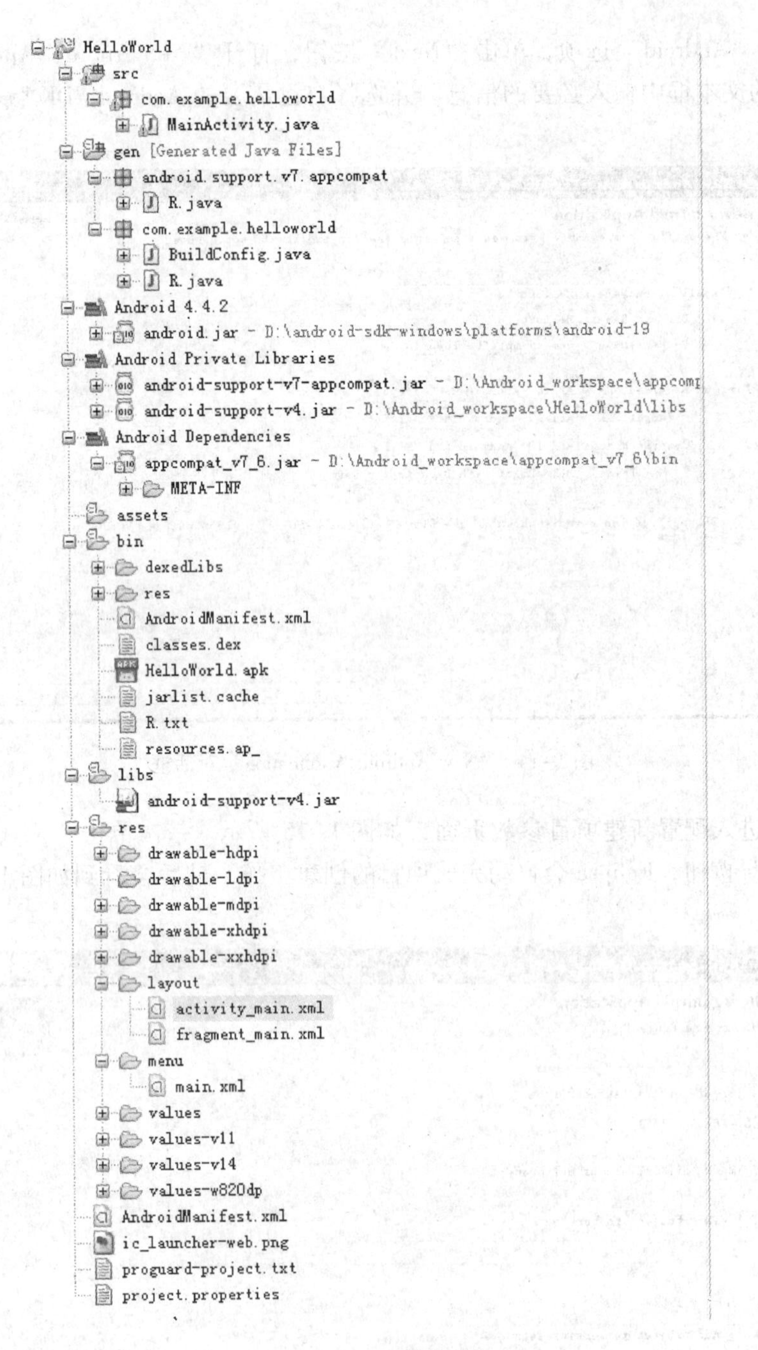

图 1-16　项目结构

4）右击项目名称，在弹出的快捷菜单中选择“Run As”→“Android Application”命令，运行后得到如图 1-17 所示的内容。单击图 1-17 中下方的 5 个图标中的中间图标，则显示如图 1-18 所示的界面，图中显示的是当前虚拟设备上安装的应用程序，在其中发现刚刚建立的 HelloWorld 程序已经被成功安装，表明开发环境已经成功搭建。

图 1-17　Android 虚拟设备

图 1-18　虚拟设备上安装的应用程序

1.3　Android 平台架构

为了更加深入地理解 Android 的精髓，有必要了解 Android 的系统架构及其组成。这样才能知道 Android 究竟能干什么，所要学的是什么。

1.3.1　Android 平台架构概述

Android 是一个移动设备的开发平台，其软件层次结构包括操作系统（OS）、中间件（MiddleWare）和应用程序（Application）。根据 Android 的软件框图，其软件层次结构自下而上分为以下 4 层。

- 操作系统层（OS）。
- 各种库（Libraries）和 Android 运行环境（RunTime）。
- 应用程序框架（Application Framework）。
- 应用程序（Application）。

上述各个层的具体结构如图 1-19 所示。

1. 操作系统层（OS）——最底层

因为 Android 源于 Linux，使用了 Linux 内核，所以 Android 使用 Linux 2.6 作为操作系统。Linux 2.6 是一种标准的技术，Linux 也是一个开放的操作系统。Android 对操作系统的使用包括核心和驱动程序两部分，Android 的 Linux 核心为标准的 Linux 2.6 内核，Android 更多的是需要一些与移动设备相关的驱动程序。主要的驱动程序有以下几个。

- 显示驱动（Display Driver）：常用基于 Linux 的帧缓冲（Frame Buffer）驱动。
- Flash 内存驱动（Flash Memory Driver）：是基于 MTD 的 Flash 驱动程序。
- 相机驱动（Camera Driver）：常用基于 Linux 的 v4l 驱动。

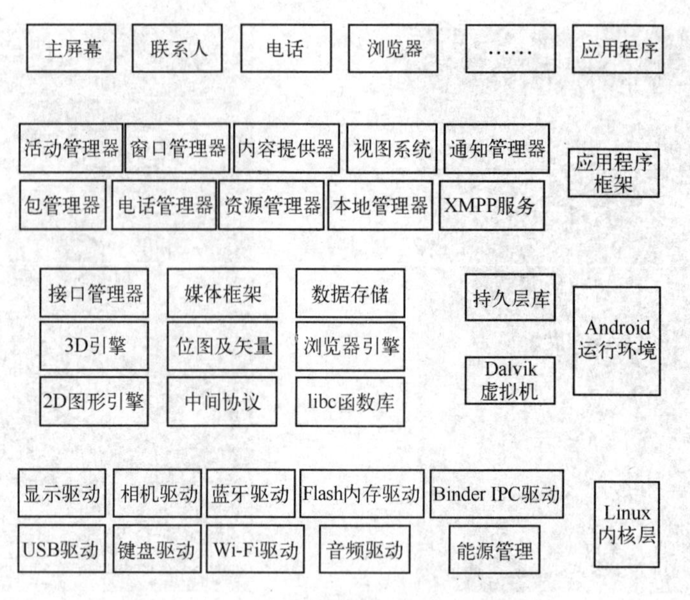

图 1-19　Android 操作系统的层次结构图

- 音频驱动（Audio Driver）：常用基于 ALSA（Advanced Linux Sound Architecture，高级 Linux 声音体系）的驱动。
- WiFi 驱动（WiFi Driver）：基于 IEEE 802.11 标准的驱动程序。
- 键盘驱动（KeyBoard Driver）：作为输入设备的键盘驱动。
- 蓝牙驱动（Bluetooth Driver）：基于 IEEE 802.15.1 标准的无线传输技术。
- Binder IPC 驱动：Android 中一个特殊的驱动程序，具有单独的设备结点，提供进程间通信的功能。
- 能源管理（Power Management）：管理电池电量等信息。

2. 各种库（Libraries）和 Android 运行环境（Runtime）——中间层

本层次对应一般嵌入式系统，相当于中间件层次。Android 的本层次分为两部分，一个是各种库，另一个是 Android 运行环境。本层次的内容大多是使用 C 和 C++实现的。其中包含的各种库如下。

- C 库：C 语言的标准库，也是系统中一个最为底层的库，C 库是通过 Linux 的系统调用来实现的。
- 多媒体框架（Media Framework）：这部分内容是 Android 多媒体的核心部分，基于 PacketVideo（即 PV）的 OpenCORE。从功能上本库共分为两部分，一部分是音频和视频的回放（PlayBack），另一部分则是音视频的记录（Recorder）。
- SGL：2D 图像引擎。
- SSL：即 Secure Socket Layer，位于 TCP/IP 与各种应用层协议之间，为数据通信提供安全支持。
- OpenGL ES 1.0：提供了对 3D 的支持。
- 界面管理工具（Surface Management）：提供了管理显示子系统等功能。
- SQLite：一个通用的嵌入式数据库。
- WebKit：网络浏览器的核心。

- FreeType：位图和矢量字体的功能。

Android 的各种库一般是以系统中间件的形式提供的，它们都有的一个显著特点是与移动设备平台的应用密切相关。

Android 运行环境主要是指虚拟机技术——Dalvik。Dalvik 虚拟机和一般 Java 虚拟机（Java VM）不同，它执行的不是 Java 标准的字节码（Bytecode），而是 Dalvik 可执行格式（.dex）中的执行文件。在执行的过程中，每一个应用程序即一个进程（Linux 的一个 Process）。二者最大的区别在于，Java VM 是基于栈的虚拟机（Stack - based），而 Dalvik 是基于寄存器的虚拟机（Register - based）。显然，后者最大的好处在于可以根据硬件实现更大的优化，这更适合移动设备的特点。

3. 应用程序（Application）

Android 的应用程序主要是用户界面（User Interface，UI）方面的，通常用 Java 语言编写，其中还可以包含各种资源文件（放置在 res 目录中）、Java 程序及相关资源经过编译后，将生成一个 APK 包。Android 本身提供了主屏幕（Home）、联系人（Contact）、电话（Phone）及浏览器（Brower）等众多的核心应用。同时应用程序的开发者还可以使用应用程序框架层的 API 实现自己的程序。这也是 Android 开源巨大潜力的体现。

4. 应用程序框架（Application Framework）

Android 的应用程序框架为应用程序层的开发者提供了 API，它实际上是一个应用程序的框架。由于上层的应用程序是以 Java 构建的，因此本层次提供了首先包含 UI 程序中所需要的各种控件，例如 Views（视图组件），其中又包含了 List（列表）、Grid（栅格）、TextBox（文本框）和 Button（按钮）等，甚至一个嵌入式的 Web 浏览器。

一个基本的 Android 应用程序可以利用应用程序框架中的以下 5 部分。

- Activity（活动）。
- Broadcast Intent Receiver（广播意图接收者）。
- Service（服务）。
- Content Provider（内容提供者）。
- Intent and Intent Filter（意图和意图过滤器）。

本书讲解的是应用程序（Application）方面的知识。这些知识都是用 Java 开发的，当然也还需要掌握一些其他层的相关知识，例如底层的内核、驱动等知识。

1.3.2 Android 应用工程文件组成和介绍

Android 工程的主要目录有 src、gen、Android X.X、bin 及 res 等文件夹。下面以图 1-16 中的项目结构为例进行介绍。

1. src 目录——程序文件

在里面保存了程序员直接编写的程序文件。和一般的 Java 项目一样，src 目录下保存的是项目的所有包及源文件（.java）。

2. gen 目录

存放编译器自动生成的一些 Java 代码，.java 格式的文件是在建立项目时自动生成的，这个文件是只读模式，不能更改。BuildConfig.java 是调试（Debug）时用的，一般不用关注。这个目录中最关键的文件就是 R.java，R 类中包含很多静态类，静态类的名称都与 res

中的一个名称对应，就像是一个资源字典大全。其中包含了用户界面、图像及字符串等对应各个资源的标识符，R 类定义了该项目所有资源的索引。例如界面中有一个文本控件，这个控件就在布局文件中有 id。id 是 android:id ="@ +id/textview"，那么通过 R. id. textivew 就可以找到这个控件。

通过 R. java 可以很快地查找到所需要的资源，同时编译器也会检查 R. java 列表中的资源是否被使用，未被使用到的资源不会被编译到软件中，这样可以减少在手机内占用的空间。这个 R. java 默认有 attr、drawable、layout 和 string 4 个静态内部类（从 Android 4. 2 开始有 8 个静态类，多了 id、menu、style 和 dimen），每个类对应一种资源。例如在工程中添加一副图片，那么工程就会在此类的 drawable 内部类中添加一条数据，如果删除了此图片，工程则会自动删除此条数据。由此可见，R. java 类似于计算机的注册表。

3. Android4. 4. 2、Android Private Libraries 和 Android Dependencies

这 3 个目录是库。Android 4. 4. 2 文件夹下包含 android. jar 文件，这是一个 Java 归档文件，其中包含构建应用程序所需的所有 Android SDK 库（如 Views、Controls）和 APIs。通过 android. jar 将自己的应用程序绑定到 Android SDK 和 Android Emulator，这允许用户使用所有 Android 的库和包，且使自己的应用程序在适当的环境中调试。

需要特别说明的是 Android Dependencies，该目录出现在 ADT 16 以后的版本中，是 ADT 第三方库新的引用方式，当需要引用第三方库时，只需要将该库复制到 libs 文件夹中，ADT 就会自动完成对该库的引用（如本例中的 android - support - v4. jar）。ADT 22 中新增了 Export，新增了 Android Private Libraries 库，所有的第三方 JAR 包引入都被放入了 Android Private Libraries。对于 ADT 21，库工程生成的 jar 和主工程的第三方 jar 都归纳为 Android Dependencies，而 ADT 22 是自动将 JAR 分成 Android Private Libraries 和 Android Dependencies 两类，ADT 21 不需要选中 Export 就能自动将所有引用的 JAR 包导出并打包到 APK，而 ADT 22 则给开发人员选择权限，让开发人员自己决定哪些包要导出到 APK 里。

4. assets 文件夹

除了提供 res 目录用于存放资源文件外，android 在 assets 目录下也可存放资源文件。assets 目录下的资源文件不会在 R. java 自动生成 id，所以读取 asset 目录下的文件必须指定文件的路径，可以通过 AssetManager 类来访问这些文件。

5. bin 文件夹

该目录是编译之后的文件及一些中间文件的存放目录，ADT 先将工程编译成 Android JAVA 虚拟机（Dalvik Virtual Machine）文件 classes. dex，最后将该 classes. dex 封装成 APK 包（APK 就是 Android 平台生产的安装程序包）。

6. libs 文件夹

该目录用于存放第三方库（新建工程时，默认会生成该目录，没有的话手动创建即可）。

7. res 文件夹

用于存放项目中的资源文件，该目录中有资源添加时，R. java 会自动记录下来。res 目录下一般有如下几个子目录，如图 1-20 所示。

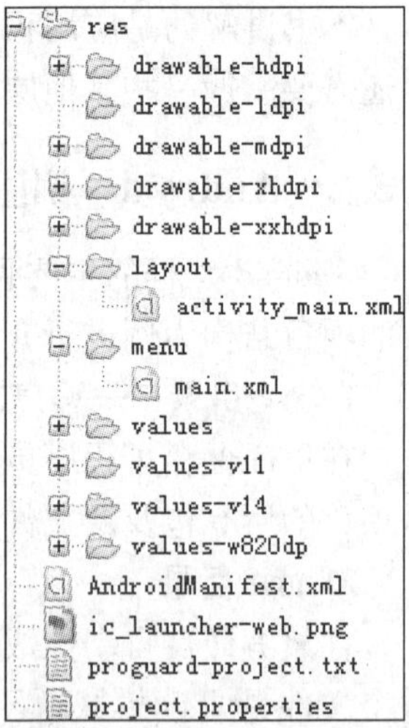

```
res
  drawable-hdpi
  drawable-ldpi
  drawable-mdpi
  drawable-xhdpi
  drawable-xxhdpi
  layout
    activity_main.xml
  menu
    main.xml
  values
  values-v11
  values-v14
  values-w820dp
AndroidManifest.xml
ic_launcher-web.png
proguard-project.txt
project.properties
```

图 1-20　res 子目录

- drawable - hdpi、drawable - ldpi、drawable - mdpi、drawable - xhdpi、drawable - xxhdpi：存放应用程序可以使用的图片文件（png、jpg），子目录根据图片质量分别保存。
- layout：屏幕布局目录，layout 目录内默认布局文件是 activity_main. xml，可以在该文件内放置不同的布局结构和控件以满足项目界面的需要，也可以新建布局文件。
- menu：存放定义了应用程序菜单资源的 XML 文件。
- values、values - v11、values - v14、values - w820dp：存放定义了多种类型资源的 XML 文件，如软件上需要显示的各种问题，还可以存放不同类型的数据，如 dimens. xml、strings. xml 和 styles. xml。

8. AndroidManifest. xml 文件——设置文件

AndroidManifest. xml 是一个控制文件，在里面包含了该项目中所使用的 Activity、Service 和 Recevier。下面是 HelloAndroid 项目中的 AndroidManifest. xml 文件。

```
<? xml version = "1. 0" encoding = "utf - 8"? >
<manifest xmlns:android = http://schemas. android. com/apk/res/android
    package = "com. example. HelloAndroid"
    android:versionCode = "1"
    android:versionName = "1. 0" >
    <uses - sdk android:minSdkVersion = "8" android:targetSdkVersion = "19" />
    <application android:allowBackup = "true" android:icon = "@ drawable/ic_launcher"
        Android:label = "@ string/app_name" android:theme = "@ style/AppTheme" >
        <activity android:name = "com. example. helloandroid. MainActivity"
            android:label = "@ string/app_name" >
            <intent - filter >
                <action android:name = "android. intent. action. MAIN" />
                <category android:name = "android. intent. category. LAUNCHER" />
            </intent - filter >
        </activity >
    </application >
</manifest >
```

在上述代码中，intent - filter 描述了 Activity 启动的位置和时间。每当一个 Activity（或者操作系统）要执行一个操作时，它将创建出一个 Intent 对象，这个 Intent 对象能承载的信息可描述用户想做什么、想处理什么数据、数据的类型，以及一些其他信息。而 Android 则会和每个 Application 所暴露的 intent - filter 的数据进行比较，找到最合适的 Activity 来处理调用者所指定的数据和操作。下面来仔细分析 AndroidManifest. xml 文件，如表 1-2 所示。

表 1-2 AndroidManifest. xml 分析

参　数	说　明
manifest	根结点，描述了 package 中所有的内容
xmlns：android	包含命名空间的声明。xmlns：android = http://schemas. android. com/apk/res/android，使得 Android 中各种标准属性能在文件中使用，提供了大部分元素中的数据
package	声明应用程序包
uses - sdk	该应用程序所使用的 sdk 相关版本

（续）

参　数	说　明
application	包含 package 中 application 级别组件声明的根结点。此元素也可包含 application 的一些全局和默认的属性，如标签、icon、主题和必要的权限等。一个 manifest 能包含零个或一个此元素（不能大于一个）
android：icon	应用程序图标
android：label	应用程序名称
activity	用来与用户进行交互的主要工具。Activity 是用户打开一个应用程序的初始页面，大部分被使用到的其他页面也由不同的 < activity > 所实现，并声明在另外的 < activity > 标记中。注意，每一个 activity 必须有一个 < activity > 标记对应，无论它给外部使用或是只用于自己的 package 中。如果一个 activity 没有对应的标记，将不能运行它。另外，为了支持运行环境查找 activity，可包含一个或多个 < intent – filter > 元素来描述 activity 所支持的操作
android：name	应用程序默认启动的 activity
intent – filter	声明了指定的一组组件支持的 Intent 值，从而形成了 Intent Filter。除了能在此元素下指定不同类型的值，属性也能放在这里来描述一个操作所需的唯一的标签、icon 和其他信息
action	组件支持的 Intent action
Category	组件支持的 Intent category。这里指定了应用程序默认启动的 activity

1.4　实验：Android 开发环境配置

1.4.1　实验目的和要求

- 掌握 Android 开发工具安装及相关配置。
- 掌握用 Eclipese 集成开发环境开发 Android 手机应用程序的一般步骤。
- 掌握编写与运行 Android 程序的方法。

1.4.2　题目 1　Android 开发环境安装与配置

1. 任务描述

安装与配置 Android 开发环境，在 Android 模拟器上建立并测试 HelloWorld 程序。

2. 任务要求

1）掌握 Android 应用开发平台的搭建及相关配置。

2）掌握 Eclipse 集成开发环境的使用。

3）掌握 Android 应用开发的整个流程。

3. 知识点提示

本任务主要用到以下知识点。

1）完成 Android 应用开发平台的安装及相关配置。

2）学习 Android SDK 基本文件目录结构。

3）模拟器 AVD 的使用。

4）实现第一个工程项目 HelloWorld。

4. 操作步骤提示

实现方式不限，在此简单提示一下操作步骤。

（1）开发环境安装

1）安装 JAVA JDK。

2）安装 Eclipse。

3）安装 Android SDK。

4）安装 ADT（Android Development Tools）。

（2）开发环境配置

1）启动 Eclipse，设置 Workspace。

2）设置 SDK 路径。

3）SDK 目录结构学习。

4）模拟器的使用。

5）运行 AVD Manager。

6）新建 AVD。

（3）HelloWorld 项目建立与测试

本实验的运行结果图如图 1-21 所示。

图 1-21　虚拟设备上安装的 HelloWorld 应用程序

本章小结

本章简单介绍了 Android 应用开发的相关概念和内容，并针对 Android 开发环境搭建、平台架构和生命周期 3 个方面的内容，通过理论知识讲授及实际动手操作的方式进行了详细讲解，为读者学习本书后面章节的知识打下基础。

课后练习

一、选择题

1. 以下有关 Android 平台的说法，不正确的是（　　）。

   A. Android 平台具有传统的语音通话功能

   B. Android 具有短消息功能及通常移动电话都具有的个人信息系统管理方面的功能

   C. Android 平台提供了 USB、GPS、红外、蓝牙和无线局域网等多种连接方式

   D. Android 平台不能自定义手机的功能

2. 以下有关 Android 的叙述，正确的是（　　）。

   A. Android 系统自上而下分为三层

   B. Android 系统在核心库层增加了内核的驱动程序

   C. Android 包含了一个 C/C++库的集合，以供 Android 系统的各个组件使用。这些功能通过 Android 的应用程序框架（Application Framework）提供给开发者

   D. Android 的应用程序框架包括 Dalvik 虚拟机及 Java 核心库，提供了 Java 编程语言核心库的大多数功能

3. 以下有关 Android 程序库层的叙述，不正确的是（　　）。

   A. 系统 C 库是专门为基于嵌入式 Linux 的设备定制的库

   B. 媒体库支持播放和录制多种常见的音频和视频格式，以及多种媒体格式的编码/解码格式

   C. SGL 是 Skia 图形库，基本的 3D 图形引擎

   D. FreeType 包括位图（Bitmap）和矢量（Vector）字体渲染

4. 以下有关 Android 开发框架的描述，正确的是（　　）。

   A. 一般而言，一个标准的 Android 程序包括 Activity、Broadcast Intent Receiver、Service 和 Content Provider 共 4 部分

   B. Android 的 Service 和 Windows 中的 Service 不同

   C. Broadcast Intent Receiver 提供了应用程序之间数据交换的机制

   D. Content Provider 为不同的 Activity 间进行跳转提供了机制

5. 以下有关 Android 开发环境所需条件的说法，不正确的是（　　）。

   A. 可在 Windows/Linux 操作系统上进行开发

   B. 使用 Eclipse IDE 进行开发

   C. 需在 Eclipse IDE 中安装配置 ADT

   D. 可以只安装 JRE

二、简答题

1. 简述 Android 平台的特征。

2. 简述 Android 平台体系结构的层次划分，并说明各个层次的作用。

三、操作题

针对本章 1.2 节中对 Android 开发环境搭建内容的讲解，自己动手在计算机上搭建 Android 开发环境，并建立 HelloAndroid 样例工程运行测试。

第2章　Android 开发组件

Android 应用程序由一些零散的、有联系的组件组成，通过一个项目的全局配置文件 Manifest 绑定在一起。在 Manifest 文件中，描述了每一个组件及该组件的作用，它们是 Android 应用程序的基石，常用的组件有 Activity（活动）、Service（服务）、Content（内容）、Intent（意图）、BroadcastReceiver（广播接收器）和 Notification（通知）等。

Android 平台的一个核心要点是一个应用程序能够利用其他应用程序的组件。例如，一个程序 A 用于显示指定文件夹中的全部数据库名，而另外一个程序 B 用于查看某一指定数据库的信息，如数据表名、数据表模式（Schema）和数据表内容等。在程序 A 中，当用户单击列表中的某一数据库名称项时，可以调用程序 B 中的模块去显示指定数据库的信息，而无须重复开发。

而为了做到这一点，系统必须能够在应用程序需要调用指定模块时找到并启动包含该模块的组件。因此，不像大多数系统的应用程序，Android 应用程序没有 main( ) 方法，代码框架也必须遵照 Android 平台所定义的形式。所以 Android 应用程序需要包含系统能够识别并调用的一些基本组件。

2.1　Activity

Activity 是 Android 的核心类。Activity 使用 Views（视图控件）去构建 UI（用户图形界面）来显示信息和响应用户的行为。就桌面开发而言，一个 Activity 相当于一张 Form，就 Web 程序而言相当于一个页面。本节主要从三个方面介绍 Activity：Activity 简介、Activity 运行状态和生命周期，以及 Activity 的窗口显示风格。

2.1.1　Activity 简介

每个 Activity 都有一个窗口，默认情况下，这个窗口是充满整个屏幕的。当然，也可以根据需要把窗口大小设置成比手机屏幕小，或者悬浮在其他窗口的上面。

Activity 是用户和应用程序交互的接口，是一个控件的容器。在一个 Activity 中，可以放置很多由 View 及其子类组成的可视化控件，例如按钮、图像和文本框等，这些控件根据 XML 布局文件中指定的位置在窗口中进行摆放。一个 Activity 通常展现为一个可视化的用户界面。例如，一个 Activity 可以是系统登录界面；另外一个 Activity 可以是显示已登录用户信息的列表。虽然这些 Activity 一起工作，共同组成了一个应用程序，但每一个 Activity 都是相对独立的。每一个 Activity 都是 android. app. Activity 的子类。一个应用程序可能由一个或多个 Activity 组成，Android 平台通过 Activity 栈来对 Activity 进行管理。

一个应用程序包含几个 Activity 及各个 Activity 完成什么样的功能完全取决于应用程序的设计。通常每个应用程序都包含一个在应用程序启动后第一个展现给用户的 Activity。在当前展现给用户的 Activity 中启动一个新的 Activity，就可以实现从一个 Activity 转换到另外一个 Activity。

下面是创建 Activity 的示例。

【例 2-1】 Example2 - 1 Activity 创建示例。

创建一个新的 Android 项目 Example2 - 1 Activity01，默认情况下已经自动创建了一个 Activity，项目建立后在其中的 Src 文件夹中可以找到创建的 Activity 类，默认名称为 MainActivity. java。详细内容请参考项目 Example2 - 1 Activity01 源代码。程序主要代码内容如下。

```
01. package com. example. example2_1activity01;
02. import android. app. Activity;
03. import android. os. Bundle;
04. public class MainActivity extends Activity {
05.     @ Override
06.     protected void onCreate( Bundle savedInstanceState) {
07.             super. onCreate( savedInstanceState) ;
08.             setContentView( R. layout. activity_main) ;
09.     }
10. }
```

MainActivity 类继承了 Activity 类（android. app. Activity），在新建的 Activity 类中需要复写 onCreate( )方法。

📖 如果在开发环境中更新 SDK Tools 为 Android SDK Tools 22. 6. 2，新建 android 工程时为了版本兼容，默认继承了 ActionBarActivity 类不是 Activity，如果新建项目时最低版本选择 4. 0 以上的 SDK，就不会出现此情况。

Activity 作为 Android 系统中一个非常重要的组件，需要在全局配置文件 Manifest 中进行声明，每个 Android 应用项目都会有自己的全局配置文件，该文件包含了组成应用程序的每一个组件（活动、服务、内容提供器和广播接收器）的结点，并使用 Intent 过滤器和权限来确定这些组件之间，以及这些组件和其他应用程序是如何交互的。本实例项目的全局配置文件 AndroidManifest. xml 的主要代码内容如下。

```
01. <manifest xmlns:android = "http://schemas. android. com/apk/res/android"
02.      package = "com. example. example2_1activity01"
03.      android:versionCode = "1"
04.      android:versionName = "1. 0"  >
05.      <application . . . >
06.            <activity
07.                  android:name = ". MainActivity"
08.                  android:label = "@ string/app_name"  >
09.                  <intent - filter >
10.                        . . .
11.                  </intent - filter >
12.            </activity >
13.      </application >
14. </manifest >
```

代码由一个根 manifest 标签构成，该标签通常带有一个设置项目包的 package 属性，一个定义 Android 命名空间的 xmlns:android 属性。

在 AndroidManifest. xml 中包含了一个且只能有一个 Application 结点，它使用各种属性来指定应用程序的各种元数据（包括标题、图标和主题）。它还可以作为一个包含了活动、服务、内容提供器和广播接收器标签的容器，用来指定应用程序组件。

应用程序显示的每一个 Activity 都要求有一个 activity 标签，并使用 android:name 属性来指定类的名称，使用 android:label 属性来指定应用程序的名称。

AndroidManifest. xml 中必须包含核心的启动 Activity 和其他所有可以显示的屏幕或者对话框。启动任一个没有在 Manifest 文件中定义的 Activity 时，都会抛出一个运行时异常。每一个 Activity 结点都允许使用 intent - filter 子标签来指定哪个 Intent 启动该活动。

2.1.2 Activity 运行状态和生命周期

1. Activity 的 3 种状态

Activity 有 3 种状态，分别是运行状态、暂停状态和停止状态。

- 运行状态：当 Activity 在屏幕的最前端（位于当前堆栈的顶部）时，它是可见的、有焦点的。可以用来处理用户的操作（单击、双击或长按等），那么就称为激活或运行状态。值得注意的是，当 Activity 处于运行状态时，Android 会尽可能地保持它的运行，即使出现内存不足等情况，Android 也会先杀死堆栈底部的 Activity，确保运行状态的 Activity 正常运行。
- 暂停状态：在某些情况下，Activity 对用户来说仍然是可见的，但不再拥有焦点，即用户对它的操作是没有实际意义的。在这个时候，它就属于暂停状态。例如，当最前端的 Activity 是透明或者没有全屏，那么下层仍然可见的 Activity 就是暂停状态。暂停的 Activity 仍然是激活的（它保留着所有的状态和成员信息，并保持与 Activity 管理器的连接），但当内存不足时，可能会被杀死。
- 停止状态：当 Activity 完全不可见时，它就处于停止状态。但仍然保留着当前状态和成员信息。然而，这些对用户来说都是不可见的，同暂停状态一样，当系统其他地方需要内存时，它也有被杀死的可能。

2. Activity 的生命周期

Activity 状态的变化是人为操作的，而这些状态的改变也会触发一些事件，称为生命周期事件。这些事件分别由以下 7 个生命周期函数实现。

- onCreate()：当创建 Activity 时被调用，主要完成一些初始化工作，例如设置布局文件，对按钮绑定监听器，以及加载 savedInstanceState 参数等。
- onStart()：当 Activity 被用户可见时调用。
- onRestart()：重启 Activity 时调用，该活动仍在栈中，而不启动新活动。
- onResume()：Activity 开始与用户交互时调用，即该 Activity 获得了用户的焦点（无论是启动还是重新启动一个活动，该方法总是被调用）。
- onPause()：Activity 被暂停或收回 CPU 和其他资源时调用，该方法用于保存活动状态。
- onStop()：Activity 被停止并转为不可见状态时调用，如果第 2 个 Activity 没有完全遮挡第 1 个 Activity，则不调用。

• onDestroy( )：Activity 被完全从系统内存中移除时调用。

7 个生命周期函数相互之间的关系和相互转换规则如图 2-1 所示。

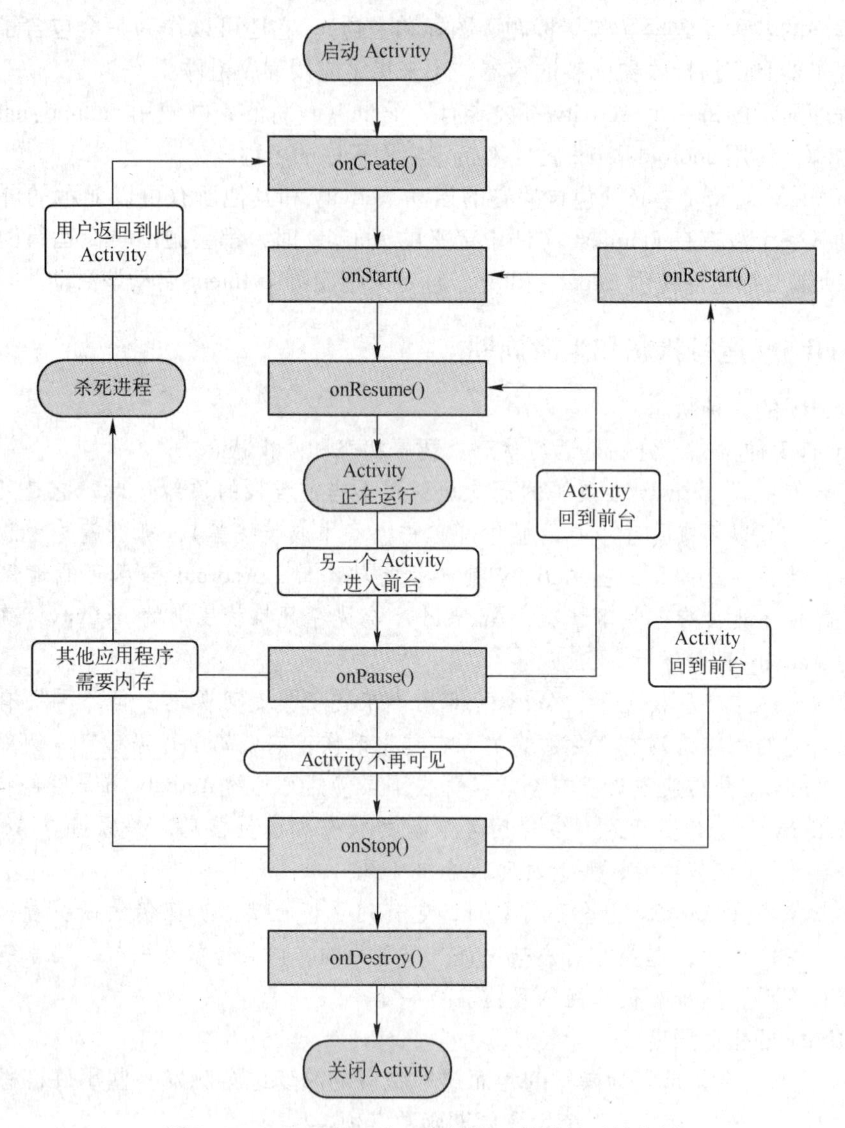

图 2-1　Activity 的 7 个生命周期函数的关系转换图

为了更好地理解图 2-1，下面是演示 Activity 生命周期函数的示例。

【例 2-2】 Example2 - 2 Activity 生命周期函数示例。

1）创建项目文件 Example2 - 2Activity02，然后在 Src 中分别创建两个 Activity：FirstActivity. java 和 SecondActivity. java，如图 2-2 所示。

2）在 resource→layout 中分别创建两个 Activity 对应的布局文件，并且编辑项目的全局配置文件 AndroidManifest. xml 声明这两个 Activity 组件。

3）编写两个 Activity 类文件，详细内容请参考项目 Example2 - 2 Activity02 源码。

FirstActivity. java 的主要代码如下。

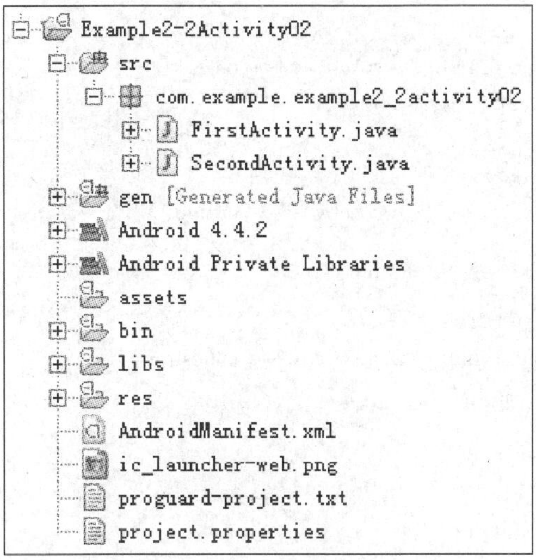

```
Example2-2Activity02
  src
    com.example.example2_2activity02
      FirstActivity.java
      SecondActivity.java
  gen [Generated Java Files]
  Android 4.4.2
  Android Private Libraries
  assets
  bin
  libs
  res
  AndroidManifest.xml
  ic_launcher-web.png
  proguard-project.txt
  project.properties
```

图 2-2　创建 Example2 - 2 Activity02 项目

```
01. public class FirstActivity extends Activity {
02.    private Button mybutton;
03.    protected void onCreate(Bundle savedInstanceState) {
04.        System.out.println("firstActivity - - oncreate()");
05.        super.onCreate(savedInstanceState);
06.        setContentView(R.layout.activity_fist);
07.        mybutton = (Button)findViewById(R.id.button1);
08.        mybutton.setText(R.string.button1);
09.        mybutton.setOnClickListener(new Onbuttonlistener());
10.    }
11.    class Onbuttonlistener implements OnClickListener{
12.        @ Override
13.        public void onClick(View v) {
14.        Intent intent = new Intent();
       intent.setClass(FirstActivity.this,SecondActivity.class);
15.        FirstActivity.this.startActivity(intent);
16.        }
17.    }
18.    protected void onPause() {
19.        System.out.println("firstActivity - - onpause()");
20.        super.onPause();
21.    }
22.    protected void onRestart() {
23.        System.out.println("firstActivity - - onrestart()");
24.        super.onRestart();
25.    }
26.    protected void onResume() {
27.        System.out.println("firstActivity - - onresume()");
28.        super.onResume();
29.    }
```

```
30.    protected void onStart() {
31.           System.out.println("firstActivity - - onstart()");
32.           super.onStart();
33.    }
34.    protected void onStop() {
35.           System.out.println("firstActivity - - onstop()");
36.           super.onStop();
37.    }
38.    protected void onDestroy() {
39.           System.out.println("firstActivity - - ondestroy()");
40.           super.onDestroy();
41.    }
42. }
```

【代码说明】

- 第 07 行实现把按钮对象与按钮控件绑定。
- 第 09 行实现在按钮对象上添加监听器。
- 第 11 行实现监听器接口。
- 第 14 ～ 16 行实现创建 Intent 对象，并把 Intent 对象传递给第 2 个 Activity。
- 第 18 ～ 21 行实现 Activity 被暂停或收回 CPU 和其他资源时调用的方法。
- 第 22 ～ 25 行实现重新启动 Activity 时调用的方法。
- 第 26 ～ 29 行实现 Activity 开始与用户交互时的方法。
- 第 30 ～ 33 行实现当 Activity 被用户可见时调用的方法。
- 第 34 ～ 37 行实现当 Activity 被停止并转为不可见状态时调用的方法。
- 第 38 ～ 41 行实现 Activity 被完全从系统内存中移除时调用的方法。

SecondActivity.java 主要代码如下。

```
01. public class SecondActivity extends Activity {
02.    private TextView mytextview;
03.    protected void onCreate(Bundle savedInstanceState) {
04.           System.out.println("secondactivity - - oncreate()");
05.           super.onCreate(savedInstanceState);
06.           setContentView(R.layout.activity_second);
07.           mytextview = (TextView)findViewById(R.id.textview);
08.           mytextview.setText(R.string.second);
09.    }
10.    protected void onPause() {
11.           System.out.println("secondactivity - - onpause()");
12.           super.onPause();
13.    }
14.    protected void onRestart() {
15.           System.out.println("secondactivity - - onrestart()");
16.           super.onRestart();
17.    }
18.    protected void onResume() {
```

```
19.            System. out. println( "secondactivity - - onresume( )" );
20.            super. onResume( );
21.     }
22.     protected void onStart( ) {
23.            System. out. println( "secondactivity - - onstart( )" );
24.            super. onStart( );
25.     }
26.     protected void onStop( ) {
27.            System. out. println( "secondactivity - - onstop( )" );
28.            super. onStop( );
29.     }
30.     protected void onDestroy( ) {
31.            System. out. println( "secondactivity - - ondestroy( )" );
32.            super. onDestroy( );
33.     }
34. }
```

4）在虚拟机中运行应用程序，启动后如图2-3a所示，利用Android中的logcat工具，可以得到程序的log信息，如图2-4所示。在图2-4中，logcat中的前3行为启动应用程序后，即图2-3a展现在用户面前时应用程序输出的信息内容。

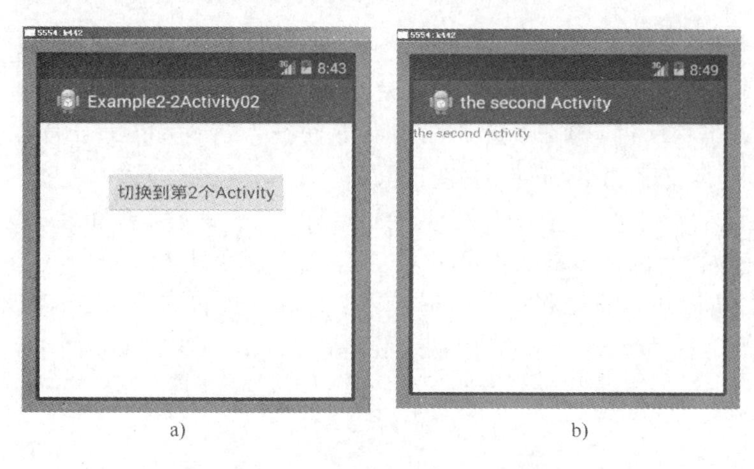

图2-3　两个Activity效果图
a）第1个Activity　b）第2个Activity

然后单击“切换到第2个Activity”按钮，启动第2个Activity，即图2-3b展现在用户面前时应用程序输出信息为logcat中的第04～08行信息内容。

按“返回”按钮，使应用程序由第2个Activity回到第1个Activity，这时logcat输出第09～14行信息内容。

在单击“返回”按钮关闭应用程序时，logcat将输出第15～17行信息内容。

通过本项目运行的结果，可以验证各个周期函数的功能及它们互相之间的转换规则，具体如下。

1）启动Activity：系统会先调用onCreate( )方法，然后调用onStart( )方法，最后调用onResume( )方法，Activity进入运行状态。

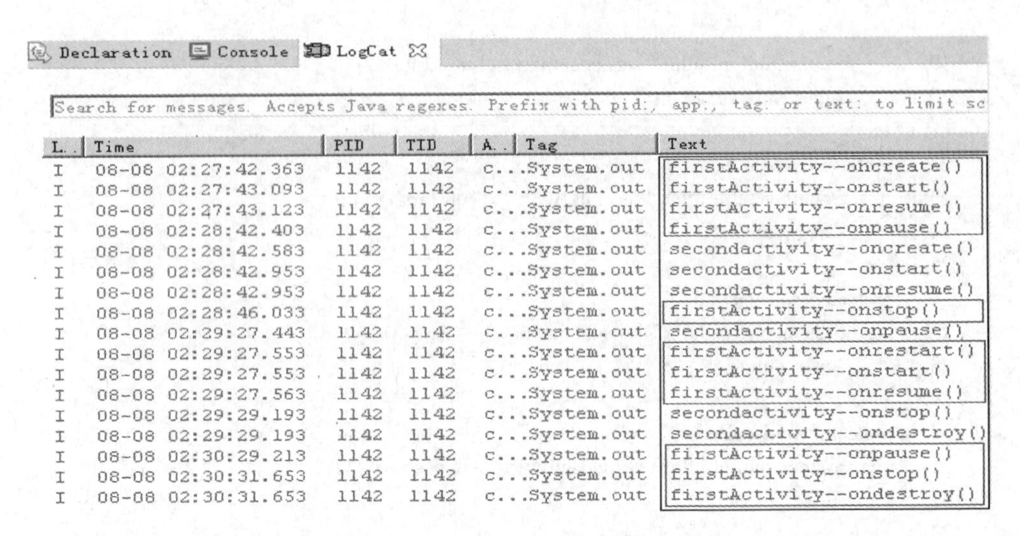

Declaration | Console | LogCat

Search for messages. Accepts Java regexes. Prefix with pid:, app:, tag: or text: to limit sc

L..	Time	PID	TID	A..	Tag	Text
I	08-08 02:27:42.363	1142	1142	c...	System.out	firstActivity--oncreate()
I	08-08 02:27:43.093	1142	1142	c...	System.out	firstActivity--onstart()
I	08-08 02:27:43.123	1142	1142	c...	System.out	firstActivity--onresume()
I	08-08 02:28:42.403	1142	1142	c...	System.out	firstActivity--onpause()
I	08-08 02:28:42.583	1142	1142	c...	System.out	secondactivity--oncreate()
I	08-08 02:28:42.953	1142	1142	c...	System.out	secondactivity--onstart()
I	08-08 02:28:42.953	1142	1142	c...	System.out	secondactivity--onresume()
I	08-08 02:28:46.033	1142	1142	c...	System.out	firstActivity--onstop()
I	08-08 02:29:27.443	1142	1142	c...	System.out	secondactivity--onpause()
I	08-08 02:29:27.553	1142	1142	c...	System.out	firstActivity--onrestart()
I	08-08 02:29:27.553	1142	1142	c...	System.out	firstActivity--onstart()
I	08-08 02:29:27.563	1142	1142	c...	System.out	firstActivity--onresume()
I	08-08 02:29:29.193	1142	1142	c...	System.out	secondactivity--onstop()
I	08-08 02:29:29.193	1142	1142	c...	System.out	secondactivity--ondestroy()
I	08-08 02:30:29.213	1142	1142	c...	System.out	firstActivity--onpause()
I	08-08 02:30:31.653	1142	1142	c...	System.out	firstActivity--onstop()
I	08-08 02:30:31.653	1142	1142	c...	System.out	firstActivity--ondestroy()

图 2-4　Activity 生命周期函数执行信息

2）当前 Activity 被其他 Activity 覆盖其上或被锁屏：系统会调用 onPause( )方法，暂停当前 Activity 的执行。

3）当前 Activity 由被覆盖状态回到前台或解锁屏：系统会调用 onResume( )方法，再次进入运行状态。

4）当前 Activity 转到新的 Activity 界面或按“Home”键回到主屏，自身退居后台：系统会先调用 onPause( )方法，然后调用 onStop( )方法，进入停滞状态。

5）用户按“后退”键回到原来的 Activity：系统会先调用 onRestart( )方法，然后调用 onStart( )方法，最后调用 onResume( )方法，再次进入运行状态。

6）当前 Activity 处于被覆盖状态或者后台不可见状态，即第 2 步和第 4 步，如果系统内存不足，即杀死被覆盖的 Activity。当用户按“后退”键回到这个 Activity，系统再次调用 onCreate( )方法、onStart( )方法和 onResume( )方法，Activity 再次进入运行状态。

7）用户退出当前 Activity：系统先调用 onPause( )方法，然后调用 onStop( )方法，最后调用 onDestory( )方法，结束当前 Activity。

2.1.3　Activity 窗口显示风格

默认情况下，一个 Activity 占据整个屏幕，这是最常见的 App 风格。然而有时为了突出对用户的提示等作用，可以把一个 Activity 设置为一个“对话框”风格，这样，它就能像一个浮动的对话框一样显示出来。

从代码的编写角度，“对话框”风格的 Activity 与一般的 Activity 没有什么区别，唯一的区别就是在 AndroidManifest. xml 文件中，注册 Activity 时，在 < activity > </activity > 间加上：android:theme = "@ andriod:style/Theme. Dialog" 即可实现对话框风格的 Activity。

以 2. 1. 2 节中的项目为例，如果把 AndroidManifest. xml 文件进行修改，主要代码如下。

```
01. < manifest ... >
02.         < application ... >
03.                 < activity
```

```
04.                 android:name = ". FirstActivity"
05.                 android:label = "@ string/app_name"  >
06.                 < intent - filter >
07.                     < action android:name = "android. intent. action. MAIN" / >
08.                     < category android:name = "android. intent. category. LAUNCHER" / >
09.                 </intent - filter >
10.             </activity >
11.             < activity
12.                 android:name = ". SecondActivity"
13.                 android:label = "@ string/second"
14.                 android:theme = "@ android:style/Theme. Dialog" >
15.             </activity >
16.         </application >
17. </manifest >
```

【代码说明】

- 第 06 ～ 09 行为 Activity 的 IntentFilter，其中该 IntentFilter 的 Action 为 Android. intent. action. MAIN，Category 为 Android. intent. category. LANUCH－ER。
- 第 11 ～ 15 行为第 2 个 Activity 注册的信息，包括名称、标签和样式。

重新运行项目程序，在第 1 个 Activity 中单击"切换到第 2 个 Activity"按钮，启动第 2 个 Activity 的效果如图 2–5 所示。

图 2–5　对话框风格的 Activity

📖 与 2. 1. 2 节运行结果不同的是：当启动第 2 个 Activity 时，依次执行第 1 个 Activity 的 onPause( ) 方法，以及第 2 个 Activity 的 onCreate( ) 方法、onStart( ) 方法和 onResume( ) 方法。第 1 个 Activity 虽然失去焦点，但仍然可见，所以不会执行第 1 个 Activity 的 onStop( ) 方法。而单击"返回"按键时，依次执行第 2 个 Activity 的 onPause( ) 方法、第 1 个 Activity 的 onResume( ) 方法。读者可以自行验证。

如果要设置成其他的窗口显示风格，只要把上面代码段中加粗部分的内容进行替换即可。比较常见的 Activity 窗口显示风格如下。

android:theme = "@ android:style/Theme. Dialog"：Activity 显示为对话框模式。

android:theme = "@ android:style/Theme. NoTitleBar"：不显示应用程序标题栏。

android:theme = "@ android:style/Theme. NoTitleBar. Fullscreen"：不显示应用程序标题栏，并全屏。

android:theme = "Theme. Light "：背景为白色。

android:theme = "Theme. Light. NoTitleBar"：白色背景并无标题栏。

android:theme = "Theme. Light. NoTitleBar. Fullscreen"：白色背景，无标题栏，全屏。

android:theme = "Theme. Black"：黑色背景。

android:theme = "Theme. Black. NoTitleBar"：黑色背景并无标题栏。

android:theme = "Theme. Black. NoTitleBar. Fullscreen"：黑色背景，无标题栏，全屏。

android:theme = "Theme. Wallpaper"：用系统桌面作为应用程序背景。

android:theme = "Theme. Wallpaper. NoTitleBar"：用系统桌面作为应用程序背景，且无标题栏。

android:theme = "Theme. Wallpaper. NoTitleBar. Fullscreen"：用系统桌面作为应用程序背景，无标题栏，全屏。

android:theme = "Theme. Translucent"：透明背景。

android:theme = "Theme. Translucent. NoTitleBar"：透明背景并无标题栏。

android:theme = "Theme. Translucent. NoTitleBar. Fullscreen"：透明背景，无标题栏，全屏。

android:theme = "Theme. Panel "：面板风格显示。

android:theme = "Theme. Light. Panel"：平板风格显示。

2.2 Intent

Intent 是 Android 中的重要组件，可以被认为是不同组件之间通信的“媒介”或者“信使”。使用它可以使 Activity、Service、BroadcastReceiver 和 ContentProvider 等核心组件之间互相调用，协调工作，最终组成一个真正的 Android 应用。如果没有它，Android 应用的各个模块就像一座座“孤岛”，根本不可能构成一个完整的应用系统。本节主要从 3 个方面进行介绍：Intent 组件的概念、实现 Acrtivity 页面跳转，以及 Intent 实现不同页面的传参。

2.2.1 Intent 组件的概念

在 Android 架构中，Intent 本身也是一个对象，负责对一个执行操作的抽象数据结构进行描述。在 Intent 协助这些组件之间的通信中，Android 则根据此 Intent 的描述，负责找到并将 Intent 传递给对应的组件，并完成组件的调用。这个抽象的数据结构主要由如下的内容和属性构成。

1. 组件名称（ComponentName）

Intent 的组件名称是可选的，如果填写，Intent 对象会发送给指定组件名称的组件，否则，也可以通过其他 Intent 信息定位到适合的组件。组件名称是一个 ComponentName 类型的对象，该对象又包括：目标组件完整的类名，如 com. example. project. app. FreneticActivity；在 manifest. xml 文件中设置的包名，组件的包名和 manifest. xml 中定义的包名。组件的名称可通过 setComponent()方法、setClass()方法或 setClassName()方法设置，通过 getComponent()方法读取。

2. 动作（Action）

一个以字符串命名的动作通过 Intent 传递并将被执行，或者在广播 Intent 中，表示发生的或者要报告的动作。

不同的动作对应不同的数据类型，比如 ACTION_EDIT 动作可能对应的是用于编译文档的 URI，而 ACTION_CALL 动作则应该包含类似于 tel:xxx 的 URI。多数情况下，数据类型可以从 URI 的格式中获取，当然，Intent 也支持使用 setData()方法和 setType()方法来指定数据的 URI 及类型。一个 Intent 对象的动作通过 setAction()方法设置，通过 getAction()方法读取。

查看更多的动作定义请参考 Android API 中的 Intent 类。

📖 就 Android 平台而言，URI 主要分为 3 部分：scheme、authority 和 path。其中 authority 又分为 host 和 port。格式如下：scheme://host:port/path。

---

3. 数据（Data）

Data 起到表示数据和数据 MIME 类型的作用。不同的 Action 是与不同的 Data 类型配套的。比如，Action 是 ACTION_EDIT，那么 Data 要包含所要编辑文档的 URI。如果 Action 是 ACTION_CALL，Data 可能是“tel:”前缀后面跟电话号码，再比如 Action 是 ACTION_VIEW，Data 是以“http:”开头的 URI，则应该是显示或者下载该 URI 的内容。

在匹配 Intent 到处理它的组件过程中，Data（MIME 类型）类型是很重要的。例如，一个组件能够显示图像数据，不应该被调用去播放一个音频文件。

在许多情况下，数据类型能够从 URI 中推测出来，特别是 content:URIs，它表示位于设备上的数据且被内容提供者（Content Provider）控制。但是类型也能够显示地设置，例如，setData()方法指定数据的 URI，setType()方法指定 MIME 类型，setDataAndType()方法指定数据的 URI 和 MIME 类型。通过 getData()方法读取 URI，getType()方法读取类型。

4. 类别（Category）

既然不同的动作应该对应不同的数据类型，那么不同的动作也应该由不同类别的 Activity 组件来处理，比如 CATEGORY_BROWSABLE 表示该 Intent 应该由浏览器组件来打开，CATEGORY_LAUNCHER 表示该 Intent 由应用初始化 Activity 处理，而 CATEGORY_PREFERENCE 则表示处理该 Intent 的组件应该是系统配置界面。此外，消息对象（Intent）可以使用 addCategory()方法添加一种类型，而一个 Intent 对象也可以包含多种数据类型。

更多种类的常量定义请参考 Android API 中的 Intent 类。

addCategory()方法用于添加一个种类到 Intent 对象中，removeCategory()方法用于删除一个之前添加的种类，getCategories()方法用于获取 Intent 对象中的所有种类。

5. 附加信息（Extras）

Extras 可以看作一个 Map，可通过键值对为 Intent 组件提供一些附加的信息。

例如，一个 ACTION_TIMEZONE_CHANGE 的 Intent 有一个“time - zone”的附加信息，标识新的时区；ACTION_HEADSET_PLUG 有一个“state”附加信息，标识头部现在是否塞满或未塞满。如果自定义了一个 SHOW_COLOR 动作，颜色值可以设置在附加的键值对中。

一般使用 putExtras()方法和 getExtras()方法安装和读取键值对中的信息。

6. 标志（Flags）

在 Intent 中增加 Flag，可以指示 Android 系统如何去启动一个活动（例如，活动应该属于哪个任务）和启动之后如何处理它（例如，它是否属于最近的活动列表）。所有这些标志都定义在 Intent 类中。

在 Android 应用中，Intent 的使用方式通常有两种：显式 Intent 和隐式 Intent。

显式 Intent 直接用组件的名称定义目标组件，这种方式很直接。但是由于开发人员往往并不清楚别的应用程序的组件名称，因此，显式 Intent 更多用于在应用程序内部传递消息。例如在某应用程序内，一个 Activity 启动一个 Service 等。

隐式 Intent 恰恰相反，它不会用组件名称定义需要激活的目标组件，它更广泛地用于在不同应用程序之间传递消息。由于没有明确的目标组件名称，所以必须由 Android 系统帮助应用程序寻找与 Intent 请求意图最匹配的组件。

Android 系统寻找与 Intent 请求意图最匹配的组件具体的选择方法是：Android 将 Intent 的请求内容和一个名为 IntentFilter 的过滤器比较，IntentFilter 包含系统中所有可能的待选组件。如果 IntentFilter 中某一组件匹配隐式 Intent 请求的内容，那么 Android 就选择该组件作为该隐式 Intent 的目标组件。

Android 如何知道应用程序能够处理某种类型的 Intent 请求呢？这需要应用程序在 Manifest. xml 中声明自己所含组件的过滤器（即可以匹配哪些 Intent 请求）。

一个没有声明 IntentFilter 的组件只能响应指明自己名称的显式 Intent 请求，而无法响应隐式 Intent 请求。而一个声明了 IntentFilter 的组件既可以响应显式 Intent 请求，也可以响应隐式 Intent 请求。在通过和 IntentFilter 比较来解析隐式 Intent 请求时，Android 将以下 3 个因素作为选择的参考标准：Action、Data 和 Category，而 Extra 和 Flag 在解析收到的 Intent 时并不起作用。

2.2.2 实现 Activity 页面跳转

有两个 Activity，当想要从第一个 Activity 跳转到另一个 Activity 时，通常是在第一个 Activity 中单击按钮或者其他操作，此时需要调用第一个 Activity 的 startActivity（Intent）方法，跳到哪个 Activity 及 Activity 具体要做什么都是由 Intent 对象决定的。

在一个 Activity 当中启动另一个 Activity 的方法分为两部分。

1）在第一个 Activity 中添加监听器 setOnClickListener( )，具体的监听方法是实现 OnClickListener 接口，在此方法中建立 intent 对象。

```
Intent    intent = new Intent( );
```

2）设定如何启动另一个 Activity。

```
01.    Intent. setClass( CurrentActivity. this, OtherActivity. class) ;
02.    CurrentActivity. this. startActivity( intent) ;
```

主要代码如下，也可以参考【例 2-2】的项目 Example2 - 2 源码的 FirstActivity. java。

```
01. class Onbuttonlistener implements OnClickListener{
02.   public void onClick( View v) {
03.    Intent intent = new Intent( ) ;
04.    intent. setClass( FirstActivity. this, SecondActivity. class) ;
05.    FirstActivity. this. startActivity( intent) ;
06.          }
07. }
```

2.2.3 Intent 实现不同页面的传参

在一个 Android 应用程序中，不同的 Activity 页面之间经常需要通信。Android 利用 Intent 的 Extra 部分来存储它想要传递的数据，用 Intent 在 Activity 之间传递数据的基本步骤如下。

1）在发送端传值，构建 Intent。

```
Intent intent = new Intent( );
```

向 Intent 中添加要传递的参数。

```
intent. putExtra( "键名","键值" );
```

2）在接收端获取传递过来的值。

```
Intent:Intent intent = getIntent( );
```

取出 Intent 传递的参数。

```
String value = intent. getExtra( "键" );
```

【例 2-3】Example2 -3 Intent 传递参数示例。

1）创建项目文件 Example2 -3Intent01，然后在 Src 中分别创建两个 Activity：FirstActivity. java 和 SecondActivity. java。

2）在 resource→layout 中分别创建两个 Activity 对应的布局文件，并且编辑项目的全局配置文件 AndroidManifest. xml 声明这两个 Activity 组件。

3）编写两个 Activity 类文件，详细内容请参考项目源码。

FirstActivity. java 的主要代码如下。

```
01. public class FirstActivity extends Activity {
02.     private Button mybutton;
03.     protected void onCreate( Bundle savedInstanceState) {
04.         super. onCreate( savedInstanceState) ;
05.         setContentView( R. layout. activity_first) ;
06.         mybutton = ( Button) findViewById( R. id. button1) ;
07.         mybutton. setOnClickListener( new Onbuttonlistener( ) ) ;
08.     }
09.     class Onbuttonlistener implements OnClickListener{
10.         public void onClick( View v) {
11.         Intent intent = new Intent( ) ;
12.         intent. putExtra( "stringname" ,"这是第 1 个页面传递的信") ;
13.         intent. setClass( FirstActivity. this,SecondActivity. class) ;
14.         FirstActivity. this. startActivity( intent) ;
15.         }
16.     }
17. }
```

【代码说明】

- 第 12 行实现向 Intent 对象添加要传递的信息。
- 第 13 行实现由 Intent 对象启动的另一个 Activity 信息。

SecondActivity. java 的主要代码如下。

```
01. public class SecondActivity extends Activity{
02.     private TextView mytextview;
03.     protected void onCreate( Bundle savedInstanceState) {
04.         super. onCreate( savedInstanceState) ;
05.         setContentView( R. layout. activity_second) ;
06.         Intent intent = getIntent( ) ;
07.         String value = intent. getStringExtra( " stringname" ) ;
08.         mytextview = ( TextView) findViewById( R. id. textView) ;
09.         mytextview. setText( value) ;
10.     }
11. }
```

【代码说明】

- 第 06 行代码实现接收从前一个 Activity 中传递过来的 Intent 对象。
- 第 07 行代码实现从接收的 Intent 对象提取前一个 Activity 传递来的信息。
- 第 09 行代码实现在 Activity 界面中显示前一个 Activity 传递来的信息。

4）在虚拟机上运行应用程序，并在第 1 个 Activity 中单击按钮进行信息发送，如图 2-6a 所示，切换到第 2 个 Activity 并接收到了来自第 1 个 Activity 所传递的信息，如图 2-6b 所示。

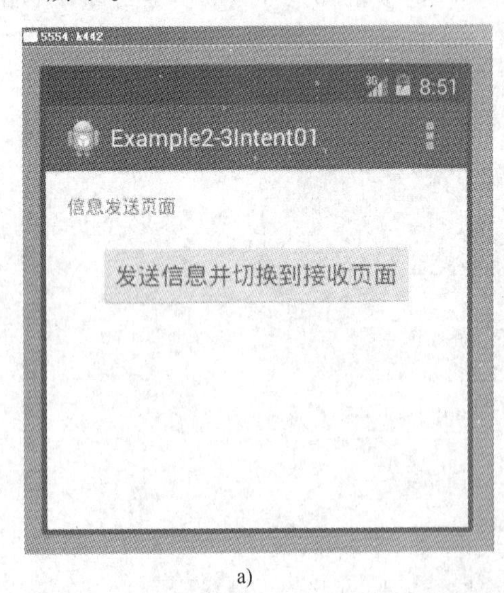

a)

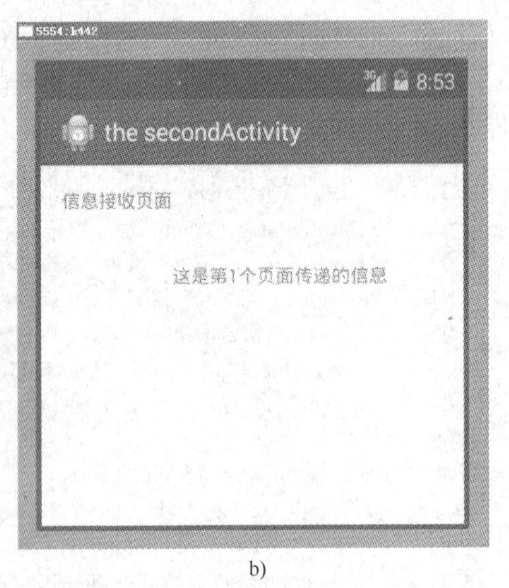

b)

图 2-6　Activity 传递效果图
a）信息发送　b）信息接收

从本应用程序可以得出，Intent 不仅可以在 Android 系统组件之间实现切换，并且能够在两个 Activity 页面之间传递参数。

当然，Intent 还可以实现其他组件之间的信息传递，这些内容将在后面的章节中进行介绍。

2.3 Service

Service 服务组件是 Android 系统重要组件之一，类似于守护进程或 Windows 系统中的后台服务。Service 并没有实际界面，而是一直在 Android 系统的后台运行。本节主要从 3 个方面进行介绍：Service 的创建和生命周期、本地 Service 和远程 Service。

2.3.1 Service 的创建和生命周期

在 Android 应用程序开发中，一般使用 Service 为应用程序提供一些服务而不需要界面的功能，例如，从 Internet 下载文件、控制 Video 播放器等。同 Activity 一样，用户定义的每一个 Service 类都继承父类：Service。每个 Service 也有自己的生命周期，如图 2-7 所示。

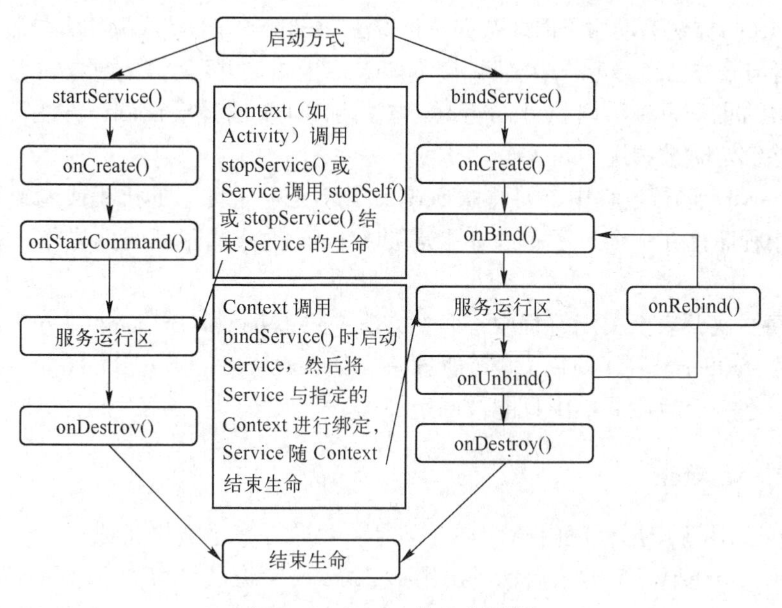

图 2-7　Service 的生命周期

创建一个 Service 类比较简单，只要继承 Service，实现其生命周期中的方法即可。一个定义好的 Service 必须在 AndroidManifest. xml 配置文件中通过 <service>元素声明才能使用。

由图 2-7 可以看出，有两种启动 Service 的方法。

1. startService( )方法启动

这种方法启动 Service 的生命周期顺序：onCreate( )→onStartCommand（可多次调用）→Service running→onDestroy( )。

onCreate( )方法在服务被创建时调用，该方法只会被调用一次，无论调用多少次 startService( )方法，服务也只被创建一次。

onStartCommand( )方法只有采用 Context. startService( )方法启动服务时才会回调该方法。

该方法在服务开始运行时被调用。多次调用 startService( )方法尽管不会多次创建服务，但 onStartCommand( )方法会被多次调用。Service 的活动生命周期是在 onStartcommand( )之后，这个方法会处理通过 startService( )方法传递来的 Intent 对象。音乐 Service 可以通过打开 Intent 对象来找到要播放的音乐，然后开始后台播放。

onDestroy( )方法在服务被终止时调用。

通过这种方法启动 Service，启动后 Service 与调用者是没有关系的，如果调用者消亡了，Service 依然可以继续运行。例如，通过浏览器下载数据就是此种应用。

2. bindService( )方法启动

采用 bindService( )方法启动服务，与之相关的生命周期顺序：onCreate( )→ onBind( )（不可多次绑定）→Service 运行→ onUnbind( )→ onDestroy( )。若用 bindService( )方法启动 Service，首先需要通过一个 ServiceConnection 对象绑定到指定的 Service。若没有启动 Service，则首先调用 Service 的 OnCreate( )方法来初始化启动 Service。然后调用 Service 的 onBind ( )方法初始化绑定。这种方法调用者和 Service 是绑定在一起的，如果调用者被销毁，则被绑定的 Service 也会被调用执行 onUnbind ( )和 onDestory( )方法停止运行。onBind( )方法只有采用 bindService( )方法启动服务时才会回调该方法。onBind( )方法在调用者与服务绑定时被调用，当调用者与服务已经绑定，多次调用 bindService( )方法并不会导致该方法被多次调用。

onUnbind( )也是只有采用 bindService( )方法启动服务时才会回调该方法。该方法在调用者与服务解除绑定时被调用。

在理解 Service 运行过程中，要注意 Service 并不是一个独立的进程或者线程。实际上它和当前的应用程序是在一个进程中。如果需要 Service 做一些很耗时的操作，就必须新启动一个线程。

Service 每一次开启至关闭过程中，以上方法中只有 onStarCommand( )方法可被多次调用（通过多次对 startService ( ) 调用），其他方法，如 onCreate ( )、onBind ( )、onUnbind ( ) 和 onDestory( )，在一个生命周期中只能被调用一次。

2.3.2 本地 Service

本地 Service 用于应用程序内部，它可以启动并运行直至被停止或自己停止。在这种方式下，它调用 startService( )方法启动，调用 stopService( )方法结束。本地 Service 也可以调用 Service. stopSelf( )方法或 Service. stopSelfResult( )方法来自己停止。不论调用了多少次 startService( )方法，只需要调用一次 stopService( )方法即可停止服务。

本地服务依附在主进程上而不是独立的进程，这样在一定程度上节约了资源。本地服务一般用于实现应用程序中的一些耗时任务，比如查询升级信息，并不占用应用程序比如 Activity 所属线程，而是单开线程在后台执行，这样用户体验比较好。常见的应用有音乐播放服务等。

为了更好地理解本地 Service 的运行过程，请参见【例 2-4】。

【例 2-4】 Example2 -4 LocalService 示例。

1）创建项目文件 Example2 -4LocalService，然后在 Src 中分别创建 1 个 Activity 和 1 个 Service：LocalActivity. java、LocalService. java。在 resource→layout 中分别创建 1 个 Activity 对应的布局文件。

2）编写 Activity 和 Service 类文件，LocalActivity. java 的主要代码如下。

```
01. public class LocalActivity extends Activity {
02.     private Intent mIntent = null;
03.     protected void onCreate(Bundle savedInstanceState) {
04.         super. onCreate(savedInstanceState);
05.         setContentView(R. layout. activity_local);
06.         Button bt_start = (Button)findViewById(R. id. start);
07.         Button bt_stop = (Button)findViewById(R. id. stop);
08.         bt_start. setOnClickListener(new Myclicklistener());
09.         bt_stop. setOnClickListener(new Myclicklistener());
10.     }
11. class Myclicklistener implements OnClickListener{
12.     public void onClick(View v) {
13.         // TODO Auto - generated method stub
14.         switch (v. getId()) {
15.             case R. id. start:
16.                 doStart();
17.                 break;
18.             case R. id. stop:
19.                 doStop();
20.                 break;
21.             }
22.         }
23.     }
24.     private void doStart(){
25.         this. mIntent = new Intent(LocalActivity. this,LocalService. class);
26.         this. startService(this. mIntent);
27.     }
28.     private void doStop(){
29.       if(this. mIntent!= null){
30.         this. stopService(this. mIntent);
31.         }
32.     }
33. }
```

【代码说明】

- 第 11 ～ 23 行实现开始服务和结束服务的监听器接口。
- 第 24 ～ 27 行代码通过 Intent 实现启动服务。
- 第 28 ～ 31 行代码表示停止服务，只有调用本方法，当前服务才会停止。这和调用本 Service 的 LocalActivity 是否消亡无关。

LocalService. java 的主要代码如下。

```
01. public class LocalService extends Service {
02.     public IBinder onBind(Intent intent) {
03.         System. out. println("onBind()方法");
04.         return null;
```

```
05.    }
06.    public void onCreate( ) {
07.        super. onCreate( ) ;
08.        System. out. println( " LocalService : onCreate( )创建服务" ) ;
09.    }
10.    public int onStartCommand( Intent intent, int flags, int startId) {
11.        System. out. println( " LocalService : onStartcommand( )启动服务" ) ;
12.        System. out. println( flags + " ," + startId + " ," + intent) ;
13.        super. onStartCommand( intent, flags, startId) ;
14.        return super. onStartCommand( intent, flags, startId) ;
15.    }
16.    public void onDestroy( ) {
17.        super. onDestroy( ) ;
18.        System. out. println( " LocalService : onDestroy( ) 销毁服务" ) ;
19.    }
20. }
```

【代码说明】

- 第 06 ～ 09 行代码实现本地 Service 的创建，当创建 Service 对象时，首先调用这个方法。
- 第 10 ～ 15 行代码实现启动 Service。
- 第 16 ～ 19 行代码实现销毁 Service。

3）在本项目中，Activity 组件的声明已经由系统自动完成，那么只需添加以下代码完成 Service 组件的声明。否则在启动服务时会提示错误，中断程序运行。

```
01.    < service
02.        android : name = ". LocalService"
03.        android : label = "@ string/ app_name"  >
04.    </service >
```

4）在虚拟机上运行应用程序，并在 Activity 中单击“启动服务”按钮，如图 2-8 所示。

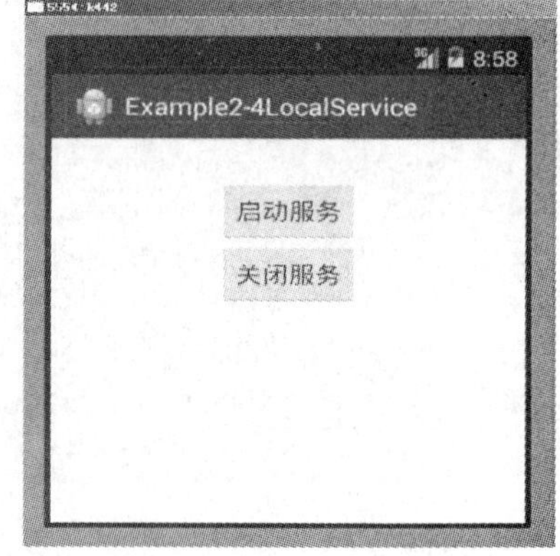

图 2-8　启动 Service

运行结果如图 2-9 所示。

单击“关闭服务”按钮，相关生命周期函数运行信息如图 2-10 所示。

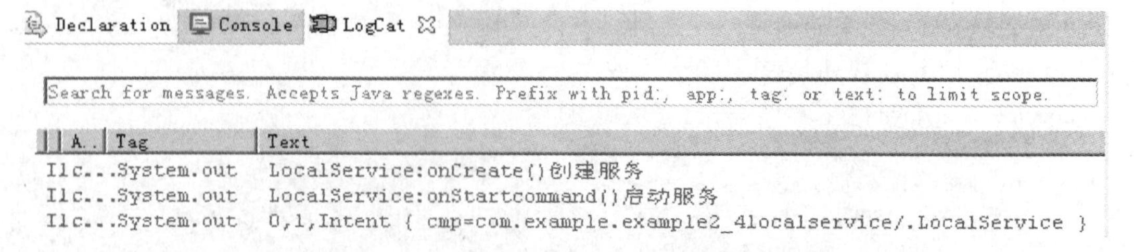

Declaration | Console | LogCat

Search for messages. Accepts Java regexes. Prefix with pid:, app:, tag: or text: to limit scope.

A...	Tag	Text
I	lc...System.out	LocalService:onCreate()创建服务
I	lc...System.out	LocalService:onStartcommand()启动服务
I	lc...System.out	0,1,Intent { cmp=com.example.example2_4localservice/.LocalService }

图 2-9　启动 Service 生命周期函数运行信息

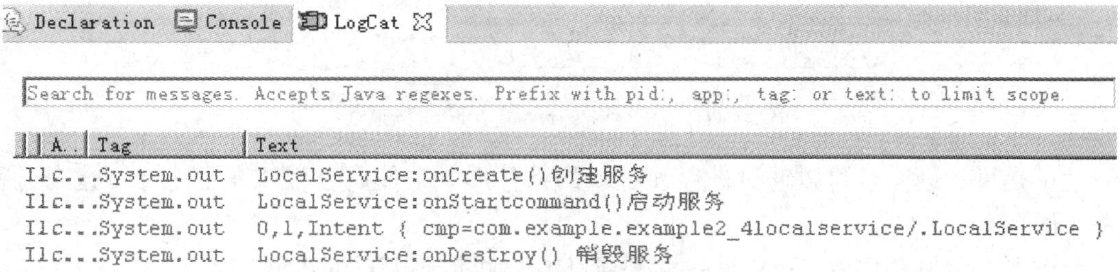

```
Declaration  Console  LogCat

Search for messages. Accepts Java regexes. Prefix with pid:, app:, tag: or text: to limit scope.

A..  Tag             Text
I1c...System.out     LocalService:onCreate()创建服务
I1c...System.out     LocalService:onStartcommand()启动服务
I1c...System.out     0,1,Intent { cmp=com.example.example2_4localservice/.LocalService }
I1c...System.out     LocalService:onDestroy() 销毁服务
```

图 2-10　关闭 Service 生命周期函数运行信息

由本项目可以看出，对于这类无须和 Activity 交互的本地服务，最好用 startService( )方法与 stopService( )方法。

运行发现第一次运行 startService( )方法时，会调用 onCreate( )方法与 onStartCommand( )方法，在没有调用 stopService( )方法前，无论通过单击调用多少次 startService( )方法，都只会调用 onStartCommand( )方法。而使用 stopService( )方法时则调用 onDestroy( )方法。再次使用 startService( )方法，会发现不会进入 Service 的生命周期，即不会再调用这些方法：onCreate( )、onStartCommand( )和 onDestroy( )。onBind( )方法在使用 startService( )方法启动服务时没有被调用。

2.3.3　远程 Service

远程 Service 用于 Android 系统内部的应用程序之间。远程服务为独立的进程，对应进程名格式为所在包名加上指定的 android:process 字符串。由于是独立的进程，因此在 Activity 所在进程被 Kill 时，该服务依然在运行而不受其他进程影响，这有利于为多个进程提供服务，具有较高的灵活性。由于该服务是独立进程，所以会占用一定资源，并且使用 AIDL（接口定义语言）进行 RPC（远程进程调用）。

📖 AIDL 简介：远程进程调用是指在一个进程里，调用另外一个进程里的服务。接口定义语言（Android Interface Definition Language，AIDL）是 Android 系统的一种接口描述语言，通过接口定义语言来生成两个进程间的访问代码，实现 Android 系统的进程间通信。Android 编译器可以将 AIDL 文件编译成一段 Java 代码，生成相对的接口。

📖 RPC 简介：远程 Service 调用，是 Android 系统为了提供进程间通信而提供的轻量级实现方式，这种方式采用一种远程进程调用技术来实现，英文名全称是 Remote Procedure Call，即 RPC。

远程 Service 可以通过自己定义并暴露出来的接口进行程序操作。客户端建立一个到服务对象的连接，并通过那个连接来调用服务。连接以调用 bindService( )方法建立，以调用 unbindService( )方法关闭。多个客户端可以绑定至同一个服务。如果服务此时还没有加载，bindService( )方法会先加载它。被开放的服务可被其他应用程序复用，比如天气预报服务，其他应用程序不需要再写这样的服务，调用已有的服务即可。

下面详细介绍如何使用 AID 实现 RPC 机制来达到远程进程调用的目的和步骤。

首先，要先弄清楚这是怎样的一个流程。比如程序 A 提供服务 A，并且这种服务是对外开放的，也就是其他程序都可以通过某种方式来使用这种服务，程序 B 想要使用程序 A 的服务 A，就以通过程序 A 提供的一种形式来使用它，如图 2-11 所示。

图 2-11　程序 B 使用程序 A 提供的服务

也就是说，进程 B 可以通过进程 A 提供的某种形式来使用进程 A 的服务 A。这个过程就是 RPC。

了解了基本概念之后，可以通过实例项目来说明实现 RPC 的步骤。

【例 2-5】 Example2 - 5 RemoteService 示例。

1）创建项目，然后在项目 src 包中创建 AIDL 文件。这个文件和普通的 Java 文件差不多，只不过扩展名是 . aidl。这个文件相当于一个接口，里面要声明一些对外提供服务的方法，也就是要对外暴露的方法。注意，在这个文件里，除了 Java 基本类型及 String、List、Map 和 Charquene 类型不需要引入相应的包外，其他的都要引入包。例如，创建一个 Apple. aidl 文件，里面只声明了一个方法 getName( )，代码如下。

```
01. package com. example. example2_5remoteservice;
02. interface Apple {
03.     String getName( );
04.     //该接口里面所有的方法都应该是对外暴露的
05. }
```

创建完 AIDL 文件后，刷新项目，会发现在 gen 目录对应的目录下会生成一个 Apple. java 接口文件，打开该文件，会发现在 AIDL 文件里面定义的 getName( )方法，但没有实现，如图 2-12 所示。

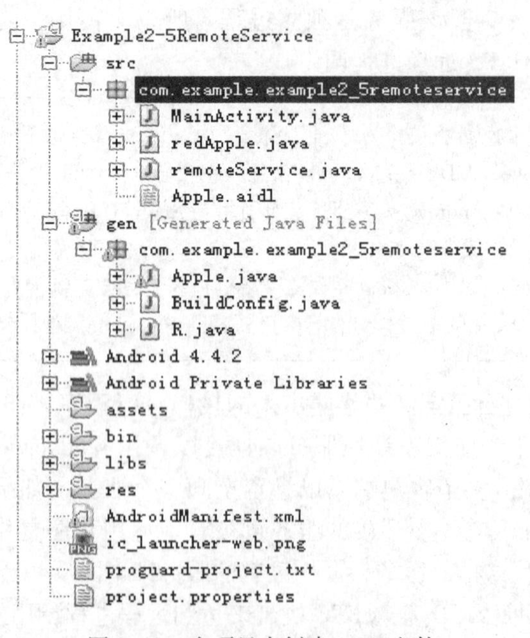

图 2-12　在项目中创建 AIDL 文件

2）实现系统自动生成的 Apple 接口。注意，这里创建的类不能实现系统生成的 Apple 接口，而是继承该接口里面的 Stub 类。主要代码如下。

```
01. package com. example. example2_5remoteservice;
02. import android. os. RemoteException;
03. import com. example. example2_5remoteservice. Apple. Stub;
04. public class redApple extends Stub {
05.     public String getName( ) throws RemoteException {
06.         return " 成功调用远程服务!";
07.     }
08. }
```

3）编写了 AIDL 文件，实现接口文件，接下来就是要将接口暴露给其他程序，让其他程序可以使用这个方法。通常的做法是，定义一个 Service，在该 Service 的 onBind( )方法里返回这个接口。这样做的原因是在 Android 中调用远程服务的方法时，Service 是最好的载体，因为它可以一直在后台运行。在 Activity 绑定到该服务时，就可以得到该接口，然后可以调用接口里面的方法。Service 主要代码如下。

```
01. package com. example. example2_5remoteservice;
02. import com. example. example2_5remoteservice. Apple. Stub;
03. import android. app. Service;
04. import android. content. Intent;
05. import android. os. IBinder;
06. public class remoteService extends Service {
07.     private Stub binder = new redApple( );
08.     public IBinder onBind( Intent arg0) {
09.         return binder;
10.     }
11. }
```

4）在客户端调用远程 Service。在前面操作的基础上，还需要在客户端里调用已实现的接口。在 Activity 中，通过一个 Button 触发事件，调用远程服务接口。主要代码如下。

```
01. public class MainActivity extends Activity {
02.     private Button button;
03.     private Apple apple;
04.     private static final String ACTION = "lth. my. action. action1";
05.     protected void onCreate( Bundle savedInstanceState) {
06.         super. onCreate( savedInstanceState);
07.         setContentView( R. layout. activity_main);
08.         button = ( Button) this. findViewById( R. id. button1);
09.         button. setOnClickListener( remoteListener);
10.     }
11. private OnClickListener remoteListener = new OnClickListener( ) {
12.     public void onClick( View v) {
13.         Intent intent = new Intent( );
14.         intent. setAction( ACTION);
15.         MainActivity. this. bindService( intent, connection, Service. BIND_AUTO_CREATE);
16.         }
17.     };
```

```
18. private ServiceConnection connection = new ServiceConnection() {
19.   public void onServiceDisconnected(ComponentName name) {
20.       }
21.   public void onServiceConnected(ComponentName name,IBinder service) {
22.       apple = Stub.asInterface(service);
23.       if(apple != null) {
24.         try {
25.             Toast.makeText(MainActivity.this,apple.getName(),
26.             Toast.LENGTH_LONG).show();
27.         } catch (RemoteException e) {
28.             throw new RuntimeException(e);
29.                 }
30.             }
31.       }
32.   };
33. }
```

【代码说明】

- 第 03 行代码表示定义远程接口。
- 第 04 行代码表示自定义 Action。
- 第 15 行代码表示把 MainActivity 绑定到定义好的那个 Service。
- 第 25 行代码表示调用接口中定义好的方法。

5）最后还要编写 Mainfest.xml 文件，主要代码如下。

```
01. <application ... >
02.         <activity
03.             android:name=".MainActivity"
04.             android:label="@string/app_name" >
05.             <intent-filter>
06.                 <action android:name="android.intent.action.MAIN" />
07.                 <category android:name="android.intent.category.LAUNCHER" />
08.             </intent-filter>
09.         </activity>
10.         <service android:name=".remoteService" >
11.             <intent-filter >
12.                 <action android:name="lth.my.action.action1"/>
13.             </intent-filter>
14.         </service>
15. </application>
```

6）在 AVD 中运行项目，在 Activity 中单击“调用远程服务”按钮，如图 2-13a 所示，运行结果如图 2-13b 所示。

通过本示例，可知在同一个应用程序中可以使用远程 Service 的方式和自己定义的服务进行交互。如果是另外的应用程序使用远程 Service，需要做的是复制上面的 AIDL 文件和相应的包结构到应用程序中，其他调用方式都基本相同。

如果需要编写传递复杂数据类型的远程 Service，远程 Service 往往不只是传递 Java 基本

a)

b)

图 2-13　远程服务运行结果图
a）调用远程服务　b）成功调用远程服务

数据类型。这时需要注意 Android 的一些限制和规定。

1）Android 支持 String 和 CharSequence。

2）如需要在 AIDL 中使用其他 AIDL 接口，需要类型导入，即使在相同包结构下。

3）Android 允许传递实现 Parcelable 接口的类，需要类型导入。

4）Android 支持集合接口类型 List 和 Map，但元素必须是基本型或者上述 3 种情况，不需要 import 集合接口类，但需要对元素涉及的类型进行导入。

5）非基本数据类型，且不是 String 和 CharSequence 类型，需要有方向指示，包括 in、out 和 inout，in 表示由客户端设置，out 表示由服务端设置，inout 表示两者均可设置。

2.4　BroadcastReceiver

广播接收器（BroadcastReceiver）是 Android 系统的重要组件之一，用来接收来自系统和应用中的广播，是一种被广泛运用的、在应用程序之间传输信息的机制，是对发送出来的广播进行过滤接收并响应的一类组件。本节主要从 3 方面进行介绍：BroadcastReceiver 简介、BroadcastReceiver 生命周期和 BroadcastReceiver 实现机制。

2.4.1　BroadcastReceiver 简介

在 Android 系统中，广播应用在很多方面，例如，当网络状态改变时系统会产生一条广播，接收到这条广播就能及时地做出提示和保存数据等操作；当电池电量改变时，系统会产生一条广播，接收到这条广播就能在电量低时告知用户及时保存进度；时区的改变也会产生一条广播，接收到这条广播就能提醒用户改变时间设置；以及当处理应用或玩游戏时还可以接收短信等。

BroadcastReceiver 用于接收广播 Intent，广播 Intent 的发送是要把发送的信息和用于过滤的信息（如 Action、Category）装入一个 Intent 对象，然后通过调用 sendBroadcast( )、sendOrderBroadcast( )或 sendStickyBroadcast( )方法，把 Intent 对象以广播方式发送出去。通常一个广播 Intent 可以被订阅了此 Intent 的多个广播接收者所接收。

BroadcastReceiver 自身并不实现图形用户界面，但是当它收到某个通知后，BroadcastReceiver 可以启动 Activity 作为响应，或者通过 NotificationMananger 提醒用户，或者启动 Service。

一个应用程序可有任意数量的广播接收器来响应它认为重要的任务通告。所有用户定义的广播接收器都继承于父类——BroadcastReceiver，其由 Android 平台框架预定义。

在 Android 系统中有以下 3 种广播类型。

- 普通广播：发送一个广播，所有监听该广播的 BroadcastReceiver 都可以监听到该广播。
- 异步广播：当由 BroadcastReceiver 处理完之后，Intent 依然存在，此时 registerReceiver（BroadcastReceiver，IntentFilter）还能收到它的值，直到把它去掉。
- 有序广播：按照接收者的优先级顺序接收广播，优先级别在 intent - filter 中的 priority 中声明，-1000 到 1000 之间，值越大，优先级越高。可以终止广播意图的继续传播。接收者可以篡改内容。

2.4.2 BroadcastReceiver 生命周期

BroadcastReceiver 的生命周期并不像 Activity 一样复杂，运行原理很简单，如图 2-14 所示。

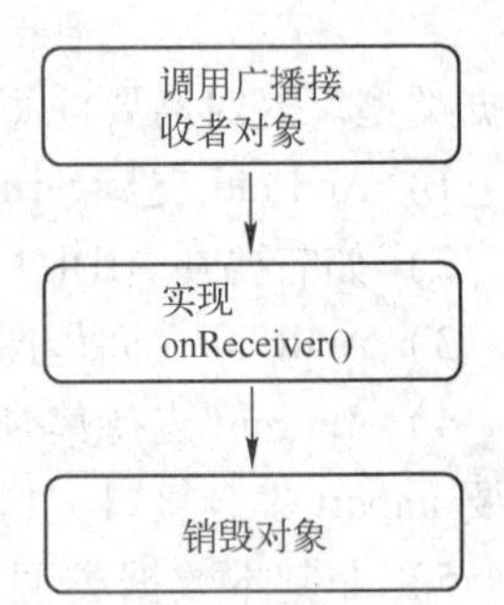

图 2-14 BroadcastReceiver 生命周期

每次广播到来时，会重新创建 BroadcastReceiver 对象，并且调用 onReceive( )方法，执行完以后，该对象即被销毁。BroadcastReceiver 的生命周期只有 10 秒左右，当 onReceive( )方法在 10 秒内没有执行完毕，Android 会认为该程序无响应。所以在 BroadcastReceiver 中不能做一些比较耗时的操作，否则会弹出 ANR（Application No Response）的对话框。

一个正在执行的 BroadcastReceiver，即正在执行 onReceive( )方法的进程被认为是一个前台的进程，将会一直运行，除非系统处于内存可用容量极度低的情况。一旦从 OnReceive( )方法中返回，这个 BroadcastReceiver 对象就被系统认为应该结束了，将不会再被激活。如果进程仅仅只是拥有 BroadcastReceiver，但并没有和它进行交互，此时一旦它从 onReceive( )方法中返回时，系统就会认为进程是空的，并且主动杀死它，以便这些资源可以被其他重要的进程利用。这意味着对于耗时的操作，可以采用将 Service 和 BroadcastReceiver 结合使用，以确保执行这个操作的进程在整个执行过程中都保持激活状态。

如果需要完成一项比较耗时的工作，应该通过发送 Intent 给 Service，由 Service 来完成。这里不能使用子线程来解决，因为 BroadcastReceiver 的生命周期很短，子线程可能还没有结束而 BroadcastReceiver 就先结束了。BroadcastReceiver 一旦结束，此时 BroadcastReceiver 所在进程很容易在系统需要内存时被优先杀死，因为它属于空进程（没有任何活动组件的进程）。如果它的宿主进程被杀死，那么正在工作的子线程也会被杀死，所以采用子线程来解决是不可靠的。

为了更好地理解 BroadcastReceiver 的生命周期，下面通过项目示例进行说明。

【例 2-6】Example2 - 7 BroadcastReceiver 示例。

1）新建工程 Example2 - 7BroadcastReceiver，在工程的 Src 包中新建一个继承 BroadcastReceiver 的类 MyBroadcastReceiver，主要实现 onReceive( )方法。主要代码如下。

```
01. public class MyBroadcastReceiver extends BroadcastReceiver
02. {
03.    public void onReceive( Context context,Intent intent)
04.    {
05.       Intent intent_activity = new Intent( context,MainActivity. class) ;
06.       intent_activity. setFlags( Intent. FLAG_ACTIVITY_NEW_TASK) ;
07.       context. startActivity( intent_activity) ;
08.    }
09. }
```

【代码说明】

- 第 06 行代码中参数为 Intent. FLAG_ACTIVITY_NEW_TASK，表示区别于默认优先启动在 activity 栈中已经存在的 activity（如果之前启动过，并且还没有被 destroy），而无论是否存在，都需重新启动新的 activity。

2）编辑 MainActivity 类，此 Activity 在 AndroidMainfest. xml 中被声明为对话框风格。在本例中，当 Android 系统所在时区被改变时，如图 2-15a 所示，会调用 BroadcastReceiver 对象中的 onReceive( )方法，在 onReceive( )方法中启动了本 Activity，并可单击“确定”按钮退出本应用程序。运行效果如图 2-15b 所示。

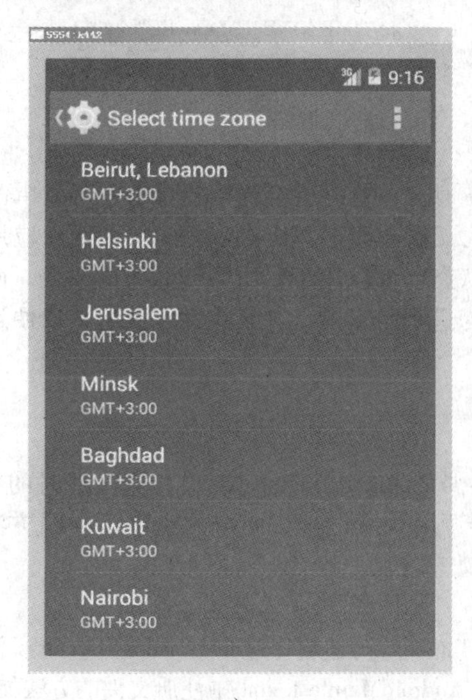

a)

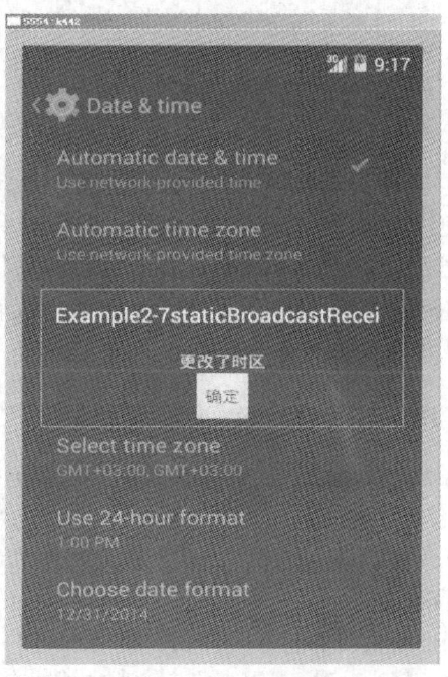

b)

图 2-15　时区图

a）选择时区　b）更改时区

MainActivity 的主要代码如下。

```
01. public class MainActivity extends Activity {
02.     protected void onCreate( Bundle savedInstanceState) {
03.         super. onCreate( savedInstanceState) ;
04.         setContentView( R. layout. activity_main) ;
05.         Button button = ( Button) findViewById( R. id. button) ;
06.         button. setOnClickListener
07.             (
08.                 new OnClickListener( )
09.                 {
10.                     @ Override
11.                     public void onClick( View v)
12.                     {
13.                         System. exit(0) ;//退出当前应用程序
14.                     }
15.                 }
16.             ) ;
17.     }
18. }
```

3） AndroidMainfest. xml 中有关 BroadcastReceiver 组件的声明部分如下。

```
01. < receiver android:name = ". MyBroadcastReceiver" >
02.     < intent - filter >
03.         < actionandroid:name = " android. intent. action. TIMEZONE_CHANGED"/ >
04.         < category android:name = " android. intent. category. HOME"/ >
05.     </intent - filter >
06. </receiver >
```

在 AVD 中运行该项目，然后操作改变系统时区，这时就会弹出提示框，可以单击“确定”按钮退出程序。如果此时再改变系统时区，就不会再弹出提示框了。说明在应用程序被安装之后，BroadcastReceiver 始终处于活动状态，可以用于监听系统状态的改变。而一旦它从 onReceive( )方法中返回时，系统就会认为进程是空的，并且主动杀死它，以便这些资源可以被其他重要的进程利用。

2.4.3 BroadcastReceiver 实现机制

当 Intent 发送以后，所有在系统中已经注册的 BroadcastReceive 会检查注册时的 Intent-Filter 是否与发送的 Intent 相匹配，若匹配则会调用 BroadcastReceive 的 onReceive( )方法。注册 BroadcastReceiver 有两种方式：静态注册和动态注册。

1. 静态注册

如果要使监听器能够接收到广播所发送的 Intent，就必须将这个 BroadcastReceiver 注册到系统当中，【例 2-7】就属于静态注册方式。在 AndroidMainfest. xml 中注册文件的方法如下。

```
01. < receiver android:name = ". MyBroadcastReceiver" >
02.     < intent - filter >
```

```
03.        <actionandroid:name = "android. intent. action. TIMEZONE_CHANGED"/>
04.        <category android:name = "android. intent. category. HOME"/>
05.    </intent - filter>
06. </receiver>
```

上述代码中，MyBroadcastReceiver 是 BroadcastReceiver 的类名，android. intent. ac - tion. TIMEZONE_CHANGED 是触发该 BroadcastReceiver 的 Action 的名称。能够触发 BroadcastReceiver 的 Action 有很多，具体可以查看 Android 的 API 文档。

2. 动态注册

BroadcastReceiver 被静态注册后，即使所在的应用程序没有启动，或者已经被关闭，这个 BroadcastReceiver 依然会继续运行，这样的运行机制可能会给软件的用户造成不便。所以作为程序的开发者，希望能够有一种灵活的机制完成 BroadcastReceiver 的绑定和解除绑定操作。Android 当然也考虑到了这些问题，所以提供了以下两个函数。

- 动态注册广播接收器：registerReceiver（BroadcastReceiver，Intentfilter），这个函数的作用就是将一个 BroadcastReceiver 注册到应用程序当中，这个函数接收两个参数，第一个参数是需要注册的 BroadcastReceiver 对象，第二个参数是一个 IntentFilter。第一个参数是非常容易理解的，第二个参数的作用是定义了哪些 Intent 才能触发这个注册的 BroadcastReceiver 对象。类似于前面讲解的 <intent - filter> 标签的作用。
- 解除动态广播接收器：unregisterReceiver（BroadcastReceiver），用于解除 BroadcastReceiver 的绑定状态。一旦解除完成，响应的 BroadcastReceiver 就不会再接收系统所广播的 Intent 了。

为了更好地理解动态注册 BroadcastReceiver 的过程，参见下面项目示例。本示例通过一个自定义的静态注册广播接收器与动态注册广播接收器进行分析和比较。

【例 2-7】Example2 - 7 dynamicBroadcastReceiver 示例。

1）新建工程 Example2 - 7dynamicBroadcastReceiver，在 Src 包中创建一个用于静态注册的广播接收器——StaticReceiver，主要代码如下。

```
01. public class StaticReceiver extends BroadcastReceiver {
02.   //静态广播接收器执行的方法
03.   public void onReceive(Context context,Intent intent) {
04.      String msg = "我是静态广播接收器,收到了" + intent. getStringExtra("msg");
05.      Toast. makeText(context,msg,Toast. LENGTH_SHORT). show();
06.        }
07. }
```

2）在 Src 包中创建一个用于动态注册的广播接收器——dynamicReceiver，主要代码如下。

```
01. public class dynamicReceiver extends   BroadcastReceiver   {
02.   //动态广播接收器执行的方法
03.   public void onReceive(Context context,Intent intent) {
04.      String msg = "我是动态广播接收器,收到了" + intent. getStringExtra("msg");
05.      Toast. makeText(context,msg,Toast. LENGTH_SHORT). show();
06.        }
07. }
```

3）编辑 MainActivity，用 togglebutton 按钮控件对动态广播接收器进行注册与解除注册。再分别用两个按钮实现发送给自定义的静态注册的广播接收器的 Intent 信息和发送给动态注册的广播接收器的 Intent 信息。主要代码如下。

```
01. public class MainActivity extends Activity {
02.     private Button sendStaticButton;
03.     private Button sendDynamicButton;
04.     private static final String STATICACTION = "com.lth.staticreceiver";
05.     private static final String DYNAMICACTION = "com.lth.dynamicreceiver";
06.     private dynamicReceiver dy_receiver;
07.     public void onCreate(Bundle savedInstanceState) {
08.         super.onCreate(savedInstanceState);
09.         setContentView(R.layout.activity_main);
10.         sendStaticButton = (Button) findViewById(R.id.send_static);
11.         sendDynamicButton = (Button) findViewById(R.id.send_dynamic);
12.         sendStaticButton.setOnClickListener(new DIYOnClickListener());
            sendDynamicButton.setOnClickListener(new DIYOnClickListener());
13.         ToggleButton tbBindService = (ToggleButton)findViewById(R.id.register);
14.         tbBindService.setOnCheckedChangeListener
15.         (
16.         new OnCheckedChangeListener()
17.         {
18.     public void onCheckedChanged(CompoundButton buttonView,boolean isChecked) {
19.     if(isChecked) {//已经选中(动态注册广播接收器)
20.     dy_receiver = new dynamicReceiver();
21.     IntentFilter dynamic_filter = new IntentFilter();
22.         dynamic_filter.addAction(DYNAMICACTION);
23.         registerReceiver(dy_receiver,dynamic_filter);
24.         }
25.         else{
26.                 unregisterReceiver(dy_receiver);
27.         }
28.         }
29.         }
30.       );
31.     }
32. class DIYOnClickListener implements OnClickListener{
33.     public void onClick(View v) {
34.         if(v.getId() == R.id.send_static) {
35.         Intent intent = new Intent();
36.         intent.setAction(STATICACTION);//设置 Action
37.         intent.putExtra("msg","静态类型的广播!");
38.         sendBroadcast(intent);
39.         }
40.         else if(v.getId() == R.id.send_dynamic) {
41.         Intent intent = new Intent();
42.         intent.setAction(DYNAMICACTION);
43.         intent.putExtra("msg","动态类型的广播!");
```

```
44.            sendBroadcast(intent);
45.        }
46.    }
47.    }
48. }
```

【代码说明】

- 第 02 行代码表示发送静态注册广播的按钮。
- 第 03 行代码表示发送动态注册广播的按钮。
- 第 04 行代码表示静态广播的 Action 字符串。
- 第 05 行代码表示动态广播的 Action 字符串。
- 第 06 行代码表示定义动态广播接收器对象。
- 第 10 行代码表示获取 Button 按钮引用。
- 第 12 行代码表示为 Button 按钮添加监听器。
- 第 13 ～ 30 行代码表示用 ToggleButton 对动态广播接收器进行注册与解除注册。
- 第 20 行代码表示创建要动态注册的广播对象，此行必不可少。
- 第 21 行代码表示创建 Intent 过滤器。
- 第 22 行代码表示添加动态广播的 Action。
- 第 23 行代码表示注册自定义动态广播消息。
- 第 26 行代码表示解除动态注册广播接收器。
- 第 32 ～ 45 行代码表示实现内部类 OnClick 监听器。
- 第 34 行代码表示发送自定义静态注册广播消息。
- 第 37 行代码表示添加附加信息。
- 第 38 行代码表示发送 Intent。
- 第 40 行代码表示发送自定义动态注册广播消息。

4）AndroidMainfest. xml 中有关静态注册 BroadcastReceiver 组件声明部分如下。

```
01. <!--注册自定义静态广播接收器-->
02.    <receiver android:name=".StaticReceiver">
03.        <intent-filter>
04.            <action    android:name="com.lth.staticreceiver"/>
05.        </intent-filter>
06. </receiver>
```

5）在 AVD 中运行项目，单击“发送静态注册广播”按钮，运行结果如图 2-16a 所示。然后单击“动态注册接收器”按钮，再单击“发送动态注册广播”按钮，运行结果如图 2-16b 所示。

通过本项目的运行结果，可以分析两种注册 BroadcastReceiver 方法的特点和各自的应用场合。

1）静态注册的方法可以保证在应用程序安装之后，BroadcastReceiver 始终处于活动状态，通常用于监听系统状态的改变，例如手机的电量、Wi-Fi 网卡的状态等。对于这样的 BroadcastReceiver，通常是在产生某个特定的系统事件之后，进行相应的操作，例如 Wi-Fi

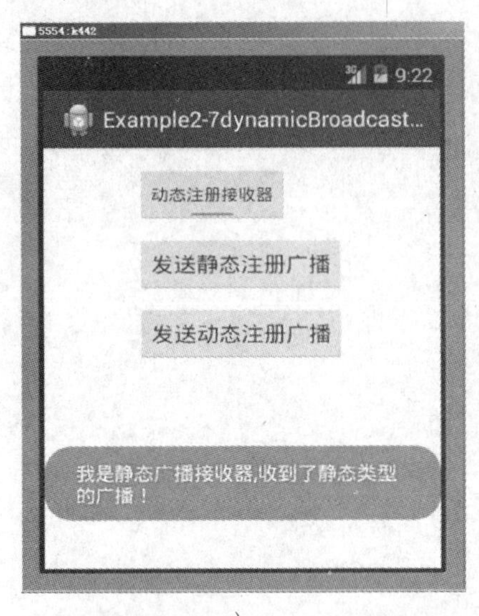

a)

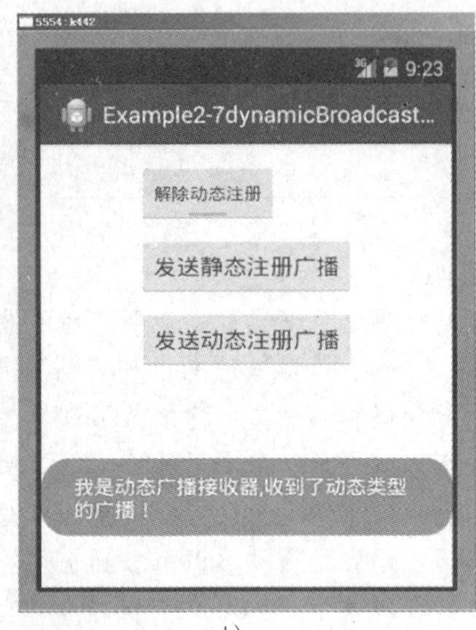

b)

图 2-16　广播接收器

a) 静态广播接收器　b) 动态广播接收器

网卡打开时，给用户一个提示。

2）动态注册方法相对静态注册要灵活很多，用此方法注册的 BroadcastReceiver 通常用于更新 UI 的状态。一般来说，都是在一个 Activity 启动时使用这样的方法注册 BroadcastReceiver，一旦接收到广播的事件，就可以在 onReceive( ) 方法中更新当前 Activity 中的控件。但是需要注意的是，如果这个 Activity 不可见了，就应该调用 unregisterReceiver( ) 方法来解除注册。

2.5　实验：Android 基本组件的应用

本章主要介绍了 Android 系统中常用的组件：Activity（活动）、Service（服务）、Intent（意图）和 BroadcastReceiver（广播接收器）等。为了加深对这些组件知识的理解和对读者实践的指导，下面介绍几个典型的实验。

2.5.1　实验目的和要求

- 掌握 Intent 和 Activity 的使用。
- 掌握 Intent 在应用程序 Activity 间启动、停止和传输信息。
- 掌握 Service 的创建与启动，并掌握从后台启动 Service 来运行耗时进程。
- 掌握 BroadcastReceiver 的创建及两种注册方法。

2.5.2　题目 1　Intent 和 Activity 应用

1. 任务描述

本次实验的目的是让读者熟悉 Intent 和 Activity 的使用。Intent 最常用的用途是在应用程序的 Activity 间传输信息，并实现通过输入用户名和密码来模拟系统登录的小程序。

项目界面及运行结果分别如图 2-17a 与图 2-17b 所示。

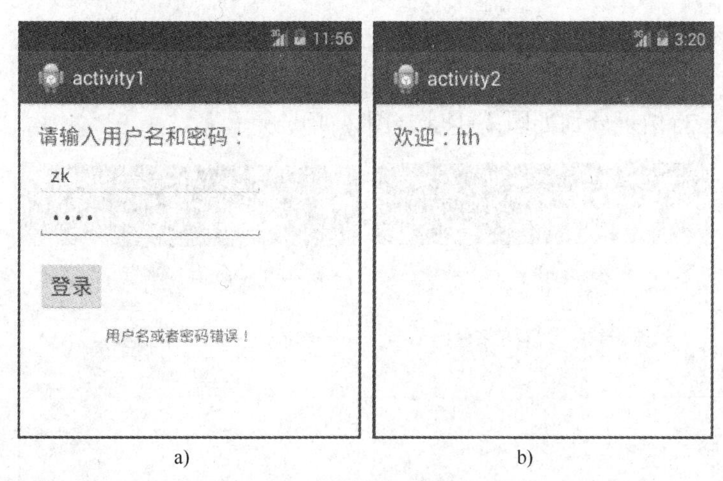

a)　　　　b)

图2-17　登录界面及运行结果
a）登录界面　b）登录成功

2. 任务要求

1）完成 Android 开发平台的搭建及相关配置。

2）创建项目并熟悉文件目录结构。

3）实现例程，输入“用户名，密码”等实验步骤。

4）输入用户名和密码，登录时如果用户名和密码错误，就会出现“用户名和密码错误!”提示。如果用户名为“lth”，密码为“123”，则登录成功。然后切换到另一页，在另一页面显示用户名。

3. 知识点提示

本任务主要用到以下知识点。

1）Activity 的创建及相应生命周期函数的调用。

2）Intent 的创建及在不同 Activity 之间的传递。

3）用户输入的用户名和密码与系统预设定的用户名和密码相同，则提示登录成功，否则提示登录失败。

4. 操作步骤提示

1）创建项目，新建一个 Android 工程并命名为 activity_2_intent_test。

2）根据项目界面添加布局文件。

3）编辑 MainActivity. java，主要实现用户名和密码的接收，并且判断是否符合登录条件。如果用户名或密码错误，则弹出“用户名或密码错误”提示；如果正确，负责从当前 Activity 切换到另一个 Activity，并以 Intent 参数的形式把用户名传递给第 2 个 Activity。

4）创建 SecondActivity，主要实现从第 1 个 Activity 中接收 Intent，把 Intent 中的用户名参数提取出来并显示在界面上。

5）修改 AndroidManifest. xml 文件，对两个 Activity 进行声明。

2.5.3　题目 2　用 Service 实现简单音乐播放器

1. 任务描述

本次实验的目的是让读者熟悉 Service 组件的使用。使用 Service 的一种典型示例：用户一边在手机上操作其他应用程序，一边在手机上听音乐。而播放音乐就可以使用 Service 组件在后台来实现。

项目界面及运行结果分别如图 2-18a 与图 2-18b 所示。

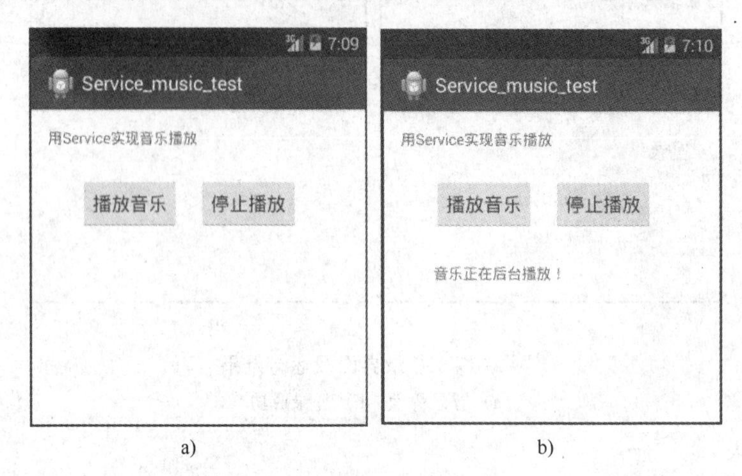

a)　　　　　　b)

图 2-18　应用程序界面及运行结果

a）应用程序界面　b）正在播放音乐

2. 任务要求

1）完成 Android 开发平台的搭建及相关配置。

2）创建项目并熟悉文件目录结构，在项目文件夹下的 res 下创建 raw 文件夹，然后放入一个 MP3 格式的音乐文件。

3）程序中有“播放音乐”和“停止播放”按钮，当单击“播放音乐”按钮时，后台开始播放音乐，如图 2-18b 所示，当单击“停止播放”按钮时，界面则显示“音乐停止播放”。

3. 知识点提示

本任务主要用到以下知识点。

1）Service 的创建及相应生命周期方法的实现。

2）音乐媒体播放类的使用。

3）修改 AndroidManifest. xml 文件，对 Service 组件进行声明。

4. 操作步骤提示

1）创建项目，新建一个 Android 工程并命名为 activity_2_intent_test。

2）根据项目界面添加布局文件。

3）编辑 MainActivity. java，主要实现两个按钮的 OnClickListenter 事件，在“播放音乐”按钮中通过 Intent 启动 Service，在“停止播放”按钮中停止 Service。

4）创建 MusicService. java，主要实现 Service 功能，在 onStartCommand( ) 方法中实现对音乐文件的播放，在 onDestrory( ) 方法中实现“停止播放音乐”。

5）修改 AndroidManifest. xml 文件，对 Service 组件进行声明。

2.5.4　题目 3　用 BroadcastReceiver 实时监听电量

1. 任务描述

本次实验的目的是通过 BroadcastReceiver 组件实现手机电量的实时监控。掌握 Con -

text. registerReceiver( )方法进行动态注册，通过 <Receiver>标签在 androidmanifest. xml 进行注册。项目界面及运行结果如图 2-19 所示。

图 2-19　应用程序界面及运行结果

2. 任务要求

1）完成 Android 开发平台的搭建及相关配置。

2）创建项目并熟悉文件目录结构，在项目 Src 文件夹下创建 BroadcastReceiver 类。

3）此项目要从 3 方面对系统电量情况进行监听：a. 电量已恢复，b. 电量过低，c. 获取当前电量情况。

3. 知识点提示

本任务主要用到以下知识点。

1）BroadcastReceiver 组件的创建及相应生命周期函数的实现。

2）BroadcastReceiver 对象的动态注册。

3）在 AndroidManifest. xml 文件中对 BroadcastReceiver 组件进行声明。

4. 操作步骤提示

1）创建项目，新建一个 Android 工程并命名为 BroadcastReceiver_battery_test。

2）根据项目界面添加布局文件。

3）编辑 MainActivity. java，主要实现 onResume( )方法和 onPause( )方法，在 onResume( )方法中创建一个 BroadcastReceiver 对象并进行动态注册，接收系统的电量信息，启动 BroadcastReceiver 对象中的 onReceiver( )方法，在 onPause( )方法中解除 BroadcastReceiver 的注册。

4）创建 BatteryBroadcastReceiver. java，主要实现 onReceive( )方法，在该方法中主要从 3 方面对系统电量情况进行监听：a. 电量已恢复，b. 电量过低，c. 获取当前电量情况，并以百分比的形式显示出来。

5）修改 AndroidManifest. xml 文件，对 BroadcastReceiver 组件进行声明。

本章小结

本章介绍了 Android 系统的 4 个重要组件：Activity、Intent、BroadcastReceiver 和 Service，这些组件是构建 Android 应用程序的基石，对于 Android 应用开发者非常重要。为了让读者更深刻地理解这些内容，本章不但从理论上进行了深入的阐述，而且对每一个组件的每一种应用都附加了项目示例，并对项目运行的过程与结果进行了分析与总结。

课后练习

一、选择题

1. 下列哪个不是 Activity 的生命周期方法之一（　　）。

A. onCreate( )　　B. startActivity( )　　C. onStart( )　　D. onResume( )

2. 一般在 Activity 的 conCreate( )方法中添加 UI 界面的布局文件 R. layout. activity_main. xml，用到的方法是（　　）。

A. SetContentView( )　　　　B. findViewById( )
C. setOnClickListener( )　　　　D. setClass( )

3. Android 中属于 Intent 的作用的是（　　）。

A. 实现应用程序间的数据共享

B. 只有很长的生命周期，没有用户界面的程序，可以保持应用在后台运行，而不会因为切换页面而消失

C. 可以实现界面间的切换，可以包含动作和动作数据，连接四大组件的纽带

D. 处理一个应用程序整体性的工作

4. Android 中关于 Service 生命周期的 onCreate( ) 方法和 onStart( ) 方法说法正确的是（　　）。(多选)

A. 当第一次启动时先后调用 onCreate( ) 方法和 onStart( ) 方法

B. 当第一次启动时只会调用 onCreate( ) 方法

C. 如果 Service 已经启动，将先后调用 onCreate( ) 方法和 onStart( ) 方法

D. 如果 Service 已经启动，只会执行 onStart( ) 方法，不再执行 onCreate( ) 方法

5. 下列不属于 Service 生命周期的方法是（　　）。

A. onCreate( )　　B. onDestroy( )　　C. onStop( )　　D. onStart( )

6. 关于 BroadcastReceiver 的说法不正确的是（　　）。

A. 用来接收来自系统和应用中的广播，是一种广泛运用的在应用程序之间传输信息的机制

B. 一个广播 Intent 只能被一个 BroadcastReceiver 所接收

C. 对于有序广播，系统会根据接收者声明的优先级别按顺序逐个执行接收者

D. 接收者声明的优先级别在 <intent-filter> 的 android:priority 属性中声明，数值越大，优先级别越高

二、简答题

1. 简述 Activity 生命周期及 7 个生命周期函数。

2. Intent 可以实现界面间切换，可以包含动作和动作数据，是连接四大组件的纽带。Intent 的投递有哪两种？请分别进行简单介绍。

3. 实现 Service 有哪两种方式，分别解释每一种方式需要复写的生命周期函数。

4. 采用 Context. startService( ) 方法启动服务，需要实现哪几个生命周期函数，并介绍每一种函数的调用时机与作用。

5. 在 Android 系统中，BroadcastReceiver 组件有两种注册方式，一种是静态注册，另一种是动态注册，那么什么时候需要动态注册？动态注册用哪个方法实现？需要什么参数？解除动态注册的方法是什么？请举例实现其核心代码。

第3章　Android开发的Java基础知识

Java是目前使用最为广泛的网络编程语言之一，它具有简单、面向对象、稳定、与平台无关、解释型、多线程和动态等特点。Google公司决定将Java作为Android开发语言，是从开发的灵活性、方便性及执行效率等因素综合考虑才做出的决定。

本章将主要介绍在Android开发中经常会用到的Java的基础知识：基本数据类型、数据类型转化、流程控制语句，以及面向对象基础知识等。学完本章后，将会为后续Android开发的学习奠定基础，学过Java的同学也可以通过本章内容对Java基础有一个简单的回顾和复习。

3.1　Java概述

Java是一种可以撰写跨平台应用软件的面向对象的程序设计语言，是由Sun Microsystems公司于1995年5月推出的Java程序设计语言和Java平台（即JavaSE、JavaEE和JavaME）的总称。Java是一个纯面向对象的程序设计语言。

1. Java的特点

Sun公司对Java编程语言的解释是：Java编程语言是一个简单、面向对象、分布式、解释型、健壮、安全与系统无关、可移植、高性能、多线程和动态的语言。

2. Java的编译和执行过程

Java不同于一般的编译执行计算机语言和解释执行计算机语言，但是它归类于解释型的语言，因为它在执行的过程中还是边执行边解释的，然而执行的是已经编译好了的二进制文件，所以Java的执行跟编译和解释都有关系。

首先在Java平台上将源代码编译成二进制字节码（Bytecode），然后依赖各种不同平台上的虚拟机来解释执行字节码，在实现这个Java平台的任何系统中运行。在运行时，Java平台中的Java解释器对这些字节码进行解释执行，如图3-1所示。字节码在被解释执行过程中需要的类在连接阶段被载入到运行环境中，从而实现了“一次编译、多处执行”的跨平台特性。

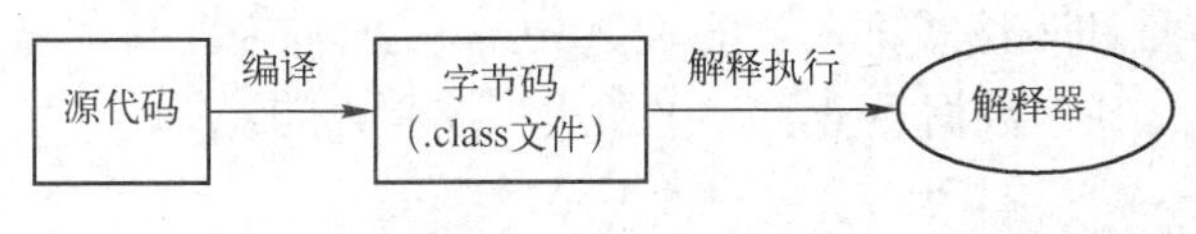

图3-1　Java运行机制

3. Java的核心

Java的核心是：JDK（Java Development Kit）、虚拟机（Java Virtual Machine）和垃圾收集器。

JDK是整个Java的核心，是Java最基本的开发和运行工具包，它包括了Java运行环境、Java工具和Java基础的类库。JDK从Sun的JDK5.0开始，提供了泛型等非常实用的功能，其版本也在不断更新，运行效率得到了非常大的提高。JDK 提供环境和命令，可以把写好的 *. java 文件转成字节码文件 *. class，在运行时读取 *. class 让 CPU 能认识。

Java 虚拟机是 Java 语言底层实现的基础。Java 语言的一个非常重要的特点就是运行环境与平台的无关性，而使用 Java 虚拟机是实现这一特点的关键。一般的高级语言如果要在不同的平台上运行，至少需要编译成不同的目标代码。而引入 Java 语言虚拟机后，Java 语言在不同平台上运行时不需要重新编译。Java 虚拟机屏蔽了与具体平台相关的信息，使得 Java 语言编译程序只需生成在 Java 虚拟机上运行的目标代码（字节码），就可以在多种平台上不加修改地运行。

Java 系统自动对内存进行扫描，对长期不用的空间作为“垃圾”进行收集，使系统资源得到更充分的利用。按照这种机制，程序员不必关注内存管理问题，这使 Java 程序的编写变得简单明了，并且避免了由于内存管理方面的差错而导致的系统问题。

Java 体系包括 Java SE（Java 2 Platform Standard Edition，Java 平台标准版）、Java EE（Java 2 Platform Enterprise Edition，Java 平台企业版）和 Java ME（Java 2 Platform Micro Edition，Java 平台微型版）。

Java SE（Java Platform Standard Edition）以前称为 J2SE，它允许开发和部署在桌面、服务器、嵌入式环境和实时环境中使用的 Java 应用程序。Java SE 包含了支持 Java Web 服务开发的类，并为 Java Platform Enterprise Edition（Java EE）提供基础。

Java EE（Java Platform Enterprise Edition）以前称为 J2EE。企业版本帮助开发和部署可移植、健壮、可伸缩且安全的服务器端 Java 应用程序。Java EE 是在 Java SE 的基础上构建的，它提供 Web 服务、组件模型、管理和通信 API，可以用来实现企业级的面向服务体系结构（Service - Oriented Architecture，SOA）和 Web 2. 0 应用程序。

Java ME（Java Platform Micro Edition）以前称为 J2ME，也称 K - JAVA。Java ME 为在移动设备和嵌入式设备（比如手机、PDA、电视机顶盒和打印机）上运行的应用程序提供一个健壮且灵活的环境。Java ME 包括灵活的用户界面、健壮的安全模型、许多内置的网络协议，以及对可以动态下载的联网和离线应用程序的丰富支持。基于 Java ME 规范的应用程序只需编写一次，就可以用于许多设备，而且可以利用每个设备的本机功能。

3. 2 Java 基础知识

Java 数据类型可以分为基本数据类型和引用数据类型，如基本数据、数组和类等类型，任何 Java 的常量、变量和表达式都属于它们其中的一种。本节 Java 基础知识主要介绍 Java 语言的基本数据类型、基本数据类型的转化和流程控制语句。

3. 2. 1 Java 数据类型

Java 的数据类型分为两大类：基本数据类型和引用数据类型，如图 3-2 所示。基本数据类型在被创建时，在栈上给其划分出一块内存，将其数值直接存储在栈上；引用类型数据在被创建时，首先要在栈上给其引用（句柄）分配一块内存，而对象的具体内容存在堆内存中，然后由栈上面的引用指向堆中的对象地址。

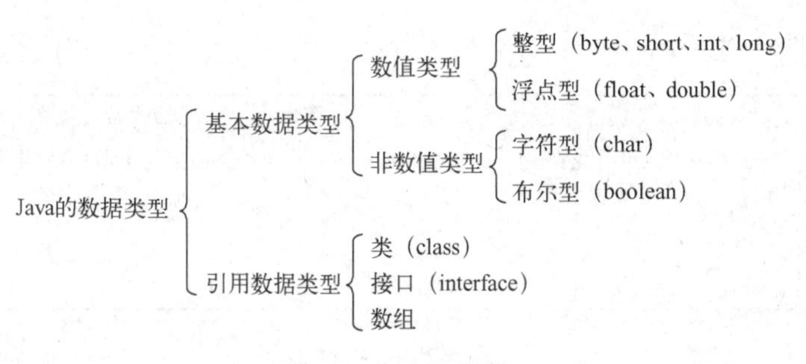

图 3-2　Java 数据类型

Java 中主要有 8 种基本数据类型，分别为 byte、short、int、long、char、boolean、float 和 double，具体介绍如下。

1. 数值类型

byte 型（字节型）数据在内存中占用 1 个字节（8 位），表示的存储数据范围为 $-2^7 \sim 2^7-1$；short 型（短整型）数据在内存中占用 2 个字节（16 位），表示范围为 $-2^{15} \sim 2^{15}-1$；int 型（整型）数据在内存中占用 4 个字节（32 位），表示范围为 $-2^{31} \sim 2^{31}-1$；long 型（长整型）数据在内存中占用 8 个字节（64 位）；float 型数据在内存中占用 4 个字节（32 位）；double 型数据在内存中占用 8 个字节（64 位）。

2. 非数值类型

char 型（字符型）数据在内存中占用 2 个字节。char 类型数据的字符，每个字符占 2 个字节，Java 字符采用 Unicode 编码，字符的存储范围为 0 ～ 65535。char 类型还可以使用八进制和十六进制表示，八进制表示形式为\nnn，其中 n 为八进制的数字；十六进制表示格式为\uxxxx，x 表示十六进制数字，十六进制表示范围是\u0000 ～\uFFFF。在定义字符型的数据时要注意加单引号，比如 '1'表示字符'1'而不是数值 1。boolean 类型的数据值只有 true 或 false，适用于逻辑计算。

【例 3-1】本例的主要代码如下。

```
01. public class DataTypeDemo {
02.     public static void main(String[ ] args) {
03.     //byte a = 129; 编译错误,byte 类型最大为 127
04.       char b ='b';
05.       int c = b;
06.       char e = \u0062;
07.       char f = 0142;
08.       float d = 2;
09.       //float g = 0.5; 编译错误
10.      float k = 0.5f; //浮点型常量默认为 double 类型
11.      System.out.println(c);
12.        System.out.println(d);
13.        System.out.println(e);
14.        System.out.println(f);
15.    }
16. }
```

运行结果如图 3-3 所示。

```
@ Javadoc  Declaration  Console ☒  Error Log  LogCat
<terminated> DataTypeDemo [Java Application] C:\Program Files\Java\jdk1.6.
98
2.0
b
b
```

图 3-3　运行结果

【代码说明】

- 第 03 行的 byte 类型超出了存储范围。
- 第 04、05 行代码声明了一个字符类型数据，并且以 int 类型打印输出值为 98。
- 第 06、07 行代码是分别使用十六进制和八进制数表示字符'b'。
- 第 09 行编译错误说明：浮点型默认为 double 数据类型，如果要表示 long 型数据或 float 型数据，要在相应的数值后面加上 l 或 f，否则会出现编译问题。

3.2.2　基本数据类型转换

Java 的基本数据类型的变量的内存分配、表示方式和取值范围各不相同，这就要求在不同数据类型之间赋值及运算时要进行数据类型转换，以保证数据类型的一致性。但是 boolean 类型变量取值只有 true 和 false，不能是其他值，所以基本类型数据转换包括了 byte、short、int、long、float、double 和 char 类型。基本数据类型转换可以分为自动转换和强制转换两种。

1. 自动转换

不需要用户提前声明，一般从级别低的类型向级别高的类型转换。Java 基本数据类型的数据级别高低如图 3-4 所示。

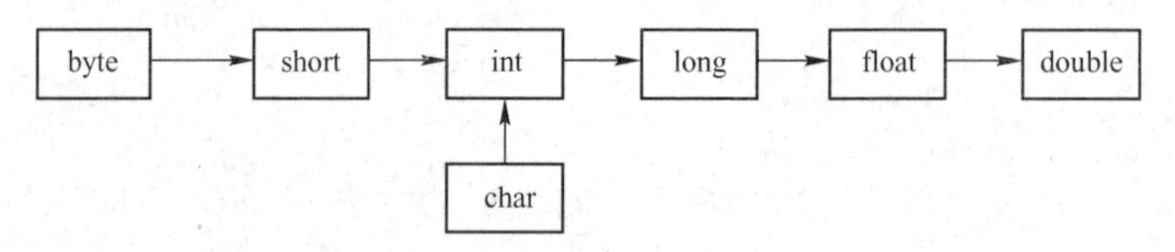

图 3-4　Java 数据类型级别由低到高示意图

2. 强制转换

强制类型转换则需要在代码中声明，转换顺序不受限制，它需要在转型的数据前面添加一个括号。特别需要注意的是，有的数据经过强制类型转换后精度会丢失，如【例 3-2】所示。

【例 3-2】本例的主要代码如下。

```
01. public class DataTypeTansform {
02.     public static void main(String[] args) {
03.         byte a = 8;
04.         short a1 = a;            //自动转换
05.         char b = 'b';
06.         int b1 = b;              //自动转换
```

```
07.         long c = b;                  //自动转换
08.         int e = (int)32.85;          //强制类型转换
09.         long d = (long)2.78;         //强制类型转换
10.         byte m = (byte)129;          //强制类型转换
11.         System.out.println(a1);
12.         System.out.println(b1);
13.         System.out.println(e);
14.         System.out.println(d);
15.         System.out.println(m);
16.     }
17. }
```

运行结果如图 3-5 所示。

```
Console ☒  Error Log  LogCat  Declaration  @ Javadoc
<terminated> DataTypeTansform [Java Application] C:\Program Files\Java\jdk1
8
98
32
2
-127
```

图 3-5 运行结果

【代码说明】

- 第 04、06、07 行是数据类型自动转换，都是由级别低的转向级别高的数据。
- 第 08 ～ 10 行代码是数据类型强制转换，都是由级别高的向级别低的转换。
- 第 08、09 行代码强制转换时有数据精度丢失，32.85 为 double 类型强制转换为 int 类型变为 32，损失了精度 0.85，第 09 行也是丢失了小数点后面的小数。
- 第 10 行，由于 129 超出了 byte 类型的范围，如果不强制转换将会出现编译错误，转换成 byte 类型变为 -127。

3.2.3 流程控制语句

编程语言都是使用控制语句来执行程序的过程，进行程序状态的改变。Java 主要的控制语句有 3 种：选择语句、循环语句和跳转语句。本章将对这 3 种语句的各种形式进行详细的介绍。

1. 选择语句

选择结构是指根据程序运行时产生的结果或者用户的输入条件执行相应的代码。在 Java 中有两种选择语句可以使用：if 和 switch。使用它们可以根据条件来选择接下来要做什么。

（1） if 语句

if 语句的语法格式如下。

```
if(逻辑表达式)
    语句 1;
else
    语句 2;
```

if - else 语句的执行流程是：当 if 后面的逻辑表达式的值为 true 时，执行语句 1，然后顺序执行 if - else 后面的语句；否则，执行语句 2，然后执行 if - else 后面的语句。

📖 Java 的条件语句可以嵌套使用，有一个原则是 else 语句总是和其最近的 if 语句相搭配，当然前提是这两部分必须在一个块中。当条件有多个运行结果时，可以使用 if - else 阶梯的形式来进行多个条件选择，如 if - else - if - else - 。

当有多个条件进行判断时，可采用 if - else if 语句，如【例 3-3】所示。

【例 3-3】本例的主要代码如下。

```
01.  public class FlowControlClause {
02.  public static void main(String[ ] args) {
03.          char a ='d';
04.          if(a =='a')
05.              System.out.println("output is a!");
06.          else if(a =='b')
07.              System.out.println("output is b!");
08.          else if(a =='c')
09.              System.out.println("output is c!");
10.          else if(a =='d')
11.              System.out.println("output is d!");
12.          else
13.              System.out.println("output is e!");
14.      }
15.  }
```

运行结果如图 3-6 所示。

```
Console ☒  Error Log  LogCat  Declaration  @ Javadoc
<terminated> FlowControlClause [Java Application] C:\Program Files\Jav
output is d!
```

图 3-6　运行结果

（2）swich 语句

如果采用 if - else 阶梯的形式来进行多路分支语句处理，就不免太过于复杂烦琐。Java 中还提供了一种比较简单的形式，就是使用 switch 语句来进行处理。switch 表达式必须是 byte、short、int 或者 char 类型，在 case 后边的 value 值必须是跟表达式类型一致或者是可以兼容的类型，不能出现重复的 value 值。

switch 语句的语法格式如下。

```
switch(表达式)
    case 常量 1:语句组 1;
                break;
```

```
        case 常量2:语句组2;
                    break;
        ...
        case 常量n:语句组n;
                    break;
        default: 语句组;
                    break;
```

switch语句中case的哪个常量和switch后面参数中的表达式相匹配，则执行哪个case后面的语句组，如果表达式不能和case后面的任何常量相匹配，则执行default后面的语句组。

switch语句和多条件判断选择的流程语句（if - else if - else if）相比要简单，如【例3-4】所示，将【例3-3】改为使用switch方式。

【**例3-4**】本例的主要代码如下。

```
01.    public class FlowControlClause {
02.    public static void main(String[] args) {
03.        char a ='d';
04.        switch(a)
05.        {
06.        case 'a':
07.            System.out.println("output is a!");
08.            break;
09.        case 'b':
10.            System.out.println("output is b!");
11.            break;
12.        case 'c':
13.            System.out.println("output is c!");
14.            break;
15.        case 'd':
16.            System.out.println("output is d!");
17.            break;
18.        default:
19.            System.out.println("output is e!");
20.            break;
21.        }
22.    }
23. }
```

运行结果与【例3-3】一样，如图3-6所示。

【代码说明】

- switch括号内的整型表达式可以是byte、char、short或int类型，不能是其他数值类型，如float、double或long类型。
- case后面可以有break，也可以没有break。如果有break，则执行到某个case符合条件则跳出switch语句，否则，执行下一个case语句，直到遇到break或者switch语句结束。
- case后只能跟常量表达式。

- default 语句为可选项，当表达式不能与 case 后面的任何一个常量相匹配时，则执行 default 后面的语句。

2. 循环语句

程序语言中的循环语句是重复去执行一组语句，在遇到让循环终止的条件前，它需要一次或多次重复执行。Java 中的常用循环形式有 3 种，分别为 for、while 和 do - while 循环。

（1）while 循环语句

while 循环语句的语法格式如下。

```
while(条件表达式)
{
    循环语句;
}
```

循环语句中如果条件表达式为 true，就会一直执行循环语句的内容，直到条件的值为假，然后执行后续语句。while 循环中的条件可以是布尔类型的值、变量和表达式，也可以是一个结果为布尔类型值的方法。

【例 3–5】 求 1 ～ 100 之间的偶数和。

```
01.    public class WhileClause {
02.     public static void main(String[ ] args) {
03.            int i =0; int sum =0;
04.            while(i <=100)
05.            {
06.                    i ++;
07.                    if(i%2 ==0)
08.                            sum + =i;
09.            }
10.        System.out.println("1 - 100 之间的偶数和为:" +sum);
11.    }
12. }
```

运行结果如图 3–7 所示。

```
Console ⊠  Error Log  LogCat  Declaration  @ Javadoc
<terminated> DoWhileClause [Java Application] C:\Program Files\Java\jd
1-100之间的偶数和为：2550
```

图 3–7　运行结果

（2）do - while 循环

do - while 循环语句的语法格式如下。

```
do
{
    循环语句;
}
while(条件表达式)
```

do－while 循环语句和 while 循环语句非常相似，唯一的不同点是，while 循环先判断条件再执行循环体，而 do－while 循环语句则先执行一次循环体，然后再进行判断循环的条件表达式，如果条件表达式的值为 true，则执行下一次循环，否则跳出循环。【例 3-6】为将【例 3-5】改用 do－while 循环语句执行。

【例 3-6】 改用 do－while 循环的主要代码如下。

```
01. public class DoWhileClause {
02.     public static void main(String[ ] args) {
03.             int i = 0; int sum = 0;
04.             do
05.             {
06.                     i ++;
07.                     if(i%2 == 0)
08.                     sum + = i;
09.             }
10.             while(i <= 100);
11.         System. out. println("1 - 100 之间的偶数和为:" + sum);
12.     }
13. }
```

运行结果与【例 3-5】一样，如图 3-7 所示。

（3）for 循环

for 循环语句的语法格式如下。

```
for(初始化;条件表达式;迭代语句)
{
    循环语句;
}
```

for 循环在执行第一次循环时会先执行循环的初始化，并通过初始化来设置控制循环变量的值。接下来就需要计算条件表达式，如果表达式的值为真，则会执行循环语句，然后执行迭代运算；如果表达式的值为假，则会终止程序并跳出循环。一般情况下迭代运算是一个表达式，可以增加或者减少循环控制变量的值，最后通过判断是否满足条件表达式来决定是否再次执行循环语句。【例 3-7】为将【例 3-5】改用 for 循环语句执行：

【例 3-7】 改为 for 循环的主要代码如下。

```
01.     public class ForClause {
02.      public static void main(String[ ] args) {
03.             int sum = 0;
04.             for(int i = 0;i <= 100;i ++)
05.             {
06.                     if(i%2 == 0)
07.                     sum + = i;
08.             }
09.             System. out. println("1 - 100 之间的偶数和为:" + sum);
10.     }
11. }
```

运行结果与【例 3-5】一样，如图 3-7 所示。

3. 跳转语句

（1）break 语句

break 语句是中断程序流程，其主要存在于循环语句中，用于终止当前所在循环并跳出，跳出当前循环后，程序会继续从循环后的下一条语句开始执行。break 语句在前面所介绍的 switch 语句中已经涉及了 break 的用法。

【例 3-8】 求 100 ～ 200 之间的质数。

```
01.    public class BreakClause {
02.    public static void main(String[] args) {
03.            int k = 0;boolean b;
04.            for(int i = 100;i <= 200;i ++ )
05.            {
06.                    b = true;
07.                    for(int j = 2;j < i;j ++ )
08.                    {
09.                            if(i% j == 0)
10.                            {
11.                                    b = false;
12.                                    break;
13.                            }
14.                    }
15.                    if(b)
16.                    {
17.                            System. out. print(i);
18.                            System. out. print('\t');
19.                            k ++ ;
20.                            if(k%5 == 0)
21.                            System. out. println();
22.                    }
23.            }
24.    }
25. }
```

运行结果如图 3-8 所示。

```
Console ⊠  Error Log  LogCat  Declaration  @ Javadoc
<terminated> BreakClause [Java Application] C:\Program Files\Java\jdk1.6.
101 103 107 109 113
127 131 137 139 149
151 157 163 167 173
179 181 191 193 197
199
```

图 3-8　运行结果

【代码说明】

- 第 07 ～ 14 行代码利用循环遍历，用 100 ～ 200 之间的数和 2 到该数字本身进行取余运算，如果余数为零，则不是质数，否则是质数。

- 第 12 行代码的 break 是跳出里面的 for 循环，因为这个 i 不符合质数的规定，因此要进行下一个 i 数值的遍历。
- 变量 k 是控制输出格式为：每次输出 5 个数，另起一行。

（2）continue 语句

continue 语句不需要跳出当前循环，只是要停止本次循环，并且执行当前循环中剩余的其他语句，即执行当前循环的下一次循环。continue 还有一种用法，例如 continue 后面加一个标签，表示结束本次循环后，要跳到标签所在层的下一次循环。【例 3-9】为将【例 3-8】改为使用 continue 语句的形式。

【例 3-9】 使用 continue 语句的主要代码如下。

```
01.  public class ContinueClause {
02.   public static void main(String[] args) {
03.       int k = 0;boolean b;
04.       outer:for(int i = 100;i <= 200;i ++)
05.       {
06.           b = true;
07.           for(int j = 2;j < i;j ++)
08.           {
09.               if(i% j == 0)
10.               {
11.                   b = false;
12.                   continue outer;
13.               }
14.           }
15.           if(b)
16.           {
17.               System.out.print(i);
18.               System.out.print('\t');
19.               k ++;
20.               if(k%5 == 0)
21.               System.out.println();
22.           }
23.       }
24.   }
25. }
```

运行结果与【例 3-8】一样，如图 3-8 所示。

📖 continue 和一个标签配合使用的格式为：continue lable。这样使得跳转语句更加灵活，编程人员可以任意跳转到自己想要的跳转循环体，只要在该循环体前面增加一个“label:”。

（3）return 语句

return 语句是跳转语句，可以从当前的方法中退出，并返回调用方法的地方。可以使用 return 返回一种数据，例如布尔类型、整型等，表示该方法返回一个值。return 只能使用在方法中，下面分别使用有返回值和无返回值两种形式说明 return 的用法，如【例 3-10】所示。

【例 3-10】使用 return 语句的主要代码如下。

```
01.   public class ReturnClause {
02.    public static void main(String[] args) {
03.           ReturnClause rc = new ReturnClause();
04.           rc.test1();
05.           System.out.println(rc.test2());
06.    }
07.    public void test1() {
08.           System.out.println("---------无返回值类型的 return 语句测试--------");
09.           for (int i = 1; ; i++) {
10.                   if (i == 4) return;
11.                   System.out.println("i = " + i);
12.           }
13.    }
14.    public String test2() {
15.           System.out.println("---------有返回值类型的 return 语句测试--------");
16.           return "返回一个字符串";
17.    }
18. }
```

运行结果如图 3-9 所示。

```
Console ⊠   Error Log   LogCat   Declaration   @ Javadoc
<terminated> ReturnClause [Java Application] C:\Program Files\Java\jdk1.6.
---------无返回值类型的return语句测试--------
i = 1
i = 2
i = 3
---------有返回值类型的return语句测试--------
返回一个字符串
```

图 3-9　运行结果

【代码说明】

- test1()方法中的返回值类型为空，当执行到 return 语句时，程序就会返回到调用该方法的 main()方法中，继续调用 test2()方法。
- test2()方法中的返回值不为空，return 可以返回基本数据类型，甚至可以返回对象。

本节的主要内容是介绍 Java 的各种流程控制语句，流程控制语句是程序语言的灵魂，灵活地使用流程控制语句可以使程序清晰地按照要求来执行。所以，读者需要好好体会各种语句的使用，这是编程的重要基础。如果读者有编程语言的基础，那么本节内容学习起来会很轻松，因为 Java 的流程控制语句是很清晰的。

3.3　Java 面向对象基础

Java 是一种面向对象的语言（Object Oriented Programming Language）。Java 语言具有三大特征：封装、继承和多态性。

封装是把过程和数据包围起来，对数据的访问只能通过已定义的界面。面向对象计算始于这个基本概念，即现实世界可以被描绘成一系列完全自治、封装的对象，这些对象通过一个受保护的接口访问其他对象。

继承是一种联结类的层次模型，并且允许和鼓励类的重用，它提供了一种明确表述共性的方法；对象的一个新类可以从现有的类中派生，这个过程称为类继承，新类继承了原始类的特性。派生类可以从它的基类那里继承方法和实例变量，并且类可以修改或增加新的方法，使之更适合特殊的需要。

多态性是指允许不同类的对象对同一消息做出响应。多态性语言具有灵活、抽象、行为共享、代码共享的优势，很好地解决了应用程序函数同名问题。

本节将介绍类、对象和接口等基本概念，围绕 Java 语言三大特征介绍 Java 的面向对象基础内容，为后面学习 Android 开发奠定基础。

3.3.1 类与对象

在面向对象技术中，将客观世界的一个事物作为一个对象看待，每个事物都有自己的行为和属性。从程序设计的角度来看，事物的属性可以用变量描述，行为可以用方法描述。类是定义属性和行为的模板，对象是类的实例，对象与类的关系就像变量和数据类型的关系一样。

1. 类的声明

类（class）是既包括数据又包括作用于数据的一组操作的封装体。类的数据称为成员变量，类对数据的操作称为成员方法。成员变量反映类的状态和特征，成员方法反映类的行为和能力。类的成员变量和方法统称为类的成员。一个 Java 类由类的声明和类体两部分组成。

类的声明部分格式如下。

```
[修饰符] class <Classname> [extends <Classname>]
[implements <Interface1>],[<Interface2>],[...] {[//类主体]}
```

- “[]”表示可选项，“<>”表示必选项，“{}”中为类体，类体也可是空的，即声明一个空类。
- 一个类的声明中最少应该有 calss + 类名 + 类体。
- Classname 必须为合法的 Java 标识符，不可为关键字。
- extends 后面跟的 Classname 是继承的父类类名，implements 后面跟的是类实现的接口。

2. 类的主体

类的主体是指类声明后面的大括号里面的内容。它包括类的成员变量、成员方法等。

```
class className
  {
  [public | protected | private] [static] [final] type variableName; //成员变量
  [public | protected | private] [static] [final | abstract] returnType methodName([paramList])
  [throws exceptionList] {statements}; //成员方法
  }
```

● public、protected 和 private 分别是修饰符。

● Classname 必须为合法的 Java 标识符，不可为关键字。

● extends 后面跟的 Classname 是继承的父类类名；implements 后面跟的是类实现的接口。

下面用一段代码来讲解一个完整的类的声明和类的主体。

```
01. public class Pen
02. {
03.     double lenth;
04.     double radius;
05.     String color;
06.     int amount;
07.     public Pen(double lenth,double radius,String color,int amount) {
08.         this.lenth = lenth;
09.         this.radius = radius;
10.         this.color = color;
11.         this.amount = amount;
12.     }
13.     private void write() {
14.         System.out.println("Pan can be used to write.");
15.     }
16.     public static void main(String[] args) {
17.         Pen pen = new Pen(120.0,20.0,"black",2);
18.         System.out.println("笔的颜色是:" + pen.color);
19.         System.out.println("笔的数量是:" + pen.amount);
20.     }
21. }
```

● 第 01 行代表类的声明。

● 第 03 ～ 06 行代表类的成员变量。

● 第 07 ～ 12 行是类的构造方法，第 13 ～ 15 行是成员方法。

● 第 16 ～ 20 行是主方法，是程序的入口。

3.3.2 封装和继承

封装和继承都是面向对象的特征。继承是实现代码复用的重要手段，Java 的继承具有单继承的特点，即只能继承自一个父类。每个子类只有一个直接父类，但是其父类又可以继承于另一个类，从而实现了子类可以间接继承多个父类，但其本质上划分仍然是一个父类和子类的关系，子类可以获得父类的全部属性和方法，并且可以扩展父类。封装性就是把类（对象）的属性和行为结合成一个独立的相同单位，并尽可能地隐蔽类（对象）的内部细节，对外形成一个边界，只保留有限的对外接口使之与外部发生联系。封装的特性使得类（对象）以外的部分不能随意存取类（对象）的内部数据（属性），保证了程序和数据不受外部干扰且不被误用。本节将详细介绍这两个重要概念。

1. 封装

封装的实质是将数据进行隐藏，是指将对象的数据和操作数据方法相结合，通过方法将对象的数据和实现细节保护起来，只留下对外的接口，以便外界进行访问。系统的其他部分只有通过包裹在数据外面的被授权的操作（即方法）来访问对象。因此，封装实际上实现了对数据的隐藏。

在类的定义中设置访问对象属性和方法的权限，以限制该类对象属性和方法被访问的范围，该访问范围是由访问控制权限决定的，Java 支持下面 4 种访问权限。

- public：公共访问权限，在任何场合都可以访问。
- protected：保护访问权限，在同包、同类或不同包的相同父类的子类之间访问。
- default 或不使用任何权限修饰符：默认访问权限，在同包或同类之间访问。
- private：私有访问权限，只在同类下可以访问。

🕮 访问控制的对象有类、接口、类成员和方法，其中类和接口只能使用 public 和默认权限，类成员的属性和方法可以使用上面 4 种修饰符。

下面将分析一个对类成员封装的实例，如【例 3-11】所示。

【例 3-11】对类成员封装的主要代码如下。

```
01.    public class Encapsulation {
02.      public static void main(String[] args) {
03.            Student st = new Student(22,"张三");
04.            System.out.println("学生的姓名是:" + st.getName());
05.            System.out.println("学生的姓名是:" + st.getAge());
06.      }
07.  }
08.  class Student
09.  {
10.      private int age;
11.      private String name;
12.
13.      public Student(int age,String name) {
14.            super();
15.            this.age = age;
16.            this.name = name;
17.      }
18.      public int getAge() {
19.            return age;
20.      }
21.      public void setAge(int age) {
22.            this.age = age;
23.      }
24.      public String getName() {
25.            return name;
26.      }
27.      public void setName(String name) {
28.            this.name = name;
29.      }
30.  }
```

运行结果如图 3-10 所示。

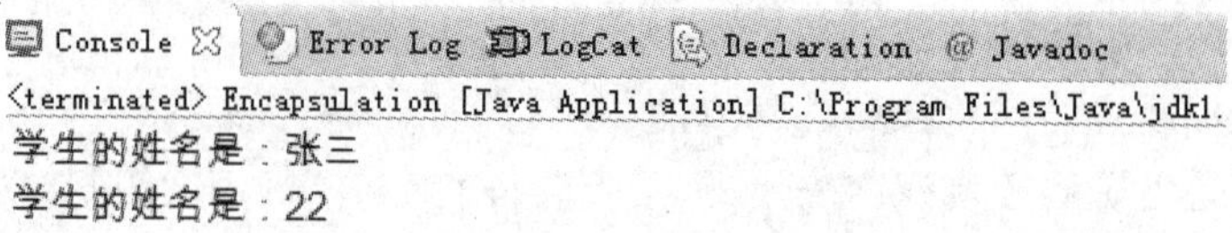

Console ☒ Error Log LogCat Declaration @ Javadoc
<terminated> Encapsulation [Java Application] C:\Program Files\Java\jdk1.
学生的姓名是：张三
学生的姓名是：22

图 3-10 运行结果

【代码说明】

- 第 08 ～ 30 行代码定义了一个 Student 的类，私有成员变量，公有方法，此类是一个 JavaBean。
- 外面的类将无法直接访问 Student 类的成员变量，如果要访问，必须通过 get 和 set 方法来访问。如果第 4、5 行使用 st. name 和 st. age（直接访问成员变量），将出现编译错误。

2. 继承

Java 继承是面向对象的最显著的一个特征。继承是从已有的类中派生出新的类，新的类能吸收已有类的数据属性和行为，并能扩展新的能力。Java 继承是使用已存在的类作为基础建立新类的技术，新类的定义可以增加新的数据或新的功能，也可以用父类的功能，但不能选择性地继承父类。这种技术使得复用以前的代码非常容易，能够大大缩短开发周期，降低开发费用。其中父类又称为超类或基类，子类又称为派生类。父类是子类的一般化，子类是父类的特殊化（具体化）。一旦形成继承关系，子类将自动拥有父类所有的属性和方法。

（1）类的继承

类的继承使用 extends 关键字，具体语法格式如下。

```
[ 修饰符] class <SubClassName> [ extends <SuperClassName> ]
{
类主体]
}
```

- 修饰符：指访问权限，如 public、abstract 等。
- SubClassName：指子类的名称，为 Java 的合法标识符。
- SuperClassName：指父类的名称，是子类要继承的父类。
- extends：是继承的关键字。

📖 Java 的类继承只能实现单继承，即一个子类只能继承一个父类，而 C ++ 可以实现多继承，即一个子类可以继承多个父类。Java 可以利用接口实现多继承，即一个类实现多个接口。

子类继承父类，将自动继承父类的所有属性、成员方法和构造方法，如【例 3-12】所示。

【例 3-12】子类继承父类的主要代码如下。

```
01.    public class Inherit extends Base{
02.     public Inherit() {
03.            System.out.println("子类构造方法 Inherit()!");
04.     }
05.
06.     public static void main(String[] args) {
07.            Inherit in = new Inherit();
```

```
08.            System.out.println(in.location);
09.            System.out.println(in.fly("France",12000));
10.        }
11. }
12. class Base
13. {
14.     String location = "Europe";
15.     String countryName;
16.     int distance;
17.     Base() {
18.            System.out.println("无参构造方法 Base()!");
19.     }
20.     public String fly(String name,int distance)
21.     {
22.           return "国家名字为:" + name + ",距离中国的飞行距离为:" + distance;
23.     }
24. }
```

运行结果如图 3-11 所示。

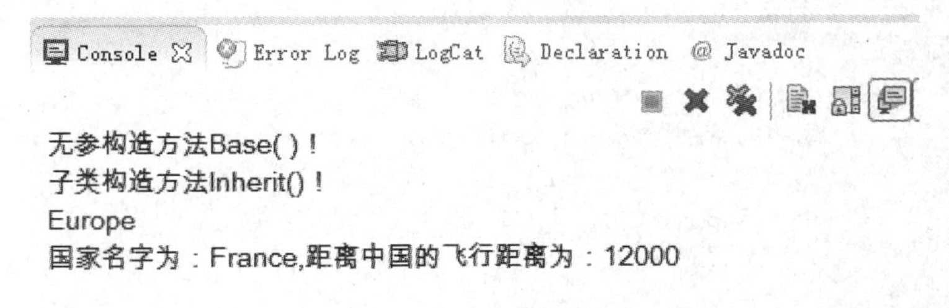

图 3-11　运行结果

【代码说明】

- 第 12 ～ 24 行定义一个父类，含有成员变量、无参构造方法和成员方法。
- 第 07 行代码实例化子类对象，将会先自动调用第 17 ～ 19 行父类的无参构造方法，然后再执行自己的构造方法。
- 第 09、10 行分别是子类调用父类的属性和方法。

（2）super 关键词

super 关键词一般用在子类中，用来表示父类的属性、成员方法或构造方法。

当 super 表示父类属性（成员变量）时，格式如下。

```
super.成员变量名;
```

当 super 表示父类的构造方法时，格式如下。

```
super([参数列表]);
```

当 super 表示父类的成员方法时，格式如下。

```
super.成员方法名([参数列表]);
```

📖 super 和 this 的区别：super 表示子类引用父类的属性或构造方法，this 表示引用当前类对象的属性或方法。

【例 3-13】分别使用 super 调用父类的构造方法、成员方法和成员变量。

```
01.    public class SuperDemo extends Base{
02.     public SuperDemo( ) {
03.             super( ) ;
04.             System. out. println( "子类构造方法 Inherit( ) ! " ) ;
05.     }
06.     public SuperDemo( String name,int distance) {
07.             super( name,distance) ;
08.             System. out. println ( " 国家名字为:" + name + ",距离中国的飞行距离为:" + dis-
tance) ;
09.             System. out. println( super. fly( ) ) ;
10.     }
11.     void testConstant( )
12.     {
13.             System. out. println( super. location) ;
14.     }
15.     public static void main( String[ ] args) {
16.             SuperDemo sd1 = new SuperDemo( ) ;
17.             SuperDemo sd2 = new SuperDemo( "Germany",13000) ;
18.             sd1. testConstant( ) ;
19.     }
20. }
21. class Base
22. {
23.     String location = "Europe" ;
24.     String countryName;
25.     int distance;
26.     Base( ) {
27.             System. out. println( "无参构造方法 Base( )!" ) ;
28.     }
29.     public Base( String countryName,int distance) {
30.             this. countryName = countryName;
31.             this. distance = distance;
32.             System. out. println( "有参构造方法 Base( )!" ) ;
33.     }
34.     public String fly( )
35.     {
36.           return "fly( )方法运行!" ;
37.     }
38. }
```

运行结果如图 3-12 所示。

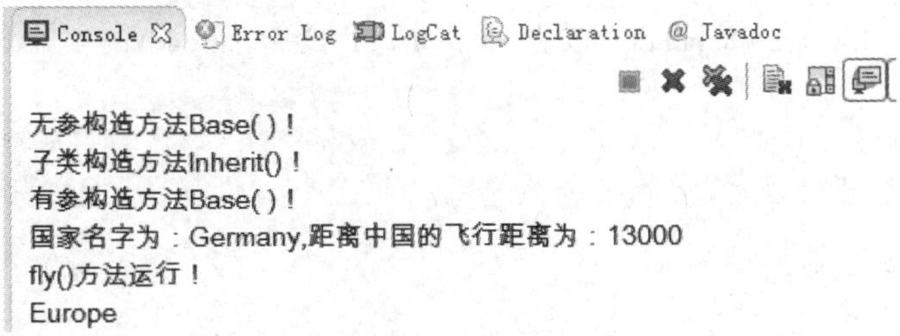

```
无参构造方法Base()!
子类构造方法Inherit()!
有参构造方法Base()!
国家名字为：Germany,距离中国的飞行距离为：13000
fly()方法运行！
Europe
```

图 3-12　运行结果

【代码说明】

- 第 16 行代码主函数实例化子类对象，将会先自动调用第 26 ～ 28 行父类的无参构造方法，且 super 调用父类的构造方法一定要放在子类构造方法的第一行。
- 第 17 行代码调用父类有参构造方法（第 07 行），输出语句第 32 行，然后输出第 08 行，最后调用第 34 行父类的 fly( ) 方法。
- 第 18 行代码执行将调用 testConstant( ) 方法中的 super. location，即使用 super 调用父类的变量。

（3）方法的重写

在类的继承中，子类要扩展和改造父类，就要改造父类的方法，Java 中将子类改造父类的方法称为方法的重写（Overriding）。方法的重写具有以下几个特征。

- 方法重写是子类和父类方法之间的联系，两者一定是继承关系。
- 发生方法重写的两个方法返回值类型、方法名及参数列表必须完全一致（唯一不同的是方法体）。
- 子类抛出的异常不能超过父类相应方法抛出的异常（子类异常不能大于父类异常）。
- 子类方法的访问级别不能低于父类相应方法的访问级别（子类访问级别不能低于父类访问级别）。

【例 3-14】 方法重写的主要代码如下。

```
01.   public class MethodOverriding {
02.     public static void main(String[ ] args) {
03.             Jack jack = new Jack("Jack");
04.             jack. showName();
05.             Mary mary = new Mary("Mary");
06.             mary. showName();
07.     }
08. }
09. class Base
10. {
11.     public String name;
12.     public Base(String name)
13.     {
14.             this. name = name;
15.     }
16.     protected void showName() {
```

```
17.            System.out.println("父类 showName()方法:" + name);
18.     }
19. }
20. class Jack extends Base
21. {
22.     public Jack(String name) {
23.            super(name);
24.     }
25.     public void showName() {
26.            System.out.println("子类 Jack 调用 showName()方法:" + name);
27.     }
28. }
29. class Mary extends Base
30. {
31.     public Mary(String name) {
32.            super(name);
33.     }
34.     protected void showName() {
35.            System.out.println("子类 Mary 调用 showName()方法:" + name);
36.     }
37. }
```

运行结果如图 3-13 所示。

```
Console ⊠ | Error Log | LogCat | Declaration | @ Javadoc
&lt;terminated&gt; MethodOverriding [Java Application] C:\Program Files\Jav
子类Jack调用showName( )方法：Jack
子类Mary调用showName( )方法：Mary
```

图 3-13 运行结果

【代码说明】

- 第 20 ～ 28 行代码 Jack 子类继承 Base 父类，重写 showName()方法，其方法名、返回值类型和参数完全一致，修饰符不同，父类使用 protected，子类可以用 public 或者 protected，也就是说子类修饰符不能比父类小。
- 第 29 ～ 37 行代码 Mary 子类继承 Base 父类，重写 showName()方法。

3.3.3 多态性

多态是指程序中定义的引用变量所指向的具体类型和通过该引用变量发出的方法调用在编程时并不确定，而是在程序运行期间才能确定，即一个引用变量到底会指向哪个类的实例对象，该引用变量发出的方法调用到底是哪个类中实现的方法，必须在程序运行期间才能决定。因为在程序运行时才能确定具体的类，这样，不用修改源程序代码，就可以让引用变量绑定到各种不同的类实现上，从而导致该引用调用的具体方法随之改变，即不修改程序代码就可以改变程序运行时所绑定的具体代码，让程序可以选择多个运行状态，这就是多态性。多态可分为运行时的多态（动态多态）和静态多态（编译时多态）。

1. 运行时的多态

多态性的表现为：父类引用指向子类对象。

```
Father f = new Son( ) ;
```

其中 Father 是父类，Son 是 Father 的子类，当使用多态性调用方法时，首先检查父类是否有该方法。如果没有该方法，则编译错误；如果有，再调用子类的该同名方法。如果用父类引用调用方法时，在父类中找不到该方法，这时需要进行向下的类型转换，将父类引用转换为子类引用。当父类对象需要调用子类方法时，需要将父类对象强制转换成子类对象，这种现象称为“向下造型”。如果不进行转换，可能会抛出异常，因此为安全起见，通常采用 Instanceof 进行类型测试，如【例 3–15】所示。

【例 3–15】 用 Instanceof 进行类型测试的主要代码如下。

```
01.    public class PolymorphicTest {
02.     public static void main(String[ ] args) {
03.             Animal aa;
04.             aa = new Tiger( ) ;
05.             aa. eat( ) ;
06.             aa = new Sheep( ) ;
07.             aa. eat( ) ;
08.             aa = new Chicken( ) ;
09.             aa. eat( ) ;
10.           TestInstance ti = new TestInstance( ) ;
11.           Sheep sh = new Sheep( ) ;
12.           ti. doSomething( sh) ;
13.           ti. doSomething( (Chicken) aa) ;
14.       }
15. }
16. class Animal
17. {
18.     public void eat( ) { } ;
19. }
20. class Tiger extends Animal
21. {
22.     public void eat( ) {
23.             System. out. println( "老虎吃肉。" ) ;
24.     } ;
25. }
26. class Sheep extends Animal
27. {
28.     public void eat( ) {
29.             System. out. println( "羊吃青草。" ) ;
30.     } ;
31. }
32. class Chicken extends Animal
33. {
34.     public void eat( ) {
35.             System. out. println( "鸡吃饲料。" ) ;
```

```
36.     };
37. }
38. class TestInstance
39. {
40.     public void doSomething(Animal a)
41.     {
42.             if(a instanceof Tiger)
43.                     System.out.println("这是老虎的实例");
44.             else if(a instanceof Sheep)
45.                     System.out.println("这是羊的实例");
46.             else if(a instanceof Chicken)
47.                     System.out.println("这是鸡的实例");
48.             else
49.             System.out.println("这是动物的实例");
50.     }
51. }
```

运行结果如图 3-14 所示。

```
Console ⊠   Error Log   LogCat   Declaration   @ Javadoc
<terminated> PolymorphicTest [Java Application] C:\Program Files\Java\jdk1.6.
老虎吃肉。
羊吃青草。
鸡吃饲料。
这是羊的实例
这是鸡的实例
```

图 3-14 运行结果

【代码说明】

- 第 20 ～ 37 行代码分别定义了 3 个子类继承 Animal 父类，重写 eat( )方法。
- 第 04 ～ 09 行代码分别用父类引用指向子类对象，调用子类的重写方法，new 的是哪个子类对象，调用的即为哪个子类的重写方法。
- 第 40 ～ 51 行代码定义了一个用 instanceof 测试对象类型的方法，第 10 ～ 13 行进行调用该测试方法，第 12 行代码已经明确传入对象为 Sheep 类对象，不需要强制转换，第 13 行代码中没有明确 Animal 是哪个子类对象，必须强制转换成 Animal 的某个子类对象。

2. 静态多态

静态多态是指在编译阶段根据实参不同，静态判断具体调用哪个方法。在 Java 中，在一个类中定义多个同名方法，但参数个数或类型不同，这种现象称为方法的重载。因此方法重载就是一种静态多态。方法的重载具有以下几个特点。

- 方法名相同。
- 方法参数类型、参数个数和顺序至少有一项不相同。
- 方法的返回类型可以不相同。
- 方法的修饰符可以不相同。

重载一般指的是方法重载，方法重载既可以是构造方法重载，也可以是普通成员方法的重载。

【例 3-16】 为一个典型的 Java 方法重载示例。

```
01.    public class Overload {
02.    public static void main(String[ ] args) {
03.            Flower flower = new Flower(8);
04.            flower.info();
05.            flower.info("overloading method");
06.            new Flower();
07.    }
08. }
09. class Flower{
10.    int height;
11.    Flower(){
12.            System.out.println("Plantinga seeding");
13.            height = 0;
14.    }
15.    Flower(int initialHeight){
16.            height = initialHeight;
17.            System.out.println("Creating New Flower that is " + height + " feet tall.");
18.    }
19.    public int info(){
20.            System.out.println("Flower is " + height + " feet tall.");
21.            return 0;
22.    }
23.    void info(String str){
24.            System.out.println(str + ":Flower " + height + " feet tall.");
25.    }
26. }
```

运行结果如图 3-15 所示。

```
Console ⊠  Error Log  LogCat  Declaration  @ Javadoc
<terminated> Overload [Java Application] C:\Program Files\Java\jdk1.6.0_
Creating New Flower that  is 8 feet tall.
Flower is 8 feet tall.
overloading method:Flower  8 feet tall.
Plantinga seeding
```

图 3-15　运行结果

【代码说明】

- 第 11 ～ 18 行代码分别定义了两个重载的构造方法 Flower()，一个方法有参数，另一个没有参数，这两个方法构成了重载。
- 第 03、06 行代码分别调用了有参构造方法和无参构造方法。
- 第 19 ～ 25 行代码定义了两个重载的成员方法 info()，一个有参数，一个无参数，构成了重载。这两个方法修饰符不同，一个为 public，另一个为默认，返回值类型也不同，可见方法重载与返回值类型和修饰符无关，只与参数有关。

- 第 04、05 行代码分别调用了无参数和有参数的成员方法。

虽然重载和重写只有一字之差，但两者有着显著的区别，它们之间的区别如表 3-1 所示。

表 3-1　方法重载和方法重写的区别

区 别 点	方 法 重 载	方 法 重 写
是否在同一个类	可以在一个类中，也可以在继承关系的类中	不能存在于同一个类中，在继承或实现关系的类中
名称	相同	相同
参数	参数列表不同（个数、顺序、类型）	参数列表相同
返回值类型	可以相同，也可不同	相同
修饰符	可以相同，也可不同	子类方法的访问修饰符要大于或等于父类的

3.3.4　接口和抽象类

Java 语言中，抽象类和接口是抽象定义的两种机制，正是由于这两种机制的存在，才赋予 Java 语言强大的面向对象能力。这两者在定义抽象事物方面有很多相似点，有时甚至可以相互替换，但它们两者又有着很大的区别。本节将重点围绕 Java 的这两个重要概念进行详细分析和说明。

1. 抽象类

在面向对象的概念中，大家知道所有的对象都是通过类来描绘的，但是反过来却不是这样，即并不是所有的类都是用来描绘对象的。如果一个类中没有包含足够的信息来描绘一个具体的对象，这样的类就是抽象类。抽象类往往用来表征人们在对问题领域进行分析和设计中得出的抽象概念，是对一系列看上去不同但本质上相同的具体概念的抽象。

（1）抽象类的声明

Java 中使用 abstract 修饰符来表示类为抽象类，抽象类的语法格式如下。

```
[<修饰符>] abstract class <ClassName>
{
    [类体]
}
```

- 抽象类的修饰符只能是 public 或默认修饰符，如果为 public 修饰符，则文件名必须与抽象类名相同。
- abstract 为抽象类的标识符。
- ClassName 为抽象类的类名。
- 抽象类类体也可以为空。

【**例 3-17**】本例的主要代码如下。

```
01. public class AbstractClass {
02.     public static void main(String args[]) {
03.             Dog d = new Dog("wangwang",5);
04.             d.move();
05.             d.getname();
```

```
06.             d. getage( ) ;
07.     }
08. }
09. abstract class Animal {
10.     String name;
11.     Animal( String name) {
12.             this. name = name;
13.     }
14.     void getname( ) { // 非抽象方法
15.             System. out. println( "Animal's name is"  +  name) ;
16.     }
17.     abstract void move( ) ; // 抽象方法,用 abstract 修饰
18. }
19. class Dog extends Animal {
20.     int age;
21.     Dog( String name,int age) {
22.             super( name) ;
23.             this. age = age;
24.     }
25.     void move( ) {
26.             System. out. println( "Dog is running!" ) ;
27.     }
28.     void getage( ) {
29.             System. out. println( "Dog is"  +  age  +  " years old" ) ;
30.     }
31. }
```

运行结果如图 3-16 所示。

```
Console ⊠  Error Log  LogCat  Declaration  @ Javadoc
<terminated> AbstractClass [Java Application] C:\Program Files\Java\jdk1.6.
Dog  is running!
Animal's name iswangwang
Dog is5  years  old
```

图 3-16　运行结果

【代码说明】

- 抽象类不能直接实例化对象的类，即抽象类不能使用 new 运算符去创建对象。
- 抽象类中既可以有抽象方法，也可以没有抽象方法，如第 09 行代码定义了一个抽象类，这个抽象类里面既有非抽象方法（如第 14 ～ 16 行代码），又有抽象方法（如第 17 行代码）。
- 第 04 ～ 06 行代码由于定义的是 Dog 类的对象（子类对象），因此调用的 move( ) 方法为子类 Dog 的重写方法。

（2）抽象方法

抽象方法声明的语法格式如下。

```
[ <修饰符> ] abstract void methodName( ) ;
```

- 抽象方法修饰符一般为 public 或者默认的，不能为私有的或者静态的。
- 抽象方法返回值为空 void。
- 抽象方法只有声明部分，而没有实现部分。

【**例 3-18**】抽象方法示例的主要代码如下。

```
01.    public class AbstractMethod {
02.     public static void main(String args[ ]) {
03.            Audi_A6 a6 = new Audi_A6();
04.            a6.startUp();
05.            a6.turbo();
06.            Audi_A8 a8 = new Audi_A8();
07.            a8.startUp();
08.            a8.turbo();
09.     }
10. }
11. abstract class Car {
12.     public abstract void startUp();
13. }
14. abstract class Audi extends Car{
15.     public abstract void turbo();
16. }
17. class Audi_A6 extends Audi{
18.     public void startUp() {
19.            System.out.println("调用了奥迪 A6 的启动功能!!!");
20.     }
21.     public void turbo() {
22.            System.out.println("调用了奥迪 A6 的加速功能!!!");
23.     }
24. }
25. class Audi_A8 extends Audi{
26.     public void startUp(){
27.            System.out.println("调用了奥迪 A8 的启动功能!!!");
28.     }
29.     public void turbo(){
30.            System.out.println("调用了奥迪 A8 的加速功能!!!");
31.     }
32. }
```

运行结果如图 3-17 所示。

```
Problems  @ Javadoc  Declaration  Console
<terminated> AbstractMethod [Java Application] E:\jdk1.7\bin\javaw.exe (2015年7月6日 上午9:58:07)
调用了奥迪A6的启动功能！！！
调用了奥迪A6的加速功能！！！
调用了奥迪A8的启动功能！！！
调用了奥迪A8的加速功能！！！
```

图 3-17　运行结果

【代码说明】

- 抽象类中不一定包含抽象方法，但是包含抽象方法的类必须说明为抽象类。
- 抽象类一般包括一个或几个抽象方法。
- 抽象方法需要用 abstract 修饰符进行修饰，抽象方法只有方法的声明部分，没有具体的方法实现部分。如第 12 ～ 14 行代码，抽象类 Car 有一个 startUp( ) 抽象方法，不含任何方法体。
- 抽象类的子类必须重写父类的抽象方法，才能实例化子类，否则子类也是一个抽象类，如第 15 行代码抽象类 Audi 继承抽象类 Car，那么 Audi 类中就没有实现 Car 类的抽象方法，而 Audi_A6 和 Audi_A8 继承 Audi 类，就重写了抽象类的抽象方法 startUp( )。
- 抽象方法不能用 final 和 static 修饰。

2. 接口

在 Java 中，要像 C ++ 那样实现类的多重继承，必须实现接口。接口是一种特殊的抽象类，接口中的方法全部是抽象方法（但其前的 abstract 可以省略），所以抽象类中的抽象方法不能用的访问修饰符在这里也不能用。

（1）接口的声明

接口的声明语法格式如下。

```
[ <修饰符> ] [abstract] interface <InterfaceName> [extends super_interface]
{
    [类体]
}
```

- 修饰符：只能为 public 和默认修饰符。
- abstract 关键字是可选项，这里可以省略。
- InterfaceName 为接口名，命名要符合标识符规则。
- extends super_interface 为继承的父接口。接口和类为同一层次的，可以相互继承，继承多个父接口时，父接口之间使用逗号隔开。

定义一个接口的代码如下。

```
01.  public interface A
02.  {
03.   int CONST = 5;
04.   void method( );
05.   public abstract void method2( );
06.   public A( ){…};
07. }
```

- 接口中定义的变量默认都为 public、static 或 final 类型，因此第 03 行代码合法。
- 接口中定义的方法默认都是 public 或 abstract 类型，因此第 04 行代码合法，第 05 行代码显示声明接口下的方法为 public 和 abstract 类型也是合法的。

● 接口不能包含构造方法，因此第 06 行不合法，将出现编译错误。

(2) 接口的实现

接口和接口之间可以继承，而类和接口之间是 implements 关系，即类实现接口。

【例 3-19】 一个类实现接口的示例。

```
01.    public class InterfaceDemo {
02.     public static void main(String[] args) {
03.             Edible stuff = new Chicken();
04.             Edible1 stuff1 = new Broccoli();
05.             eat(stuff);
06.             stuff = new Duck();
07.             eat(stuff);
08.             stuff = new Broccoli();
09.             eat(stuff);
10.             sleep(stuff1);
11.     }
12.     public static void eat(Edible stuff) {
13.             System.out.println(stuff.howToEat());
14.     }
15.     public static void sleep(Edible1 stuff1) {
16.             System.out.println(stuff1.howToSleep());
17.     }
18. }
19. interface Edible {
20.     String howToEat();
21. }
22. interface Edible1 {
23.     String howToSleep();
24. }
25. class Chicken implements Edible {
26.     public String howToEat() {
27.             return "Chicken";
28.     }
29. }
30. class Duck implements Edible {
31.     public String howToEat() {
32.             return "Duck";
33.     }
34. }
35. class Broccoli implements Edible,Edible1 {
36.     public String howToEat() {
37.             return "Broccoli";
38.     }
39.     public String howToSleep() {
40.             return "Sleep";
41.     }
42. }
```

运行结果如图 3-18 所示。

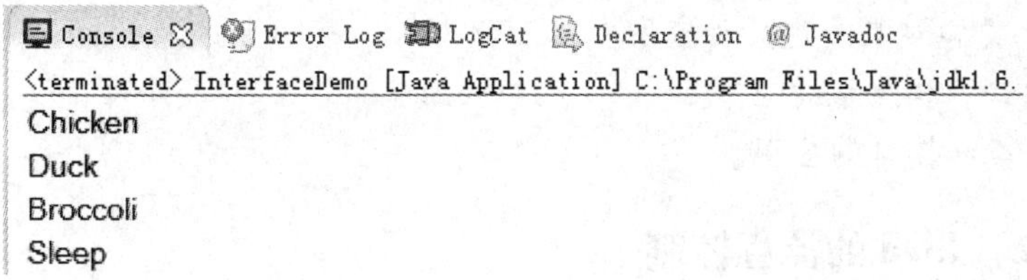

```
Console ⊠  Error Log  LogCat  Declaration  @ Javadoc
<terminated> InterfaceDemo [Java Application] C:\Program Files\Java\jdk1.6.
Chicken
Duck
Broccoli
Sleep
```

图 3-18　运行结果

【代码说明】

- 第 19 ～ 24 行代码定义了两个接口，两个接口的方法默认为 public 和 abstract 类型。
- 第 25 ～ 34 行代码定义两个类实现这两个接口，同时定义一个类 Broccoli 实现两个接口，即一个类可以实现多个接口，同样一个接口也可以继承多个接口。
- 第 03、04 行代码定义两个接口对象指向实现这个接口的类，第 05 行代码接口对象调用第 12 行的 eat( ) 方法，进行传参，将 Chicken 对象传入，再调用 Chicken 类下的 howToEat( ) 方法，返回"Chicken"，最后打印出 Chicken。
- 第 06 ～ 07 行代码调用对象和传参与前面第 04、05 行代码的调用过程一样，因此最后输出 Duck。

（3）抽象类和接口的区别

abstract class 和 interface 是 Java 语言中对于抽象类定义进行支持的两种机制，正是由于这两种机制的存在，才赋予了 Java 强大的面向对象能力。abstract class 和 interface 之间在对于抽象类定义的支持方面具有很大的相似性，甚至可以相互替换，因此很多开发者在进行抽象类定义时，对于 abstract class 和 interface 的选择显得比较随意。

其实，两者之间还是有很大区别的，对于它们的选择甚至反映出对于问题领域本质的理解、对于设计意图的理解是否正确、合理。表 3-2 列出了两者的主要区别。

表 3-2　抽象类和接口的区别

区 别 点	继承方式	变　量	构造方法	方　法
抽象类	单继承方式，一个类只能继承一个父类	无限制	子类通过构造方法链调用构造方法，抽象类不能用 new 操作符实例化	无限制
接口	多继承方式，一个接口可以实现多个接口	所有变量只能是 public、static 或 final	没有构造方法。接口不能用 new 操作符实例化	所有方法必须是 public 和 abstract 实例方法

3.4　实验：Java 语言基础

本节针对 Android 开发中经常使用的 Java 基础知识，编写了 3 个典型的实验题目。本节的 3 个实验分别对应的知识块是：Java 的基本数据和流程控制语句知识块、Java 的封装继承知识块，以及 Java 的抽象类和接口知识块。

3.4.1　实验目的和要求

- 理解 Java 基本数据类型的转换和流程控制语句的使用。

- 掌握 Java 类和对象的定义及应用。
- 掌握类的封装和继承的应用。
- 掌握抽象类和接口的应用。

3.4.2 题目1 Java的流程控制

1. 任务描述

编写一个 Java 程序，在屏幕上输出 1! +2! +3! +… +10!的和。

2. 任务要求

1）根据实际情况定义适当的数据类型。

2）设计合适的循环语句，使得运行效率提高。

3. 知识点提示

本任务主要用到以下几个知识点。

1）数据类型的选用、变量的定义和赋值。

2）循环语句的灵活使用。

3）类和主方法的定义，以及输出语句的使用。

4. 操作步骤提示

实现方式不限，在此以控制台应用程序为例简单提示以下操作步骤。

1）新建一个 Java 项目：SY3_1。

2）定义一个带 main()方法的类。

3）定义 4 个初始化整型变量 i、j、sum 和 mul。

4）设计双层 for 循环语句（内层控制阶乘，外层为 10 个数循环）。

5）利用输出语句进行结果输出。

6）保存源程序文件，编译并运行程序，检查程序的运行情况。

3.4.3 题目2 Java的封装和继承的应用

1. 任务描述

编写应用程序，创建类的对象，分别设置圆的半径和圆柱体的高，计算并分别显示圆半径、圆面积、圆周长和圆柱体的体积。

2. 任务要求

1）定义一个 Circle 类，它包含一个用来存放半径的私有成员变量，两个重载的构造方法，以及三个成员方法（面积、周长和输出显示的方法）。

2）定义一个 Circle 的子类（圆柱体类），该类含有一个存放圆柱体高度的成员变量、一个初始化圆柱体对象的构造方法，以及两个成员方法。两个成员方法分别是计算圆柱体体积和输出显示圆柱体体积的方法。

3）在主方法中实例化 Circle 类对象，并进行初始化，输出圆的输出显示方法，将结果打印输出；同样实例化圆柱类对象，并进行初始化，计算并输出圆柱体体积。

3. 知识点提示

本任务主要用到以下几个知识点。

1）类的定义：成员量、构造方法和成员方法。

2）构造方法重载的使用。

3）类的继承和方法的重写。

4. 操作步骤提示

实现方式不限，在此以控制台应用程序为例简单提示以下操作步骤。

1）新建一个 Java 应用程序：SY3_2。

2）定义一个 Circle 类，包含一个私有 radius（半径）、一个无参构造方法和一个有参构造方法，该类还包含三个成员方法：getPerimeter( )、getArea( )和 disp( )，分别用来计算圆的周长、面积（返回值类型都为 double）和显示输出结果的方法。

3）定义一个 Cylinder 类继承 Circle 类，该类中定义一个私有成员变量 hight（圆柱高）、一个构造方法和两个成员方法，这两个方法是 getVol( )和 dispVol( )，分别用来计算圆柱体体积和显示体积的方法。

4）定义测试类，分别实例化这两个类，调用计算圆的 disp( )、圆柱类的 disp( )和 dispVol( )方法。

5）利用输出语句进行结果输出。

6）保存源程序文件，编译并运行程序，检查程序的运行情况。运行结果如图 3-19 所示。

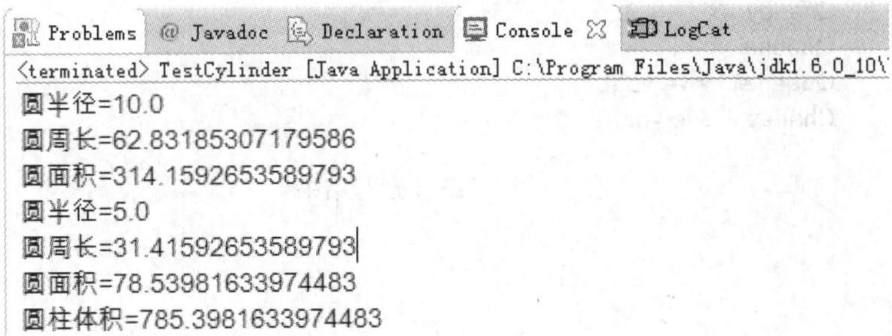

```
Problems  @ Javadoc  Declaration  Console  LogCat
<terminated> TestCylinder [Java Application] C:\Program Files\Java\jdk1.6.0_10\
圆半径=10.0
圆周长=62.83185307179586
圆面积=314.1592653589793
圆半径=5.0
圆周长=31.41592653589793
圆面积=78.53981633974483
圆柱体积=785.3981633974483
```

图 3-19　SY3_2 运行结果

3.4.4　题目 3　Java 的抽象类和接口的应用

1. 任务描述

一个类中继承抽象类并实现一个接口，重写这个接口和抽象类的抽象方法，实现输出。

2. 任务要求

1）定义一个抽象类，包含构造方法、抽象方法和一个成员方法。

2）定义一个接口 Lover 和这个接口下的抽象方法。

3）在主方法中继承定义的抽象方法并实现接口 Lover，重写接口和父类的抽象方法。

3. 知识点提示

本任务主要用到以下几个知识点。

1）抽象类的定义：成员方法、构造方法和抽象方法。

2）接口的定义。

3）类实现接口并继承抽象类，重写抽象方法。

4）super 的使用。

4. 操作步骤提示

实现方式不限，在此以控制台应用程序为例简单提示以下操作步骤。

1）新建一个 Java 应用程序：SY3_3。

2）定义一个抽象类 Father，包含一个私有属性 name（名字）、一个含 name 参数的构造方法、一个 getName( ) 的成员方法（返回类型为 String），以及一个无返回值的抽象方法 printName( )。

3）定义一个接口 Lover，包含一个无返回值的 love( ) 方法。

4）定义抽象类继承 Father 类，并且实现 Lover 接口，定义这个抽象类的一个 name 参数的构造方法，重写 printName( ) 方法，打印输出构造方法传递的 name，重写 love( ) 方法。

5）定义测试类，分别传递两个 name，两次实例化这个类，分别调用 getName( )、printName( ) 和 love( ) 方法。

6）利用输出语句进行结果输出。

7）保存源程序文件，编译并运行程序，检查程序的运行情况。运行结果如图 3-20 所示。

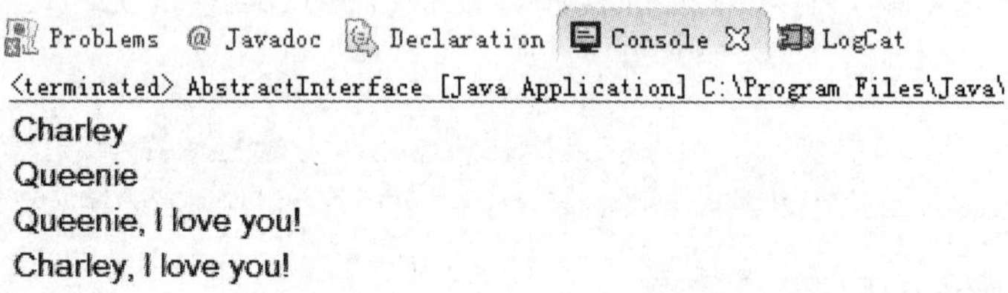

Problems @ Javadoc Declaration Console LogCat
<terminated> AbstractInterface [Java Application] C:\Program Files\Java\
Charley
Queenie
Queenie, I love you!
Charley, I love you!

图 3-20　SY3_3 运行结果

本章小结

Java 语言是一种面向对象（OOP）的语言，而面向对象语言的最基本的三个特征就是：封装、继承和多态性，Java 语言的精髓就在于如何灵活地运用这三大特征。本章主要围绕这三大基本特征，具体讲解了 Java 的基本概念、数据类型、数据类型转换、流程控制语句、类和对象基本结构、创建方法、数据的隐藏和封装、方法的重载和重写、类的继承、抽象类，以及接口等重要概念和相应的应用示例。前面两节的 Java 基本概念主要侧重于概念的理解和掌握，3.3 节的面向对象基础知识侧重于知识的应用，也是重点部分。本章的学习为后续 Android 应用开发奠定了坚实的基础。

课后练习

一、选择题

1. 下列 Java 标识符中，错误的是（　　）。

A. _sys_varl

B. $change

C. User_name

D. 1_ file

2. 自定义类型转换是按优先关系从低级数据转换为高级数据，优先次序为（　　）。

A. char - int - long - float - double

B. int - long - float - double - char

C. long - float - int - double - char

D. float - long - int - double - char

3. 关于下列程序片断的执行，说法正确的是（　　）。

```
public class test
{
public static void main(String args[ ])
  {
    byte b = 100;
    int i = b;
    int a = 2000;
    b = a;
    System. out. println(b);
  }
}
```

A. b 的值为 100

B. b 的值为 2000

C. 第 6 行出错

D. 第 8 行出错

4. 在多分支语句 switch（表达式）{}中，表达式不可以返回哪种类型的值？（　　）

A. 整型

B. 实型

C. 接口型

D. 字符型

5. 关于 while 和 do - while 循环，下列说法正确的是（　　）。

A. 两种循环除了格式不同外，功能完全相同

B. 与 do - while 语句不同的是，while 语句的循环至少执行一次

C. do - while 语句首先计算终止条件，当条件满足时，才去执行循环体中的语句

D. 以上都不对

6. 下列不属于面向对象编程的 3 个特征的是（　　）。

A. 封装

B. 指针操作

C. 多态性

D. 继承

7. 类所实现的接口及修饰不可以是（　　）。

A. public

B. abstract

C. final

D. void

8. 关键字 super 的作用是（　　）。

A. 用来访问父类被隐藏的成员变量

B. 用来调用父类中被重载的方法

C. 用来调用父类的构造函数

D. 以上都是

9. 下列类的定义，错误的是（　　）。

A. public class test extends Object {
```
...
}
```
B. final class operators {
```
...
}
```
C. class Point {
```
...
}
```
D. void class Point {
```
...
}
```

二、填空题

1. 在 Java 语言中，boolean 型常量只有 true 和________两个值。

2. 标识符是以________、下画线或美元符号作为首字母的字符串序列。

3. 下面的语句是声明一个变量并赋值：boolean b1 =5！=8；b1 的值是________。

4. 在 Java 程序中，用关键字________修饰的常量对象创建后就不能再修改了。

5. 数据类型包括简单数据类型和复合数据类型。复合数据类型又包括类、数组、________。

6. 类变量在类中声明，而不是在类的某个方法中声明，它的作用域是________。

7. Java 语言中的各种数据类型之间提供自动转换，如第 1 操作数是 byte 类型，第 2 操作数是 float 类型，其结果是________类型。

8. 抽象方法只能存在于抽象类中。抽象方法用关键字________来修饰。

9. Java 语言中________是所有类的父类。

10. 在 Java 中有一种名为________的特殊方法，在程序中用它来对类成员进行初始化。

11. new 是________对象的操作符。

12. 在 Java 程序中，把关键字________加到方法名称的前面，实现子类调用父类的方法。

13. 在 Java 程序中，同一类中重载的多个方法具有相同的方法名和________的参数列表，重载的方法可以有不同的返回值类型。

14. Java 语言通过接口支持________继承，使类继承具有更灵活的扩展性。

15. 接口是一种只含有抽象方法或________的特殊抽象类。

16. abstract 方法________（不能或能）与 final 并列修饰同一个类。

三、操作题

1. 求 a + aa + aaa + … + a. . a（n 个）的和，其中 a 为 1 ～ 9 之间的整数。例如，当 a = 3、n = 4 时，求 3 + 33 + 333 + 3333 的和。

2. 给定一个正整数 m，判断它的具体位数，分别打印每一位数，再按照逆序打印出各位数字。

3. 依次输入 10 个学生成绩，判断学生（优秀、良好、中等、及格、不及格）并计算人数。

4. 定义一个研究生类 Graduate，实现 StudentInterface 接口和 TeacherInterface 接口，它定义的成员变量有 name（姓名）、sex（性别）、age（年龄）、fee（每学期学费）和 pay（月工资）。

5. 输出本科生和研究生的成绩等级。要求为：首先设计抽象类 Student，它包含学生信息：姓名、学生类型、三门课程的成绩和成绩等级等；其次，设计 Student 类的两个子类：本科生类（Undergraduate）和研究生类（Postgraduate），创建测试类分别输出其等级。要求分别使用抽象类和接口两种方法编程。其中本科生和研究生成绩等级标准如表 3-3 所示。

表 3-3　学生成绩等级标准

本科成绩标准（平均分：等级）	研究生成绩标准（平均分：等级）
85～100：优秀	90～100：优秀
75～85：良好	80～90：良好
60～75：及格	65～80：及格
60 分以下：不及格	65 分以下：不及格

第4章　Android 布局管理器

为了适应各式各样的界面风格，Android 系统提供了5种布局，分别为 LinearLayout（线性布局）、TableLayout（表格布局）、RelativeLayout（相对布局）、AbsoluteLayout（绝对布局）和 FrameLayout（框架布局，又叫帧布局）。利用这5种布局，可以将屏幕上的视图随心所欲地进行摆放，而且视图的大小和位置会随着手机屏幕大小的变化而做出调整。

4.1　线性布局（LinearLayout）

4.1.1　LinearLayout 介绍

线性布局是最常用的布局方式。线性布局在 XML 布局文件中使用 <LinearLayout>标签进行配置。如果使用 Java 代码，需要创建 android. widget. LinearLayout 对象。

线性布局可分为水平线性布局和垂直线性布局。通过 android:orintation 属性可以设置线性布局的方向，该属性的可取值是 horizontal 和 vertical，默认值是 horizontal。当线性布局的方向是水平时，所有在<LinearLayout>标签中定义的视图都沿着水平方向线性排列。当线性布局的方向是垂直时，所有在<LinearLayout>标签中定义的视图都沿着垂直方向线性排列。

<LinearLayout>标签有一个非常重要的 gravity 属性，该属性用于控制布局中视图的位置。该属性可取的主要值如表4-1所示。如果设置多个属性值，需要使用“|”进行分隔。在属性值和“|”之间不能有其他符号（如空格、制表符等）。

表4-1　gravity 属性的取值

属 性 值	描　述
top	将视图放到屏幕顶端
bottom	将视图放到屏幕底端
left	将视图放到屏幕左侧
right	将视图放到屏幕右侧
center_vertical	将视图按垂直方向居中显示
center_horizontal	将视图按水平方向居中显示
center	将视图按垂直和水平方向居中显示

在屏幕上添加3个按钮，并将它们右对齐，代码如下。

```
01. <LinearLayout xmlns:android = "http://schemas.android.com/apk/res/android"
02.     android:orientation = "vertical"
```

```
03.        android:layout_width = "fill_parent"
04.        android:layout_height = "fill_parent"
05.        android:gravity = "right" >
06.        < Button android:layout_width = "wrap_content"
07.                 android:layout_height = "wrap_content"
08.                 android:text = "按钮 1" >
09.        < Button android:layout_width = "wrap_content"
10.                 android:layout_height = "wrap_content"
11.                 android:text = "按钮 2" >
12.        < Button android:layout_width = "wrap_content"
13.                 android:layout_height = "wrap_content"
14.                 android:text = "按钮 3" >
15.    </LinearLayout >
```

使用上面的 XML 布局文件后，将得到在屏幕上右侧顺序排列的 3 个按钮。如果将 gravity 属性值改成 center，3 个按钮将在整个屏幕中心顺序排列。

<LinearLayout >标签中的子标签还可以使用 layout_gravity 和 layout_weight 属性来设置每一个视图的位置。

- layout_gravity：可取值与 gravity 属性相同，表示当前视图在布局中的位置。
- layout_weight：是一个非负整数值，如果该属性值大于 0，线性布局会根据水平或垂直方向，以及不同视图的 layout_weight 属性值占所有视图的 layout_weight 属性值之和的比例，为这些视图分配自己所占用的区域，视图将按相应比例拉伸。

例如，在 <LinearLayout >标签中有两个 <Button >标签，这两个标签的 layout_weight 属性值都是 1，并且 <LinearLayout >标签的 orientation 属性值是 horizontal，这两个按钮都会被拉伸到屏幕宽度的一半，并显示在屏幕的正上方。如果 layout_weight 属性值为 0，视图会按原大小显示（不会被拉伸）。对于其余 layout_weight 属性值大于 0 的视图，系统将会减去 layout_weight 属性值为 0 的视图的宽度或高度，再用剩余的宽度和高度按相应的比例来分配每一个视图所占的宽度和高度。

4.1.2 LinearLayout 实例

下面给出一个稍微复杂的线性布局实例。在这个实例中，将屏幕垂直分成相等的两部分，在第一部分的四角和中心分别放一个按钮，在第二部分的最下方是一个文本输入框（EditText），输入框上方放置一个 ImageView，用于显示图像。图 4-1 所示为最终的显示效果。本实例的完整 XML 布局文件代码如下。

```
01.  <?xml version = "1.0" encoding = "utf-8" ? >
02.  <LinearLayout xmlns:android = "http://schemas.android.com/apk/res/android"
03.        android:orientation = "vertical"
04.        android:layout_width = "fill_parent"
05.        android:layout_height = "fill_parent" >
06.        <LinearLayout android:orientation = "vertical"
07.                 android:layout_width = "fill_parent"
08.                 android:layout_height = "fill_parent"
```

```
09.         android:layout_weight = "1" >
10.         <!--设置最上面两个按钮-->
11.         <LinearLayout android:orientation = "horizontal"
12.                 android:layout_width = "fill_parent"
13.                 android:layout_height = "fill_parent"
14.                 android:layout_weight = "1" >
15.                 <!--包含左上角按钮的 LinearLayout 标签-->
16.                 <LinearLayout android:orientation = "vertical"
17.                         android:layout_width = "fill_parent"
18.                         android:layout_height = "fill_parent"
19.                         android:layout_weight = "1" >
20.                         <Button android:layout_width = "wrap_content"
21.                                 android:layout_height = "wrap_content"
22.                                 android:text = "左上按钮"
23.                                 android:layout_gravity = "left" />
24.                 </LinearLayout>
25.                 <!--包含右上角按钮的 LinearLayout 标签-->
26.                 <LinearLayout android:orientation = "vertical"
27.                         android:layout_width = "fill_parent"
28.                         android:layout_height = "fill_parent"
29.                         android:layout_weight = "1" >
30.                         <Button android:layout_width = "wrap_content"
31.                                 android:layout_height = "wrap_content"
32.                                 android:text = "右上按钮"
33.                                 android:layout_gravity = "right" />
34.                 </LinearLayout>
35.         </LinearLayout>
36.         <!--包含中心按钮的 LinearLayout 标签-->
37.         <LinearLayout android:orientation = "vertical"
38.                 android:layout_width = "fill_parent"
39.                 android:layout_height = "fill_parent"
40.                 android:layout_weight = "1"
41.                 android:gravity = "center" >
42.                 <Button android:layout_width = "wrap_content"
43.                         android:layout_height = "wrap_content"
44.                         android:text = "中心按钮" />
45.         </LinearLayout>
46.         <!--设置最下面两个按钮-->
47.         <LinearLayout android:orientation = "horizontal"
48.                 android:layout_width = "fill_parent"
49.                 android:layout_height = "fill_parent"
50.                 android:layout_weight = "1" >
51.                 <!--包含左下角按钮的 LinearLayout 标签-->
52.                 <LinearLayout android:orientation = "vertical"
53.                         android:layout_width = "fill_parent"
54.                         android:layout_height = "fill_parent"
55.                         android:layout_weight = "1"
56.                         android:gravity = "left|bottom" >
```

```
57.                         <Button android:layout_width = "wrap_content"
58.                                 android:layout_height = "wrap_content"
59.                                 android:text = "左下按钮" />
60.                 </LinearLayout>
61.                 <!--包含右下角按钮的 LinearLayout 标签-->
62.                 <LinearLayout android:orientation = "vertical"
63.                         android:layout_width = "fill_parent"
64.                         android:layout_height = "fill_parent"
65.                         android:layout_weight = "1"
66.                         android:gravity = "right|bottom" >
67.                         <Button android:layout_width = "wrap_content"
68.                                 android:layout_height = "wrap_content"
69.                                 android:text = "右下按钮"
70.                                 android:layout_gravity = "right" />
71.                 </LinearLayout>
72.             </LinearLayout>
73.     </LinearLayout>
74.     <LinearLayout android:orientation = "vertical"
75.             android:layout_width = "fill_parent"
76.             android:layout_height = "fill_parent"
77.             android:layout_weight = "1" >
78.             <!--在第二部分上方显示的 ImageView 标签-->
79.             <ImageView android:layout_width = "fill_parent"
80.                     android:layout_height = "fill_parent"
81.                     android:src = "@drawable/background"
82.                     android:layout_weight = "1" />
83.             <!--在第二部分最下方显示的 EditText 标签-->
84.             <EditText android:layout_width = "fill_parent"
85.                     android:layout_height = "wrap_content"
86.                     android:hint = "请在这里输入文本" />
87.     </LinearLayout>
88. </LinearLayout>
```

【代码说明】

- 本例首先在第 02 和 06 行代码使用了两个 <LinearLayout> 标签将屏幕从垂直方向分成了两个相等部分。这两个 <LinearLayout> 标签应将 android:height 属性值设为 fill_parent，并且将 android:layout_weight 属性值设为相等的值，如都设为 1。
- 分别在第 16、26、37、52 和 62 行代码使用了 5 个 <LinearLayout> 标签将屏幕分成了 5 部分，前两部分和后两部分分别要使用 android:layout_weight 属性进行等分，然后在每一个 <LinearLayout> 标签中使用 android:gravity 属性设置其中按钮的位置。
- 第 74 行代码开始的 <LinearLayout> 标签中包含了两个控件：<ImageView> 和 <EditText>，其中 <EditText> 放置在 <ImageView> 下方。这两个控件设置属性时首先将

图 4-1　线性布局效果

<ImageView>的android:height属性值设为fill_parent，除此之外还必须设置<ImageView>的android:layout_weight属性，本例将该属性值设为1。这样设置后，布局会在先计算其他未设置android:layout_weight属性的控件高度后（如本例中的<EditText>），然后再占据剩余的所有空间。这种方法经常被应用在屏幕最下方的控件上。

4.2 表格布局（TableLayout）

4.2.1 TableLayout介绍

TableLayout将子元素的位置分配到行或列中。一个TableLayout由许多TableRow组成，每个TableRow都会定义一个Row。TableLayout容器不会显示Row、Column或Cell的边框线。每个Row拥有0个或多个Cell，每个Cell拥有一个View对象。表格由列或行组成许多单元格，允许单元格为空。单元格不能跨列，这与HTML中不一样。列可以被隐藏，也可以被设置为伸展的，从而填充可利用的屏幕空间，还可以被设置为强制收缩，直到表格匹配屏幕大小。TableLayout常用属性如表4-2所示。

表4-2 TableLayout常用属性

属性值	描述
collapseColumns	以第0行为序，隐藏指定的列
shrinkColumns	以第0行为序，自动延伸指定的列填充可用部分，当TableRow里的控件还没有布满布局时，该属性不起作用
strechColumns	以第0行为序，填充指定列空白部分

一个表格布局由一个<TableLayout>标签和若干个<TableRow>标签组成。但表格布局在实现行列效果中并不常用，一般会使用GridView控件来代替表格布局，该控件将在第5章进行详细介绍。

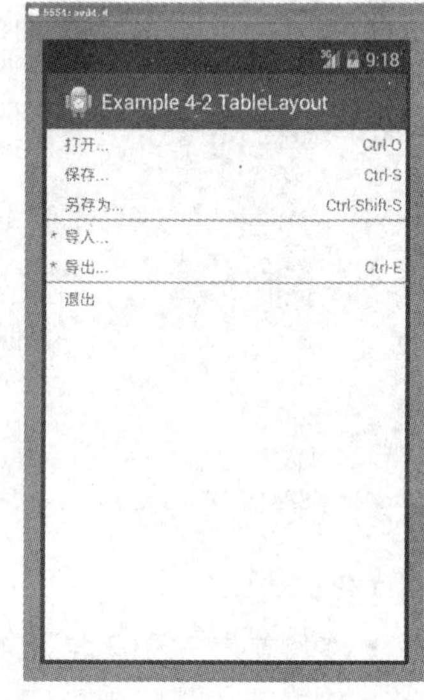

图4-2 TableLayout视图

4.2.2 TableLayout实例

下面来看一个TableLayout布局的实例，运行效果如图4-2所示。

本实例具体实现代码清单如下。

```
01.    <?xml version = "1.0" encoding = "utf-8"?>
02.    <TableLayout xmlns:android = "http://schemas.android.com/apk/res/android"
03.        android:layout_width = "fill_parent"
04.        android:layout_height = "fill_parent"
05.        android:strechColumns = "1" >
06.         <TableRow >
07.              <TextView android:layout_column = "1"
08.                   android:text = "打开…"
09.                   android:padding = "3dip" />
```

```
10.             <TextView android:text = "Ctrl - O"
11.                     android:gravity = "right"
12.                     android:padding = "3dip" />
13.         </TableRow>
14.         <TableRow>
15.             <TextView android:layout_column = "1"
16.                     android:text = "保存…"
17.                     android:padding = "3dip" />
18.             <TextView android:text = "Ctrl - S"
19.                     android:gravity = "right"
20.                     android:padding = "3dip" />
21.         </TableRow>
22.         <TableRow>
23.             <TextView android:layout_column = "1"
24.                     android:text = "另存为…"
25.                     android:padding = "3dip" />
26.             <TextView android:text = "Ctrl - Shift - S"
27.                     android:gravity = "right"
28.                     android:padding = "3dip" />
29.         </TableRow>
30.         <View android:layout_height = "2dip"
31.                 android:background = "#FF909090" />
32.         <TableRow>
33.             <TextView android:text = " * "
34.                     android:padding = "3dip" />
35.             <TextView android:text = "导入…"
36.                     android:padding = "3dip" />
37.         </TableRow>
38.         <TableRow>
39.             <TextView android:text = " * "
40.                     android:padding = "3dip" />
41.             <TextView android:text = "导出…"
42.                     android:padding = "3dip" />
43.             <TextView android:text = "Ctrl - E"
44.                     android:gravity = "right"
45.                     android:padding = "3dip" />
46.         </TableRow>
47.         <View android:layout_height = "2dip"
48.                 android:background = "#FF909090" />
49.         <TableRow>
50.             <TextView android:layout_column = "1"
51.                     android:text = "退出"
52.                     android:padding = "3dip" />
53.         </TableRow>
54. </TableLayout>
```

【代码说明】

- 这个实例中的TableLayout分成了3部分，其中每个部分分别由TableRow组成，TableRow 中包括了 TextView 控件。第 05 行代码指定第 2 列为可扩展列，即如果每行有 3 列，剩余的空间由第 2 列补齐。

- 第 06 ～ 29 行代码是整个 TableLayout 的第一部分，其中包含 3 个 TableRow，每个 TableRow 中包括 2 个 TextView。第 32 ～ 46 行代码是整个 TableLayout 的第二部分，其中包含 2 个 TableRow，每个 TableRow 中包括 2 个 TextView。第 49 ～ 53 行代码是整个 TableLayout 的第三部分，其中包含 1 个 TableRow。
- 在实例中，<TextView> 控件中的属性 layout_column 表示此组件排列在第 2 列，而 padding 属性值为容器内内容与容器的边距，这里使用的单位是 dip。在 Android 中使用的单位主要包括 dip、dp、px 和 sp。dip 的含义与 dp 相同，代表设备独立像素，不依赖像素，并与设备硬件有关，不同设备有不同的显示效果，一般为了支持 WVGA、HVGA 和 QVGA 时推荐使用这两种单位。px 即 pixels（像素），属于绝对像素，在不同的设备上显示效果是相同的。sp 为 scaled pixels（放大像素），主要用于字体显示。

4.3 相对布局（RelativeLayout）

4.3.1 RelativeLayout 介绍

相对布局可以设置某一个视图相对于其他视图的位置，这些位置包括上、下、左、右。设置这些位置的属性是 android:layout_above、android:layout_below、android:layout_toLeftOf、android:layout_toRightOf。除此之外，还可以通过 android:layout_alignBaseline 属性设置视图的底端对齐。

这 5 个属性的值必须是存在的资源 ID，也就是另一个视图的 android:id 属性值。下面的代码是一个典型的使用 RelativeLayout 的实例，实现功能如代码中注释所示。

```
01.    <RelativeLayout xmlns:android = "http://schemas.android.com/apk/res/android"
02.        android:layout_width = "fill_parent"
03.        android:layout_height = "fill_parent" >
04.        <TextView android:id = "@ + id/textview1"
05.            android:layout_width = "wrap_content"
06.            android:layout_height = "wrap_content"
07.            android:textSize = "20dp"
08.            android:text = "文本 1"/>
09.        <!-- 将这个 TextView 放在 textview1 的右侧 -->
10.        <TextView android:layout_width = "wrap_content"
11.            android:layout_height = "wrap_content"
12.            android:textSize = "20dp"
13.            android:text = "文本 2"
14.            android:layout_toRightOf = "@ id/textview2" />
15.    </RelativeLayout>
```

4.3.2 RelativeLayout 实例

下面用相对布局实现如图 4-3 所示的梅花图案效果。

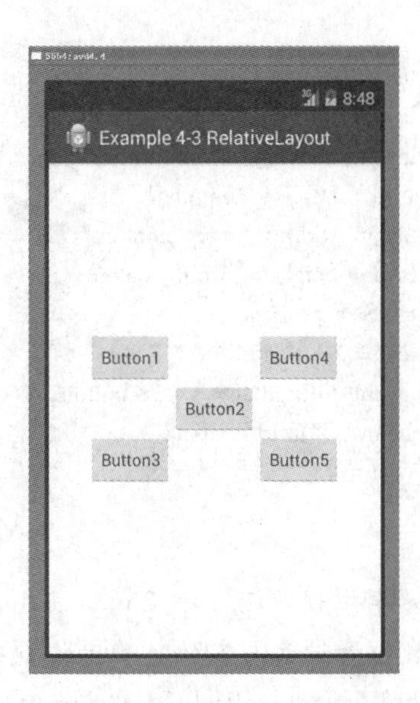

图 4-3　使用相对布局实现的梅花图案效果

布局的完整代码如下。

```
01.    < ?xml version = "1. 0"  encoding = "utf - 8" ? >
02.    < RelativeLayout xmlns:android = "http://schemas. android. com/apk/res/android"
03.        android:layout_width = "fill_parent"
04.        android:layout_height = "fill_parent"
05.        android:gravity = "center" >
06.        < Button android:id = "@ + id/button1"
07.                android:layout_width = "wrap_content"
08.                android:layout_height = "wrap_content"
09.                android:textSize = "16dp"
10.                android:text = "Button1"/ >
11.        < Button android:id = "@ + id/button2"
12.                android:layout_width = "wrap_content"
13.                android:layout_height = "wrap_content"
14.                android:textSize = "16dp"
15.                android:text = "Button2"
16.                android:layout_toRightOf = "@ id/button1"
17.                android:layout_below = "@ id/button1"/ >
18.        < Button android:id = "@ + id/button3"
19.                android:layout_width = "wrap_content"
20.                android:layout_height = "wrap_content"
21.                android:textSize = "16dp"
22.                android:text = "Button3"
23.                android:layout_toLeftOf = "@ id/button2"
24.                android:layout_below = "@ id/button2"/ >
25.        < Button android:id = "@ + id/button4"
26.                android:layout_width = "wrap_content"
27.                android:layout_height = "wrap_content"
28.                android:textSize = "16dp"
```

```
29.                android:text = "Button4"
30.                android:layout_toRightOf = "@ id/button2"
31.                android:layout_above = "@ id/button2"/>
32.        <Button android:id = "@ + id/button5"
33.                android:layout_width = "wrap_content"
34.                android:layout_height = "wrap_content"
35.                android:textSize = "16dp"
36.                android:text = "Button5"
37.                android:layout_toRightOf = "@ id/button2"
38.        android:layout_below = "@ id/button2"/>
39.    </RelativeLayout>
```

【代码说明】

- 首先在<RelativeLayout>中出现的第一个 Button 即 button1 将被放置在整个屏幕的左上角，之后的其他 Button 位置通过与其他已确定位置控件的相对位置获得。
- 通过在第 16、17 行代码将 layout_toRightOf 和 layout_below 属性值设为@ id/button1，使 button2 的位置确定为 button1 的右下方。
- button3、button4 和 button5 的设置方法与 button2 相同，只是它们的相对控件选为 button2，其中涉及的属性除了上面刚刚介绍的两个外，分别还有 layout_toLeftOf 和 layout_above，通过第 23、24、30、31、37 和 38 行代码对这些属性的使用，将 button3 设置在 button2 的左下方，button4 设置在 button2 的右上方，button5 设置在 button2 的右下方。

4.4 绝对布局（AbsoluteLayout）

4.4.1 AbsoluteLayout 介绍

AbsoluteLayout 就是绝对位置布局，也可以称为坐标布局，也就是指定元素的绝对位置（或者称为绝对坐标值）。这种布局简单直接，直观性强，但是由于手机屏幕尺寸差别比较大，使用绝对定位的适应性会比较差，因此在使用 AbsoluteLayout 时要谨慎。使用 AbsoluteLayout 时，布局中的每个控件都可以指定 android:layout_x 和 android:layout_y 属性来指定控件的横坐标和纵坐标，屏幕左上角为坐标原点（0,0）。

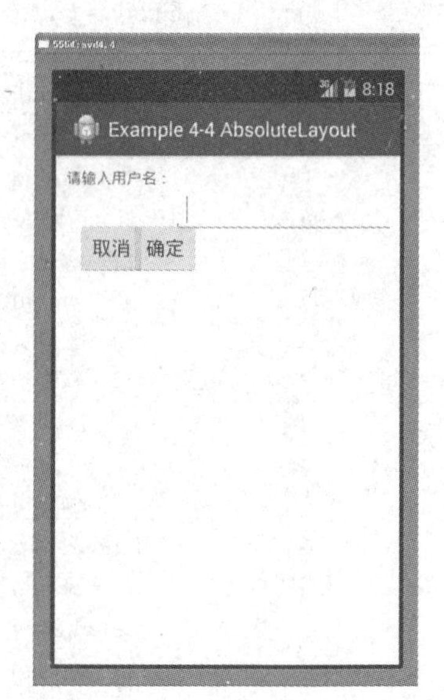

图 4-4　AbsoluteLayout 视图

4.4.2 AbsoluteLayout 实例

下面用一个实例来展示绝对布局的实现方法，实现结果如图 4-4 所示。

布局的完整代码如下。

```
01.    <?xml version = "1.0" encoding = "utf - 8"?>
```

```
02.   <AbsoluteLayout xmlns:android = "http://schemas.android.com/apk/res/android"
03.         android:layout_width = "fill_parent"
04.          android:layout_height = "wrap_content"
05.          android:padding = "10dip" >
06.          <TextView android:id = "@ +id/lable"
07.                  android:layout_width = "fill_parent"
08.                  android:layout_height = "wrap_content"
09.                  android:text = "请输入用户名:"/>
10.          <EditText android:id = "@ +id/text"
11.                  android:layout_width = "fill_parent"
12.                  android:layout_height = "wrap_content"
13.                  android:layout_x = "100dip"
14.                  android:layout_y = "20dip"/>
15.          <Button android:id = "@ +id/cancel"
16.                  android:layout_width = "wrap_content"
17.                  android:layout_height = "wrap_content"
18.                  android:layout_x = "10dip"
19.                  android:layout_y = "50dip"
20.                  android:text = "取消"/>
21.          <Button android:id = "@ +id/ok"
22.                  android:layout_width = "wrap_content"
23.                  android:layout_height = "wrap_content"
24.                  android:layout_x = "60dip"
25.                  android:layout_y = "50dip"
26.                  android:text = "确定"/>
27.   </AbsoluteLayout>
```

【代码说明】

- 如果使用 AbosoluteLayout 布局，需要根据所需屏幕样式计算各个控件的横纵坐标。本例中的 TextView 没有为 layout_x 和 layout_y 指定具体值，那么这两个属性值默认都为 0，即绝对坐标（0,0），使 TextView 控件显示在屏幕的最左上角。
- 之后根据本例界面具体需要在第 13、14、18、19、24 和 25 行代码分别设置 1 个 EditText 和 2 个 Button 控件的显示位置为绝对坐标（100,20），（10,50），（60,50）。

4.5 框架布局（FrameLayout）

4.5.1 FrameLayout 介绍

框架布局是最简单的布局方式，所有添加到这个布局中的视图都以层叠的方式显示。第一个添加到框架布局中的视图显示在最底层，最后一个被放在最顶层，上一层的视图会覆盖下一层的视图。这种显示方式类似堆栈，栈顶的视图显示在最顶层，而栈底的视图显示在最底层。因此，也可以将 FrameLayout 称为堆栈布局。

框架布局在 XML 布局文件中应使用 <FrameLayout> 标签进行配置，如果使用 Java 代码，需要创建 android.widget.FrameLayout 对象。下面是一个典型的框架布局配置代码。

```
01.    <FrameLayout xmlns:android = "http://schemas.android.com/apk/res/android"
02.        android:layout_width = "fill_parent"
03.        android:layout_height = "fill_parent" >
04.        <TextView android:id = "@ +id/textview"
05.            android:layout_width = "wrap_content"
06.            android:layout_height = "wrap_content" />
07.        <Button android:id = "@ +id/button"
08.            android:layout_width = "wrap_content"
09.            android:layout_height = "wrap_content" />
10.    </FrameLayout>
```

4.5.2 FrameLayout 实例

从框架布局的特性来看，FrameLayout 很像 Photoshop 中的图层。如果将框架布局中的视图放在不同的位置，大小也不同，就可以做出合成图的效果。本例完整的 XML 布局文件的代码如下。

```
01.    <LinearLayout xmlns:android = http://schemas.android.com/apk/res/android
02.        xmlns:tools = "http://schemas.android.com/tools"
03.        android:layout_width = "match_parent"
04.        android:layout_height = "match_parent"
05.        android:orientation = "horizontal" >
06.        <fragment android:id = "@ +id/tag"
07.            android:name = "com.godxj.fragments.fragmentsview.TagFragment"
08.            android:layout_width = "0dp"
09.            android:layout_height = "match_parent"
10.            android:layout_weight = "1" />
11.        <FrameLayout android:id = "@ +id/details_fragment"
12.            android:layout_width = "0dp"
13.            android:layout_height = "match_parent"
14.            android:layout_weight = "3.5" />
15.    </LinearLayout>
```

【代码说明】

- 本例除了使用 LinearLayout 和 FrameLayout 两种布局方式外，还应用了最近非常流行的 Android Fragment。Fragment 的生命周期和 Activity 差不多，在使用 Fragment 时更多使用的是 onCreateView 方法，而从这个方法之后与 Activity 基本相同。
- 布局文件中使用的 TagFragment 类非常简单，该类具体代码如下。

```
01.    public class TagFragment extends Fragment {
02.        public void onActivityCreated( Bundle savedInstanceState) {
03.            super.onActivityCreated( savedInstanceState);
04.        }
05.        public View onCreateView( LayoutInflater inflater, ViewGroup container,
06.            Bundle savedInstanceState) {
07.            View view = inflater.inflate( R.layout.tag, container, false);
```

```
08.             return view;
09.         }
10. }
```

【代码说明】

- TagFragment 是一个继承自 Fragment 的类，只需要实现 onCreateView 方法即可。该方法完成的功能实际上就是将 view 填到 activity_main. xml 对应的位置。而在 activity_main. xml 中定义的 FragmentLayout 布局，如果需要添加一个 Fragment，则需要在代码中的 Activity 类中添加。
- 本例实现的主要功能是两个 Fragment 如何相互之间通信。Activity 类中的核心代码如下。

```
01.  FragmentManager fm = getSupportFragmentManager( ) ;
02.  df = ( DetailFragment) fm. findFragmentById( R. id. details_fragment) ;
03.  df = new DetailFragment( ) ;
04.  FragmentTransaction ft = fm. beginTransaction( ) ;
05.  ft. setTransition( FragmentTransaction. TRANSIT_FRAGMENT_FADE) ;
06.  ft. replace( R. id. details_fragment, df) ;
07.  ft. commit( ) ;
```

【代码说明】

- 此处的 FragmentTransaction 相当于数据库的事务操作，在开启一个事务后必须提交。replace 把这个实例化的 Fragment 放入 FragmentLayout。

接下来是处理按钮单击事件的 DetailFragment 类，其完整代码如下。

```
01.  public class DetailFragment extends Fragment {
02.      private Button btn;
03.      OnItemButtonClickListener buttonClickListener;
04.      public void onAttach( Activity activity) {
05.          super. onAttach( activity) ;
06.          buttonClickListener = ( OnItemButtonClickListener) activity;
07.      }
08.      public void onActivityCreated( Bundle savedInstanceState) {
09.          super. onActivityCreated( savedInstanceState) ;
10.      }
11.      public View onCreateView( LayoutInflater inflater, ViewGroup container,
12.          Bundle savedInstanceState) {
13.          View view = inflater. inflate( R. layout. details, container, false) ;
14.          btn = ( Button) view. findViewById( R. id. btn1) ;
15.          buttonClickListener. sendViewToActivity( btn) ;
16.          btn. setOnClickListener( new View. OnClickListener( ) {
17.              public void onClick( View v) {
18.                  buttonClickListener. onItemViewClick( v) ;
19.              }
20.          }) ;
21.          return view;
22.      }
```

```
23.        public interface OnItemButtonClickListener{
24.            void onItemViewClick(View v);
25.            void sendViewToActivity(View v);
26.        }
27.    }
```

【代码说明】

- DetailFragment 类的主要方法是 onCreateView。这里定义的 Listener 用于后面的按钮单击交互。按钮的其他使用将在第 5 章进行详细讲解。至此。界面基本构建已完成。
- 如果使用 Fragment，那么在主 Activity 中可以得到 Fragment 中包含 view 的 id，并对其做出相应的处理，这个过程与使用定义在 activity_main. xml 中的控件相同。而用 FragmentLayout 是无法对得到的 view 进行事件处理的，实际上是根本无法得到这些 view，所以在实际的交互过程中处理起来就没有直接用 Fragment 在布局文件中定义简单。
- 上一段提到用 Fragment 定义的布局是可以从主 Activity 直接得到控件 id，而 Fragmentlayout 却不行，所以最简单实际的方法就是将 Fragmentlayout 里的 view 传给主 Activity，而该方法可以使用 buttonClickListener. sendViewToActivity(btn);这一语句实现。此方法就是将 Fragmentlayout 里面的 btn 暴露给主 Activity，然后 Activity 就可以像平时一样操作这些控件。

运行程序，当单击图 4-5a 中的叹号图标时，会得到如图 4-5b 所示的显示效果。

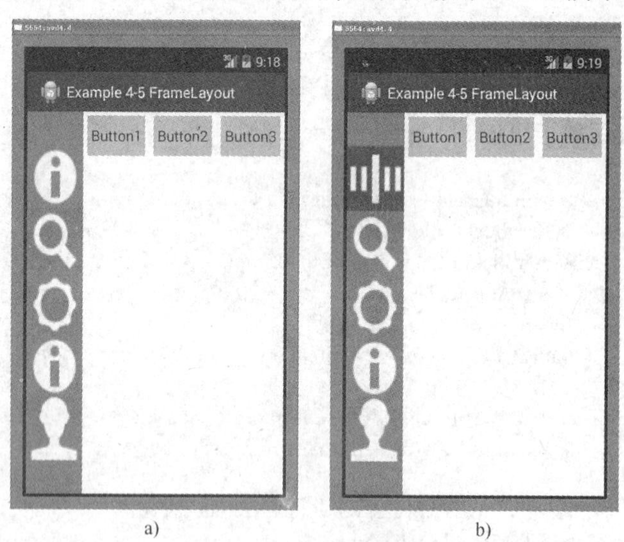

a)　　b)

图 4-5　FrameLayou 实现效果

a) FrameLayout 运行结果　b) 单击图标后的运行结果

4.6　实验：Android 基本布局

4.6.1　实验目的和要求

- 掌握各种布局方式的基本功能。

● 掌握各种布局方式的使用方法。
● 使用布局进行基本 Android 应用页面的设计与开发。

4.6.2 题目1 LinearLayout 实现简易计算器界面

1. 任务描述

利用 LinearLayout 线性布局，以及 EditText 和 Button 控件，设计并实现简易计算器界面。

2. 任务要求

1）使用 LinearLayout 线性布局设计简易计算器整体界面。

2）定义 EditText，用于显示输入数据及计算结果，再分别定义选择运算数和运算符的按钮。

3. 知识点提示

本任务主要用到以下几个知识点。

1）LinearLayout 线性布局的定义和用法。

2）EditText 和 Button 控件的定义和用法。

4. 操作步骤提示

实现方式不限，在此简单提示一下操作步骤。

1）创建 Android 工程项目：SX4－1。

2）根据简易计算器界面需求设计 LinearLayout 线性布局。

3）定义一个 EditText，用于显示输入数据和计算结果。

4）定义多个 Button，用于选择运算数和运算符。

5）运行工程并测试结果，运行结果如图 4-6 所示。

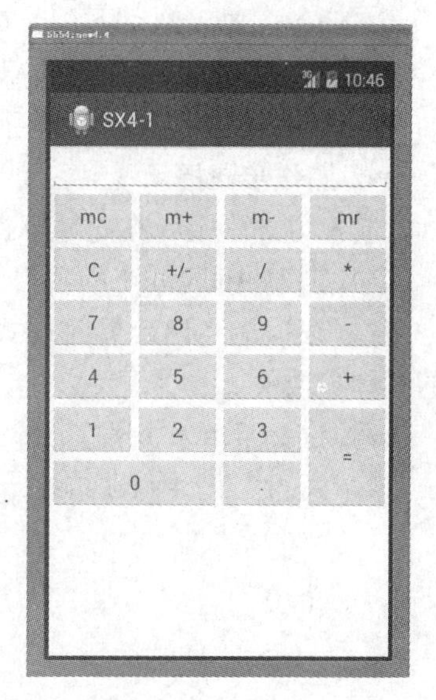

图 4-6 题目 1 测试结果

4.6.3 题目2 使用 TableLayout 设计表格

1. 任务描述

利用 TableLayout 表格布局及 Button 控件设计并实现多行多列表格。

2. 任务要求

1）使用 TableLayout 表格布局设计表格的整体界面。

2）在表格的选定单元格中定义 Button 控件。

3. 知识点提示

本任务主要用到以下几个知识点。

1）TableLayout 表格布局的定义和用法。

2）Button 控件的定义和用法。

4. 操作步骤提示

实现方式不限，在此简单提示一下操作步骤。

1）创建 Android 工程项目：SX4－2。

2）根据最终设计界面中表格的行数和列数，设计 TableLayout 表格布局具体参数。

3）在表格的选定单元格中定义 Button。

4）运行工程并测试结果，运行结果如图 4-7 所示。

4.6.4 题目3 RelativeLayout 综合实验

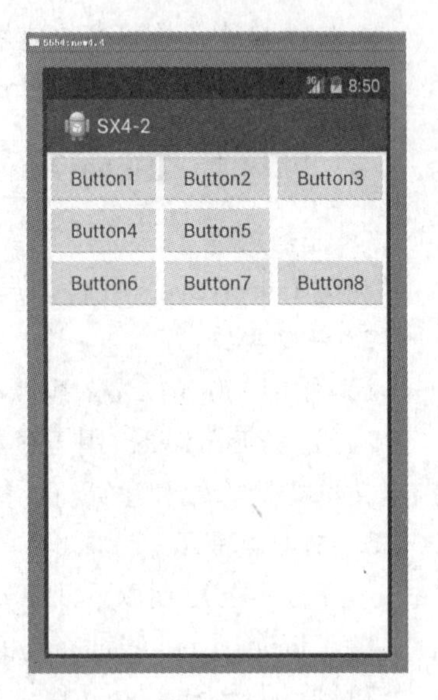

图 4-7 题目 2 测试结果

1. 任务描述

利用 RelativeLayout 相对布局及 Button 控件设计界面。

2. 任务要求

1）使用 RelativeLayout 相对布局设计整体界面。

2）通过相对布局具体参数设置 Button 控件位置。

3. 知识点提示

本任务主要用到以下几个知识点。

1）RelativeLayout 相对布局的定义和用法。

2）Button 控件的定义和用法。

4. 操作步骤提示

实现方式不限，在此简单提示一下操作步骤。

1）创建 Android 工程项目：SX4－3。

2）根据最终设计界面样式确定 RelativeLayout 相对布局的具体参数值。

3）定义 Button 并设置 Button 的相对位置参数实现最终效果。

4）运行工程并测试结果，运行结果如图 4-8 所示。

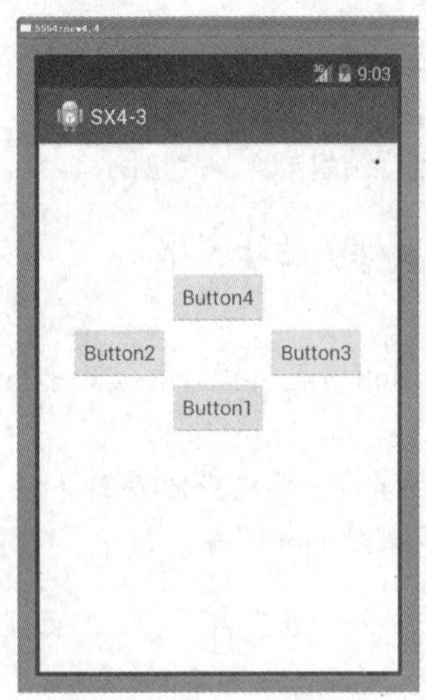

图 4-8 题目 3 测试结果

本章小结

本章针对 Android 系统常用的界面布局进行了详细介绍，并为每种布局都列举了一个相关的实例，通过实例代码加深对各个布局功能的认识。本章介绍的界面布局中，线性布局是按照水平或垂直顺序将子元素依次按序排列；表格布局则适用于多行多列的布局格式；相对布局是按照子元素之间的位置关系完成布局；绝对布局使用绝对坐标为所有子元素设定位置；框架布局将所有子元素放在整个界面的左上角，后面的子元素直接覆盖前面的子元素。在设计界面时，应根据实际需求灵活运用这些布局来完成 Android 开发设计。

课后练习

一、选择题

1. 在一个相对布局中，如何使一个控件居中？（　　）

A. android:gravity = "center"　　B. android:layout_gravity = "center"

C. android:layout_centerInParent = "true"　　D. android:scaleType = "center"

2. 如果将一个 TextView 的 android:layout_height 属性值设置为 wrap_content，那么该组件将是以下哪种显示效果？（　　）

A. 该文本域的宽度将填充父容器宽度

B. 该文本域的宽度仅占据该组件的实际宽度

C. 该文本域的高度将填充父容器高度

D. 该文本域的高度仅占据该组件的实际高度

3. 关于 Android 布局文件常用的长度/大小单位的描述，不正确的是（　　）。

A. dp 是设备独立像素，不依赖于设备，是最常用的长度单位

B. sp 代表放大像素，主要用于字体大小的显示

C. px 是像素单位，在不同的设备上显示效果相同，因此推荐在布局中使用该单位

D. 在设置空间长度等相对距离时，推荐使用 dp 单位，该单位随设备密度的变化而变化

4. 下列不属于 Android 布局的是（　　）。

A. FrameLayout　　B. LinearLayout　　C. BorderLayout　　D. TableLayout

5. 下列哪个是 AbsoluteLayout 中特有的属性？（　　）

A. android:layout_height　　B. android:layout:x

C. android:layout_above　　D. android:layout_toRightOf

二、填空题

1. 定义 LinearLayout 水平方向布局时至少设置的三个属性为：________，________和________。

2. layout 布局文件的命名不能出现字母________。

3. 定义一个布局文件，需要重叠显示多个界面控件时，一般会使用________布局配置方式。

4. 在 Android 中，android:layout_centerInParent 表示________。

5. 在 Android 布局文件中，android:layout_alignParentRight 表示________。

三、编程题

1. 使用 LinearLayout 布局方式实现如图 4-9 所示的页面。

2. 使用 FrameLayout 布局方式实现如图 4-10 所示的页面。

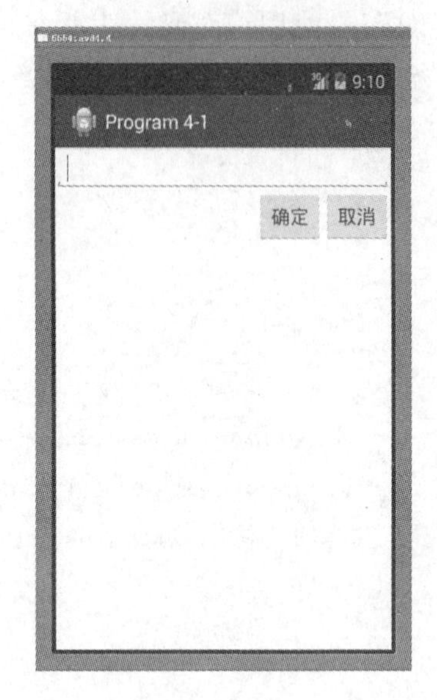

图 4-9　编程题 1

图 4-10　编程题 2

第 5 章　Android 基本控件

如果将 Android 系统比作是一个企业的话，那么控件（Widget）无疑是这个企业最大的资产，大多数与控件相关的接口和类都在 android. widget 包中，几乎所有的 Android 程序都会或多或少地涉及控件技术。为了使读者尽可能地了解控件的使用方法，本章将全面阐述 Android SDK 中的各种控件，并穿插给出大量的精彩实例，以使读者更深入地了解不同的控件在 Android 应用中所起的作用。

5.1　文本控件

5.1.1　文本控件（TextView）

对于用户来说，TextView 是屏幕中一块用于显示文本的区域，它属于 android. Widget 包，并且继承 android. view. View 类。从层次关系上来说，TextView 类继承了 View 类的方法和属性，同时又是 Button、CheckedTextView、Chronometer、DigitaClock 及 EditText 的父类。TextView 类的层次关系如下。

```
01.    java. lang. Object
02.    android. view. View
03.    android. widget. TextView
```

TextView 提供了用于控制文本显示的方法，如表 5-1 所示。

表 5-1　开发系统所需参数

方　法	功能描述	返回值
TextView	TextView 的构造方法	null
getDefaultMovementMethod	获取默认的箭头按键移动方式	MovementMethod
getText	取得 TextView 对象的文本	CharSequence
length	获取 TextView 中文本的长度	int
getEditableText	取得文本的可编辑对象，通过这个对象可对 TextView 的文本进行操作，如在光标之后插入字符	Android. text. Editable
getCompoundPaddingBottom	返回 TextView 的底部填充物	int
setCompoundDrawables	设置 Drawable 图像显示的位置，在设置该 Drawable 资源之前需要调用 setBound(Rect)	void
setCompoundDrawablesWithIntrinsicBounds	设置 Drawable 图像显示的位置，但其边界不变	void
getAutoLinkMask	返回自动链接的掩码	int

（续）

方　法	功能描述	返回值
setTextColor	设置文本显示的颜色	void
setHighlightColor	设置选中时文本显示的颜色	void
setShadowLayer	设置文本显示的阴影颜色	void
getFreezesText	设置该视图是否包含整个文本，如果包含则返回真，否则返回假	Boolean

使用 TextView 类时，必须导入其所在的包路径，即 android. widget. TextView。TextView 定义了文本框操作的基本方法，它是一个不可编辑的文本框，往往用来在屏幕中显示静态字符串，功能类似于 Java 语言中 swing 包的 JLabel 组件。下面通过一个具体的实例来说明 TextView 的基本用法。

【例 5-1】 TextView 示例。

```
01.  import android.app.Activity;
02.  import android.os.Bundle;
03.  import android.widget.TextView;
04.  public class Example_51 extends Activity{
05.      public void onCreate(Bundle savedInstanceState){
06.          TextView myTextView;//声明一个 TextView 的对象
07.          String str = "Welcome to Android World!";//定义 TextView 中显示的字符串
08.          super.onCreate(savedInstanceState);
09.          setContentView(R.layout.main);
10.          myTextView = (TextView)this.findViewById(R.id.myTextViewID);
11.          myTextView.setText(str);
12.      }
13.  }
```

【代码说明】

- 第 05 行代码中的 onCreate( )方法是用 Bundle 对象作为参数，Bundle 类用于在不同的 Activity 之间传递参数，通常需要结合 Intent 类来实现不同 Activity 之间的交互。TextView 类包含了用户控制和显示文本框视图的操作方法，需要导入该类才能在 Android 中显示文本框视图。
- 第 08 行代码通过 super 关键字调用了父类的同名方法。在这里，super 关键字不能省略，否则程序会默认调用 HelloAndroid 类的 onCreate( )方法。虽然可以成功编译省略了 super 关键字的 Android 应用程序，但是在 Android 模拟器中执行该应用程序时会出现“应用异常终止”错误。
- onCreate( )方法接着在第 09 行代码调用了 setContentView( )方法。这个方法制定了 Activity 的界面布局，这个布局是在 R. layout. main 中定义的。如果不制定布局，执行之后会生成一个空白的屏幕。
- 随后 onCreate( )方法在第 10 行代码调用了 findViewById( )方法，这个方法是重载父类的方法。这个方法的作用是加载 XML 文件中定义的 TextView。findViewById( )方法的参数是一个 Widget 类的句柄，这个句柄可用来唯一标识一个 Widget 对象。可以不通过在布局中添加 Widget 组件并且调用 setContentView( ) 加载 TextView 组件。这个方法并不是加载 TextView 组件必须调用的，只有需要修改在 XML 中定义的 TextView 组件属性时（例如本例需要重新设置文本框视图中显示的字符串），findViewById( ) 才需要被调用。通过 findViewById( ) 返回的句柄来修改组件的属性。

- 最后，第 11 行代码调用 TextView 的 setText( ) 方法重新设置 myTextViewID 组件显示的字符串。

R. layout. main 定义了本程序所显示的界面布局，而这个布局实际上是一个 XML 文件，这个文件是 res/layout/main. xml 文件。main. xml 定义布局的代码如下。

```
01.    <?xml version = "1.0"  encoding = "utf - 8"?>
02.    <LinearLayout xmlns:android = http://schemas.android.com/apk/res/android
03.        android:orientation = "vertical"  android:layout_width = "fill_parent"
04.        android:layout_height = "fill_parent" >
05.    <TextView android:id = "@ + id/myTextViewID"  android:layout_width = "fill_parent"
06.        android:layout_height = "wrap_content"  android:text = "@string/hello"  />
07.    </LinearLayout>
```

main. xml 包含了一个 LinearLayout 标签，这个标签定义了整个程序显示的布局。在 LinearLayout 布局中，android:orientation 用于定义布局中子元素的排列方式，布局包含两种排列方式：vertical（垂直排列）和 horizontal（水平排列）。因此，在这个布局中，vertical 声明此布局中的子元素要竖直排列。这样，如果在这个布局中有两个子元素的话，那么这两个子元素将各占一行，如果将这个值设置为 horizontal，就变成了水平排列，那么两个子元素将各占一列。

android:layout_width 和 android:layout_height 分别定义了元素布局的宽度和高度，可以通过 3 种方式来指定宽度和高度：fill_parent（宽度占整行）和 wrap_content（宽度随组件本身的内容调整），通过指定 px 值来设置宽度。

LinearLayout 标签包含一个 TextView 的子标签，这个标签定义了一个 TextView 的对象。程序会根据这个标签的定义加载一个文本框。android:text 属性表示 TextView 组件显示的内容，该属性的属性值“@string/hello”表示引用 res/values 目录的 strings. xml 文件中 name 为“hello”的字符串。在 string. xml 中，“hello”字符串定义如下。

```
<string name = "hello" >Welcome you!  </string>
```

TextView 标签提供了用于设置 TextView 的属性，如表 5-2 所示。

表 5-2　TextView 标签的属性

属　性	描　述
android:autoLink	设置是否当文本为 URL 链接、E - mail 或电话号码等时，文本显示为可单击的链接。可选值有 none、web、email、phone、map、all
android:capitalize	设置英文字母大写类型。此处无效果，需要弹出输入法才能看到
android:cursorVisible	设定光标为显示或隐藏。默认显示
android:digits	设置允许输入哪些字符。如“1234567890. +1 * /% \n( )”

（续）

属　性	描　述
android:drawableBottom	在 text 的下方输出一个 drawable 对象，如图片。如果指定一个颜色的话，会把 text 的背景设置为该颜色，同时与 background 使用时覆盖后者
android:drawableLeft	在 text 的左边输出一个 drawable 对象，如图片
android:drawablePadding	设置 text 与 drawable（图片）的间隔，与 drawableLeft、drawableRight、drawableTop 或 drawableBottom 一起使用，可设置为负数，单独使用没有效果
android:drawableRight	在 text 的右边输出一个 drawable 对象，如图片
android:inputType	设置文本的类型，用于帮助输入法显示合适的键盘类型

程序设计完成后，运行该 Android 程序，Android 屏幕上没有显示 TextView 标签定义的“Welcome you!”而显示“Welcome to Android World!”。这是因为在【例 5-1】中，程序通过句柄重新设置了对象的显示属性。【例 5-1】的运行结果如图 5-1 所示。

图 5-1　TextView 中显示的字符串

5.1.2　编辑框（EditText）

EditText 与 TextView 的功能基本类似，它们之间的主要区别是 EditText 提供了可编辑的文本框。本节将介绍 EditText 类的主要方法及属性，并通过实例让读者了解使用 EditText 创建 UI 界面的方法。EditText 类是 TextView 的子类，同时 EditText 类又派生出两个子类：AutoCompleteTextView 和 ExtractEditText。EditText 类的层次关系如下。

```
01.    java. lang. Object
02.    android. view. View
03.    android. widget. TextView
04.    android. widget. EditText
```

EditText 是用户与系统之间的文本输入接口，用户通过这个组件可以把数据传给 Android 系统，然后得到想要的数据。EditText 提供了许多用于设置和控制文本框功能的方法。下面列举 EditText 定义的方法。

```
01.    EditText(Context context)
02.    EditText(Context context,AttributeSet attrs)
03.    EditText(Context context,AttributeSet attrs,int defStyle)//构造函数
04.    void selectAll() //public 类型方法
05.    void setSelection(int index) //public 类型方法
06.    void setSelection(int start,int stop) //public 类型方法
07.    boolean getDefaultEditable()//protected 类型方法
```

除了自身定义的方法之外，表 5-3 中还列举了 EditText 类其他常用的方法。

表 5-3　EditText 类常用的方法

方　法	功能描述	返回值
setImeOptions	设置软键盘的〈Enter〉键	void
getDefaultEditable	获取是否默认可编辑	boolean
setEllipsize	设置当文字过长时空间显示的方式	void
setFreezesText	设置保存文本内容及光标位置	void
getFreezesText	获取保存文本内容及光标位置	boolean
setGravity	设置文本框在布局中的位置	void
getGravity	获取文本框在布局中的位置	int
setHint	设置文本框为空时，文本框默认显示的字符串	void
getHint	获取文本框为空时，文本框默认显示的字符串	CharSequence
getIncludeFontPadding	设置文本框是否包含底部和顶端的额外空白	void
setMarqueeRepeatLimit	在 ellipsize 指定 marquee 的情况下，设置重复滚动的次数，当设置为 marquee_forever 时，表示无限次	void

EditText 提供了可编辑的文本框功能，下面通过一个具体的实例来说明 EditText 的基本用法。

【例 5-2】 EditText 示例。

```
01. import android. app. Activity;
02. import android. os. Bundle;
03. import android. widget. OnEditorActionListener;//提供编辑事件监听接口
04. import android. view. KeyEvent;//键盘事件包
05. import android. widget. EditText;//导入可编辑文本框类
06. import android. widget. TextView;//导入不可编辑文本框类
07. public class Example_52 extends Activity{
08.     public void onCreate(Bundle savedInstanceState){
09.         super. onCreate(savedInstanceState);
10.         setContentView(R. layout. main);//设置界面布局
11.         EditText ET_phone = (EditText)findViewById(R. id. ET_phonenumber);
12.         EditText ET_password = (EditText)findViewById(R. id. ET_password);
13.         Final TextView text = (TextView)findViewById(R. id. myTextView);
14.         ET_phone. setOnEditorActionListener(new OnEditorActionListener(){
15.             public boolean onEditorAction(TextView v,int actionId,KeyEvent event){
16.                 text. setText("Editing ET_phonenumber");
17.                 return false;
18.             }
19.         });
20.         ET_password. setOnEditorActionListener(new OnEditorActionListener(){
21.             public boolean onEditorAction(TextView v,int actionId,KeyEvent event){
22.                 text. setText("Editing ET_password");
23.                 return false;
24.             }
25.         });
26.     }
27. }
```

【代码说明】

- 【例 5-2】实现两个 EditText(ET_password 和 ET_phone)的编辑事件监听。当编辑相应的文本框时，编辑事件处理方法 onEditorAction 就会被调用。这两个文本框在 XML 中的定义如下。

```
01.   <TextView android:id = "@ + id/myTextView" android:layout_width = "fill_parent"
02.       android:layout_height = "wrap_content" />
03.   <EditText android:id = "@ + id/ET_phonenumber" android:layout_width = "fill_parent"
04.       android:layout_height = "wrap_content" android:maxLength = "40"
05.       android:textColorHint = "#FF000000" android:phoneNumber = "true"
06.       android:imeOptions = "actionGo" android:inputType = "date"/>
07.   <EditText android:id = "@ + id/ET_password" android:layout_width = "fill_parent"
08.       android:layout_height = "wrap_content" android:maxLength = "40"
09.       android:hint = "Please enter your password" android:password = "true"
10.   android:textColorHint = "#FF000000" android:imeOptions = "actionSearch"/>
```

- 上述 XML 代码定义了两个 EditText:ET_password 和 ET_phonenumber，通过属性设置了这两个文本框的功能。这两个编辑框实现了一个简单的手机用户登录界面。其中 ET_password 编辑框可作为密码输入框，而 ET_phonenumber 可作为电话号码输入框。
- 本例中使用的 EditText 属性有：phoneNumber（用于设置编辑框是否只接受数字）、imeOptions（用于设置键盘的〈Enter〉键图标）和 inputType（用于设置编辑文本框对应的虚拟键盘）。

除了 phoneNumber、imeOptions 和 inputType 之外，EditText 标签还包含其他属性，如表 5-4 所示。

表 5-4　EditText 标签的其他属性

属　性	描　述
android:editable	设置文本框是否可编辑，可选值为 true 和 false
android:freezesText	设置保存文本的内容及光标的位置
android:imeOptions	设置〈Enter〉键的图标，可选值为 normal、actionUnspecified、actionNone、actionGo、actionSearch、actionSend、actionNext、actionDone、flagNoExtractUi、flagNoAccessoryAction 和 flagNoEnterAction
android:imeActionId	设置 IME 动作标识，该标识在 onEditorAction 中捕获
android:imeActionLabel	设置 IME 动作标签
android:includeFontPadding	设置顶部和底部额外空白是否包含有文本，可选值为 true 和 false
android:lineSpacingExtra	行间距设置，可选值为数字
android:lineSpacingMultiplier	行间距的倍数，可选值为数字

两个文本框构成了一个简单的用户登录界面。其中一个文本框接收数字输入，不显示非数字字符；另外一个文本框接收密码输入，输入的字符被显示成一个点。启动该 Android 程序，程序运行结果如图 5-2 所示。

图 5-2　EditText 实例运行结果

5.2　按钮控件

5.2.1　普通按钮（Button）

Button 类提供了控制按钮的功能，本节将介绍 Button 类的主要方法及属性，并通过实例介绍 Button 类的用法。Button 类属于 android. Widget 包并且继承 android. widget. TextView 类。从层次关系上来说，Button 类继承了 TextView 类的方法和属性，同时又是 CompoundButton、CheckBox、RadioButton 及 ToggleButton 的父类。

Button 类提供了操纵控制按钮的方法和属性。事实上除了构造函数之外，Button 类没有自己定义的方法，主要通过继承父类的方法实现对按钮组件的操作。表 5-5 列举了 Button 类的常用方法。

表 5-5　**Button 类的常用方法**

方　法	功能描述	返回值
Button	Button 的构造方法	null
onKeyDown	当用户按键时，该方法被调用。通过指定按键值及按键对象，当相应事件发生时（按键）该方法被调用	boolean
onKeyUp	当用户按键弹起后，该方法被调用。通过指定按键值及按键对象，当相应事件发生时（按键弹起）该方法被调用	boolean
onKeyLongPress	当用户保持按键时，该方法被调用。通过指定按键值、按键次数及按键对象，当相应事件发生时（保持按键）该方法被调用	boolean

（续）

方　法	功能描述	返回值
onKeyMultiple	当用户多次按键时，该方法被调用。通过指定按键值及按键对象，当相应事件发生时（多次按键）该方法被调用	boolean
invalidateDrawable	刷新 Drawable 对象。执行该方法将会设置 view 为无效，最终导致 onDraw 方法被重新调用	void
scheduleDrawable	定义动画方案的下一帧	void
unscheduleDrawable	取消 scheduleDrawable 定义的动画方案	void
setOnKeyListener	设置按键监听	void

默认情况下，Button 使用 Android 系统提供的默认背景。因此在不同平台或者设备上，Button 显示的风格也不相同。Android 支持修改 Button 默认的显示风格，可通过 Drawable 状态列表替换默认背景。下面通过一个具体实例来说明 Button 类的基本用法。

【例 5-3】 Button 示例。

```
01.  public class Example_54 extends Activity implements OnClickListener{
02.      TextView textview;
03.      Resources resource;
04.      final Button button1 = (Button)findViewById(R.id.myButton1);
05.      final Button button2 = (Button)findViewById(R.id.myButton2);
06.      final Button button3 = (Button)findViewById(R.id.myButton3);
07.      final Button button4 = (Button)findViewById(R.id.myButton4);
08.      final Drawable red_Drawable = resource.getDrawable(R.drawable.RED);
09.      final Drawable blue_Drawable = resource.getDrawable(R.drawable.BLUE);
10.      final Drawable yellow_Drawable = resource.getDrawable(R.drawable.YELLOW);
11.      final Drawable green_Drawable = resource.getDrawable(R.drawable.GREEN);
12.      public void onCreate(Bundle savedInstanceState){
13.          super.onCreate(savedInstanceState);
14.          setContent View(R.layout.main);
15.          textview = (TextView)findViewById(R.id.myTextView);
16.          resource = this.getBaseContext().getResource();
17.          button1.setOnClickListener(new View.OnClickListener(){
18.              public void onClick(View v){
19.                  String str = "You have clicked" + button1.getText().toString();
20.                  Textview.setText(str);
21.                  if(textview.getBackground()!  = red_Drawable)
22.                      textview.setBackgroundDrawable(red_Drawable);
23.              }
24.          });//实现 button1 的单击监听方法
25.          button2.setOnClickListener(listener);
26.          button3.setOnClickListener(this);
27.      }
28.      OnClickListener listener = new OnClickListener(){
29.          public void onClick(View v){
30.              String str = "You have clicked " + button2.getText().toString();
31.              textview.setText(str);
```

```
32.                 if (textview. getBackground( ) ! = blue_Drawable)
33.                     textview. setBackgroundDrawable(blue_Drawable);
34.         }
35.     };//实现 button2 的单击监听方法
36.     public void onClick(View v) {
37.             String str = "You have clicked " + button3. getText( ). toString( );
38.             textview. setText(str);
39.             if (textview. getBackground( ) ! = yellow_Drawable)
40.                 textview. setBackgroundColor(Color. YELLOW);
41.     }//实现 button3 的单击监听方法
42.     public void onButtonClick(View v) {
43.             String str = "You have clicked " + button4. getText( ). toString( );
44.             textview. setText(str);
45.             if (textview. getBackground( ) ! = green_Drawable)
46.                 textview. setBackgroundColor(Color. GREEN);
47.     }//实现 button4 的单击监听方法
48. }
```

【代码说明】

- 本例首先在第 04 ～ 12 行代码通过 XML 文件创建 Button 控件和 Drawable 颜色对象，然后在代码中注册 Button 控件单击事件监听，当单击 Button 控件时，该方法通过 Drawable 对象改变 TextView 的背景颜色。Drawable 类提供了引用 XML 文件中定义的 Drawable 资源的方法，Resources 包提供了处理 Drawable 对象的方法，如第 08 行代码 final Drawable red_Drawable = resource. getDrawable(R. drawable. RED)。
- 本例采用 4 种方式实现了 Button 控件的单击事件，分别如下。
  - button1 采用的是匿名内部类方式，在第 17 ～ 24 行通过实现一个 OnClickListener 匿名内部类实现控件单击事件。
  - button2 采用的是独立类方式，在第 28 ～ 35 行首先在 onCreate( )方法外实现接口，最后使用第 25 行语句“button2. setOnClickListener(listener);”与 button2 控件绑定。
  - button3 采用的是接口方式，在第 01 行当前 Activity 实现 OnClickListener 接口，接着在第 36 ～ 41 行实现 onClick 接口方法，最后在第 26 行绑定到 button3 上。
  - button4 采用的是指定 buttononClick 属性方式，首先需要在 layout 文件中指定 button 的 onClick 属性，比如本例的 onButtonClick 方法，之后在 Activity 的第 42 ～ 47 行实现这个方法。
- 本例使用 Android 自定义的颜色设置 TextView 的背景。Android 有两种使用颜色的方法：Color 类（定义了常见的 12 种颜色常量，如表 5-6 所示）和 Drawable 标签（通过指定颜色的值生成颜色常量，从而可以获得任意颜色）。为了比较上述两种用法，下面对 Button 控件和 TextView 的事件监听方法分别采用了不同的颜色设置方式。前者通过 Drawable 对象设置背景颜色，后者通过 Color 类提供的颜色常量设置背景颜色。Drawable 颜色的 XML 定义如下。

```
01. <resources>
02.     <drawable name = "BLUE" >#FF0000FF</drawable>
```

```
03.        <drawable name = "BLACK" >#FF000000 </drawable>
04.        <drawable name = "RED" >#FFFF0000 </drawable>
05.        <drawable name = "YELLOW" >#FFFFFF00 </drawable>
06.        <drawable name = "WHITE" >#FFFFFFFF </drawable>
07.        <drawable name = "GREEN" >#FF00FF00 </drawable>
08.    </resources>
```

表 5-6　Color 类定义的颜色

名　称	整 型 值	十六进制	颜　色
BLACK	-16777216	0xff000000	黑
DKGRAY	-12303292	0xff444444	暗灰
GRAY	-7829368	0xFF888888	灰
LTGRAY	-3355444	0xFFCCCCCC	亮灰
WHITE	-1	0xFFFFFFFF	白
RED	-65536	0xFFFF0000	红
GREEN	-16711936	0xFF00FF00	绿
BLUE	-16776961	0xFF0000FF	蓝
YELLOW	-256	0xFFFFFF00	黄
CYAN	-16711681	0xFF00FFFF	蓝绿
MAGENTA	-65281	0xFFFF00FF	品红
TRANSPARENT	0	0x00000000	透明

- 这些 Drawable 对象可以通过“R. drawable. <名字>”引用，例如 R. drawable. BLUE 代表 drawable 标签中定义的 BLUE 所指定的颜色，其值为#FF0000FF。

【例 5-4】通过 XML 生成包含了 4 个 Button 的用户界面，该用户界面的 XML 定义如下。

```
01.    <TextView android:id = "@ id/myTextView"  android:layout_width = "fill_parent"
02.        android:layout_height = "wrap_content"  android:text = "@ string/hello"
03.        android:layout_gravity = "top"  android:background = "@ drawable/WHITE" />
04.    <Button android:id = "@ id/myButton1"  android:layout_width = "wrap_content"
05.        android:layout_height = "wrap_content"  android:text = "@ string/myButtonText1"
06.        android:layout_gravity = "center"  android:layout_weight = "1"  />
07.    <Button android:id = "@ id/myButton2"  android:layout_width = "wrap_content"
08.        android:layout_height = "wrap_content"  android:text = "@ string/myButtonText2"
09.        android:layout_gravity = "center"  android:layout_weight = "1"  />
10.    <Button android:id = "@ id/myButton3"  android:layout_width = "wrap_content"
11.        android:layout_height = "wrap_content"  android:text = "@ string/myButtonText3"
12.        android:layout_gravity = "bottom"  android:layout_weight = "1"  />
13.    <Button android:id = "@ id/myButton4"  android:layout_width = "wrap_content"
14.        android:layout_height = "wrap_content"  android:text = "@ string/myButtonText4"
15.        android:layout_gravity = "bottom"  android:layout_weight = "1"
16.        android:onClick = "onButtonClick"  />
```

● 界面中包含4个Button控件及1个TextView控件。在布局定义中，使用了layout_gravity和layout_weight两个属性。
● Button标签提供了许多用于设置控制按钮的属性，表5-7列举了常用的Button标签属性。

表5-7　Button标签的属性

属　　性	描　　述
android :layout_height	设置控件高度。可选值为fill_parent、wrap_content和px
android:layout_width	设置控件宽度。可选值为fill_parent、wrap_content和px
android:text	设置控件名称。可选值为任意字符串
android:layout_gravity	设置控件在布局中的位置。可选值为top、bottom、left、right、center_vertical、fill_vertical、fill_horizontal、center、fill和clip_vertical
android:layout_weight	设置控件在布局中的比重。可选值为任意数字，如“3”
android:hint	设置文本为空时显示的字符。可选值为任意字符串，如“请单击按钮”
android:textColorHighlight	设置文本被选中时，高亮显示的颜色。可选值为任意颜色值，如0Xffffffff
android:inputType	设置文本的类型，用于帮助输入法显示合适的键盘类型。可选值为none、text、textCapCharacters、textWords和textCapSentences等

本例实现了通过4个Button控件控制TextView显示不同背景颜色的功能。运行该Android程序后，TextView的背景颜色为白色，4个按钮按照定义的位置（layout_gravity）和比例（layout_weight）在布局中显示。程序启动后，界面如图5-3所示。

在单击“Red button”按钮时，Red button的单击事件监听方法被调用。该方法设置TextView的背景颜色为红色。单击“Red button”按钮后，程序运行结果如图5-4所示。

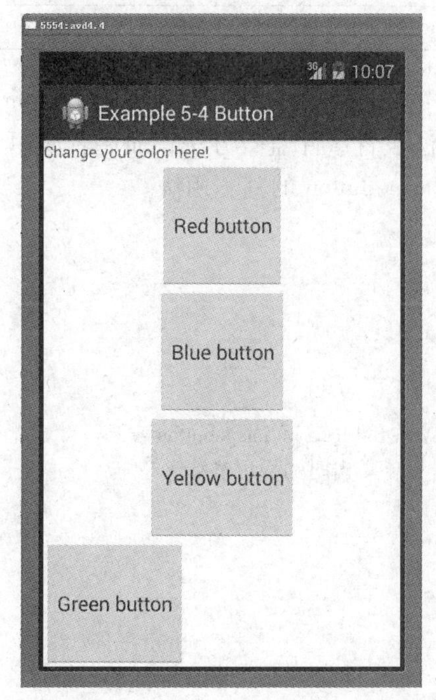

图5-3　【例5-4】启动时的界面

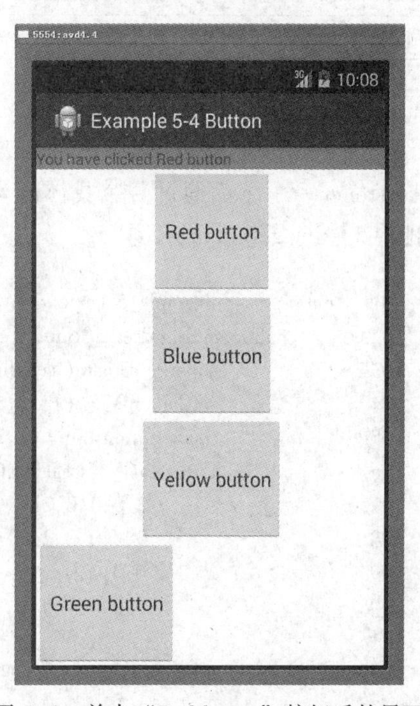

图5-4　单击“Red button”按钮后的界面

5.2.2 图片按钮（ImageButton）

ImageButton 与 Button 功能基本类似，主要区别是 ImageButton 可通过图像表示按钮的外观。ImageButton 显示一个可以被用户单击的图片按钮，默认情况下，ImageButton 看起来像一个普通的按钮。可通过 android:src 属性或 setImageResource( )方法指定 ImageButton 显示的图片。本节将介绍 ImageButton 类的主要方法及属性，并通过实例介绍 ImageButton 类的用法。ImageButton 类属于 android. Widget 包，并且继承 android. widget. ImageView 类。ImageButton 主要通过继承父类的方法提供对图片按钮控件的操作。表 5-8 描述了 ImageButton 常用的方法。

表 5-8　ImageButton 常用的方法

方　法	功能描述	返回值
ImageButton	ImageButton 类的构造方法	null
setAdjustViewBounds	设置是否保持高宽比。需要结合 maxWidth 和 maxHeight 一起使用	Boolean
getDrawable	获取 Drawable 对象。若获取成功，则返回 Drawable 对象，否则返回 null	Drawable
getScaleType	获取视图的填充方式	ScaleType
setScaleType	设置视图的填充方式。Android 提供了包括矩阵、拉伸等 7 种填充方式	void
setAlpha	设置图片透明度。透明值范围为 0～255，其中 0 为完全透明，255 为完全不透明	void
setMaxHeight	设置按钮控件的最大高度	void
setMaxWidth	设置按钮控件的最大宽度	void
setOnTouchListener	设置 ImageButton 单击事件监听	Boolean
setColorFilter	设置颜色过滤。需要指定颜色过滤矩阵	void

ImageButton 提供了图片按钮的功能，ImageButton 的单击事件监听方法不同于 Button 的单击事件监听方法。前者使用 setOnTouchListener( )方法设置事件监听方法，而后者使用 setOnClickListener( )。下面通过一个具体的实例来说明 ImageButton 的基本用法。

【例 5-5】ImageButton 示例。

```
01.  public class Example_55 extends Activity{
02.      public void onCreate(Bundle savedInstanceState){
03.          super. onCreate(savedInstanceState);
04.          setContentView(R. layout. main);
05.          ImageButton btn = (ImageButton)findViewById(R. id. imagebutton);
06.          Final float[ ] CLICKED = new float[ ]{/ * 单击时的颜色过滤 * /
07.              2,0,0,0,2,
08.              0,2,0,0,2,
09.              0,0,2,0,2,
10.              0,0,0,1,0
11.          };
12.          Final float[ ] CLICKED_OVER = new float[ ]{/ * 单击结束时的颜色过滤 * /
13.              1,0,0,0,0,
```

```
14.                     0,1,0,0,0,
15.                     0,0,1,0,0,
16.                     0,0,0,1,0
17.             };
18.             btn.setBackgroundResource(R.drawable.touch_up);
19.             btn.setOnTouchListener(new ImageButton.OnTouchListener(){
20.                     @Override
21.                     public boolean onTouch(View view,MotionEvent event){
22.                             if(event.getAction()==MotionEvent.ACTION_DOWN){
23.                                     view.setBackgroundResource(R.drawable.touch_down);
24.                                     view.getBackground().setColorFilter(new
                                ColorMatrixColorFilter(CLICKED));
25.                                     view.setBackgroundDrawable(view.getBackground());
26.                             }/*当单击时,设置背景颜色为CLICKED的过滤颜色*/
27.                             else if(event.getAction()==MotionEvent.ACTION_UP){
28.                                     view.setBackgroundResource(R.drawable.touch_up);
29.                                     view.getBackground().setColorFilter(new
                                ColorMatrixColorFilter(CLICKED_OVER));
30.                             view.setBackgroundDrawable(view.getBackground());
31.                             }
32.                             return false;
33.                     }
34.             });//实现ImageButton的鼠标单击事件监听
35.     }
36. }
```

【例 5-6】通过 XML 创建图片按钮，代码如下。

```
01. <LinearLayout xmlns:android=http://schemas.android.com/apk/res/android
02.     android:orientation="vertical"drawable/img_normal"e="sed="k/res/android"
03.     android:layout_width="fill_parent" android:layout_height="fill_parent">
04.      <ImageButton android:id="@+id/imagebutton" android:layout_gravity="center"
05.         android:layout_width="150px" android:layout_height="150px" />
06. </LinearLayout>
```

【代码说明】

- 【例 5-6】通过 XML 创建了图片按钮，可在不同单击事件下显示不同的图片。可以通过两种方式实现 ImageButton 的单击事件处理：一种是覆盖 setOnTouchListener()方法；另外一种是通过 XML 的 selector 标签实现，代码如下。

```
01. <selector xmlns:android=http://schemas.android.com/apk/res/android>
02.     <item android:state_pressed="true" android:drawable="@drawable/img_pressed" />
03.     <item android:state_focused="true" android:drawable="@drawable/img_focused" />
04.     <item android:drawable="@drawable/img_normal" />
05. </selector>
```

- 保存上面的 XML 文件到 res/drawable 文件夹下（注意文件名的大小写），将文件名作为一个参数设置到 ImageButton 的 android:src 属性。<item>元素的顺序很重要，因为是根据这个顺序判断是否适用于当前按钮状态的，这也是为什么正常（默认）状态指定的图片放在最后，因为它只会在 pressed 和 focused 都判断失败之后才会被采用。例如，按钮被按下时是同时获得焦点的，但是获得焦点并不一定按了按钮，所以这里会按顺序查找，直到找到合适的为止。

- 上述布局定义了一个图片按钮，该图片按钮以居中方式显示，高度和宽度都为 150 像素。除此之外，XML 还提供了其他 ImageButton 属性。表 5-9 列举了 ImageButton 标签的常用属性。

表 5-9 ImageButton 标签的常用属性

属　　性	描　　述
android:adjustViewBounds	设置是否保持宽高比，可选值为 true 和 false
android:cropToPadding	是否截取指定区域用空白代替。单独设置无效果，需要与 scrollY 一起使用。可选值为 true 和 false
android:maxHeight	设置图片按钮的最大高度
android:maxWidth	设置图片按钮的最大宽度
android:src	设置图片按钮的 drawable

至此启动该 Android 程序，ImageButton 在不同单击状态时使用不同的图片作为背景，程序运行结果如图 5-5 所示。图 5-5a 所示为单击时的界面，图 5-5b 所示为单击释放时的界面。

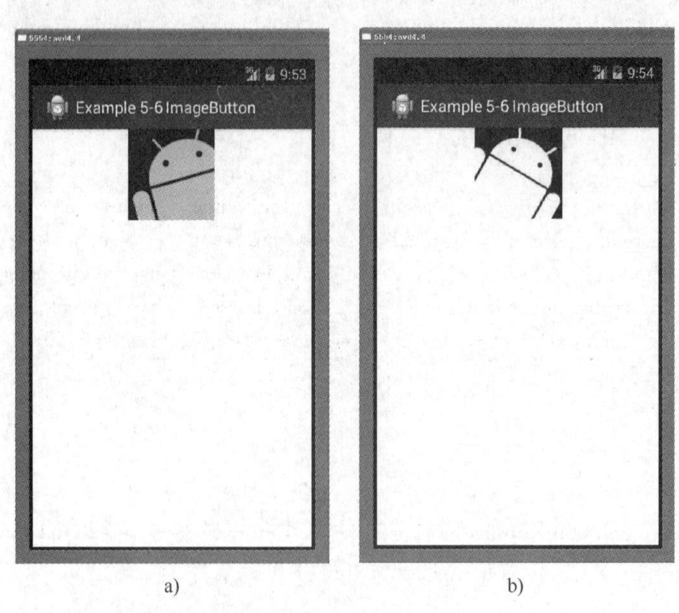

图 5-5　ImageButton 应用实例
a）单击时的界面　b）单击释放时的界面

5.2.3 开关按钮（ToggleButton）

ToggleButton（开关状态按钮控件）与 Button 控件的功能基本相同，但 ToggleButton 控件还提供了可以表示“开/关”状态的功能，这种功能非常类似于复选框（CheckBox）。ToggleButton 控件通过在按钮文字的下方显示一个绿色的指示条来表示“开/关”状态。至于绿色的指示条是表示“开”还是“关”，完全由开发人员自己决定。当指示条在绿色状态时，再次单击按钮，指示条就会变成白色。ToggleButton 控件的基本使用方法与 Button 控件相同，代码如下。

```
<ToggleButton android:layout_width="wrap_content" android:layout_height="wrap_content" />
```

下面通过一个实例来说明 ToggleButton 的基本用法。

【例 5-7】 ToggleButton 示例。

```
01.  public class Example_46 extends Activity{
02.      public void onCreate(Bundle savedInstanceState){
03.          super.onCreate(savedInstanceState);
04.          setContentView(R.layout.main);
05.          ToggleButton toggleButton = (ToggleButton)findViewById(R.id.toggleButton);
06.          toggleButton.setChecked(true);
07.      }
08.  }
```

【代码说明】

- 虽然 ToggleButton 是 Button 的子类，但 android:text 属性并不起作用。在默认情况下，根据 ToggleButton 控件的不同状态，会在按钮上显示“关闭”或“开启”。如果要更改默认的按钮文本，可以使用 android:textOff 和 android:textOn 属性，本例中 XML 定义如下。

```
01.  <?xml version="1.0" encoding="utf-8"?>
02.  <LinearLayout xmlns:android="http://schemas.android.com/apk/res/android"
03.      android:orientation="horizontal" android:layout_width="fill_parent"
04.      android:layout_height="fill_parent">
05.      <ToggleButton android:layout_width="wrap_content"
06.              android:layout_height="wrap_content"/>
07.      <ToggleButton android:id="@+id/toggleButton" android:layout_width="wrap_con-
tent"
08.              android:layout_height="wrap_content" android:layout_marginLeft="30dp"
09.              android:textOff="打开电灯" android:textOn="关闭电灯" />
10.  </LinearLayout>
```

- 默认情况下，按钮上的指示条是白色的，如果要在 XML 布局文件中修改默认状态，可以使用 android:checked 属性，在第 06 行代码中使用 ToggleButton.setChecked 方法。当 checked 属性值或 setChecked 方法的参数值为 true 时，指示条显示为绿色。

本例的显示效果如图 5-6 所示。

图 5-6　ToggleButton 控件

5.3　选择按钮控件

5.3.1　单选控件（RadioButton）

RadioButton 单选按钮也被称为单向选择。单选按钮与复选框类似，表明一个特定的状态是勾选（on，值为 1）还是不勾选（off，值为 0）。与复选框的区别是，复选框状态彼此独立，所以可同时选择任意多个，而多个单选按钮通常结合在一起，之间相互不独立。一组单选按钮有且只能有一个被选中。RadioGroup 类用于创建按钮之间相互排斥的单选按钮组，在同一个单选按钮组中勾选一个按钮，则会取消该组中其他已经勾选的按钮的选中状态。初始状态下，所有的单选按钮都未勾选，虽然不能取消一个特定的单选按钮的勾选状态，但可以通过单选按钮组消除它的勾选状态，根据 XML 布局文件中的单选按钮的唯一 ID 标识指定的选择信息。本节将介绍 RadioGroup 类的主要方法及属性，并通过实例让读者掌握该组件的用法。RadioGroup 类是 LinearLayout 的子类，RadioGroup 类的层次关系如下。

```
01.    android. view. ViewGroup
02.    android. widget. LinearLayout
03.    android. widget. RadioGroup
```

RadioGroup 类提供了用于设置和控制单选按钮组的方法。

表 5-10 列举了 RadioGroup 类的主要方法。

表 5-10　RadioGroup 类常用的方法

方　法	功 能 描 述	返 回 值
addView	根据布局指定的属性添加一个子视图	void
check	当传递 -1 作为指定的选择标识符时，此方法同 clear-Check( )方法的作用等效	void
generalLayoutParams	返回一个新的布局实例，这个实例是根据指定的属性集合生成的	ViewGroup. LayoutParams
setOnCheckedChangeListener	注册单选按钮状态改变监听器，单击按钮时，On-CheckedChange( )方法被调用	void
setOnHierarchyChangeListener	注册层次结构变化监听器（当子内容添加到该视图或者从该视图中移除时）	void
getCheckedRadioButtonId	返回单选按钮组中所选择的单选按钮的表示 ID	int

下面通过一个实例来说明 RadioButton 和 RadioGroup 的基本用法。本例创建了多个 RadioButton 组件，当选择相应的 RadioButton 时，程序会弹出一个 Toast 消息框提示选择状态。

【例 5-8】 RadioGroup 示例。

```
01.  public void onCreate(Bundle savedInstanceState)
02.  {
03.        super. onCreate(savedInstanceState);
04.        setContentView(R. layout. main);//设置程序布局
05.        textview = (TextView)findViewById(R. id. textview);//生成 TextView 对象
06.      RG = (RadioGroup)findViewById(R. id. RG);
07.      RB1 = (RadioButton)findViewById(R. id. RB1);//生成第 1 个单选按钮对象
08.      RB2 = (RadioButton)findViewById(R. id. RB2);//生成第 2 个单选按钮对象
09.      RB3 = (RadioButton)findViewById(R. id. RB3);//生成第 3 个单选按钮对象
10.      RB4 = (RadioButton)findViewById(R. id. RB4);//生成第 4 个单选按钮对象
11.      RB5 = (RadioButton)findViewById(R. id. RB5);//生成第 5 个单选按钮对象
12.      RB6 = (RadioButton)findViewById(R. id. RB6);//生成第 6 个单选按钮对象
13.      RgsetOnCheckedChangeListener(ChangeRadioGroup);
14. }
15. private RadioGroup. OnCheckedChangeListener ChangeRadioGroup = new RadioGroup. OnChecked-
    ChangeListener(){
16.      public void onCheckedChanged(RadioGroup group,int checkedId)
17.          if(checkedId == RB1. getId()&&RB1. isChecked()){
18.              textview. setText(RB1. getText());
19.              Toast. makeText(Example_47. this,RB1. getText() + "被选择",
         Toast. LENGTH_LONG). show();
20.          }/ * 若 RB1 被选中,textview 显示 RB1 的内容:Android * /
21.          elseif(checkedId == RB2. getId()&&RB2. isChecked()){
22.              textview. setText(RB2. getText());
23.              Toast. makeText(Example_47. this,RB2. getText() + "被选择",
         Toast. LENGTH_LONG). show();
24.          }/ * 若 RB2 被选中,textview 显示 RB2 的内容:Symbian * /
25.          elseif(checkedId == RB3. getId()&&RB3. isChecked()){
26.              textview. setText(RB3. getText());
```

```
27.                 Toast.makeText(Example_47.this,RB3.getText() + "被选择",
            Toast.LENGTH_LONG).show();
28.             }/*若 RB3 被选中,textview 显示 RB3 的内容:WinCE */
29.             elseif(checkedId == RB4.getId()&&RB4.isChecked()){
30.                 textview.setText(RB4.getText());
31.                 Toast.makeText(Example_47.this,RB4.getText() + "被选择",
            Toast.LENGTH_LONG).show();
32.             }/*若 RB4 被选中,textview 显示 RB4 的内容:PalmOS */
33.             elseif(checkedId == RB5.getId()&&RB5.isChecked()){
34.                 textview.setText(RB5.getText());
35.                 Toast.makeText(Example_47.this,RB5.getText() + "被选择",
            Toast.LENGTH_LONG).show();
36.             }/*若 RB5 被选中,textview 显示 RB5 的内容:Linux */
37.             elseif(checkedId == RB6.getId()&&RB6.isChecked()){
38.                 textview.setText(RB6.getText());
39.                 Toast.makeText(Example_47.this,RB6.getText() + "被选择",
            Toast.LENGTH_LONG).show();
40.             }/*若 RB6 被选中,textview 显示 RB6 的内容:iPhoneOS */
41. }
```

【代码说明】

- 本例利用 RadioGroup 和 RadioButton 实现了选择手机操作系统的用户界面设计，可通过 XML 定义 RadioGroup 和 RadioButton，之后通过 findViewById( ) 方法加载 RadioGroup 布局。本实例的 RadioGroup 包含 6 个单选按钮，每个单选按钮代表一种操作系统类型。
- RadioGroup 常用的监听器有 setOnHierarchyChangeListener 和 OnCheckedChangeListener 两种，本例通过实现监听单选按钮状态改变事件的 OnCheckedChangeListener 监听器，在触发相应的事件时，调用 onCheckedChanged( ) 方法。onCheckedChanged( ) 方法通过 checkedId 与每个单选按钮进行比较，以判断当前发生状态变化的单选按钮，然后设置 textview 文本视图显示当前被选中的操作系统，并使用 Toast 提示选中的操作系统。
- onCheckedChanged( ) 方法包含两个参数：RadioGroup group（RadioGroup 对象）和 int checkedId（当前发生状态改变的单选按钮的 ID，这个 ID 可唯一标识一个单选按钮）。因此可通过 getId( ) 方法与 checkedId 进行比较，判断当前发生状态变化的单选按钮。

至此，一个选择手机操作系统的 UI 设计就完成了，该 UI 利用 RadioGroup 提供操作系统选择的界面。启动该 Android 程序，运行结果如图 5-7 所示。

然后单击“Linux”单选按钮，程序运行结果如图 5-8 所示。图 5-8 表明当 Android 单选按钮被选中时，文本框视图的内容为该操作系统名称，并且程序弹出一个 Toast 消息提示相应的单选按钮被选中。此时，Toast 消息持续较长一段时间才会消失，这是因为 RadioGroup 的 Toast 对象使用 LENGTH_SHORT 作为持续时间。

图 5-7　程序启动界面

图 5-8　单击“Linux”按钮后的界面

5.3.2　多选控件（CheckBox）

多项选择（CheckBox）组件也被称为复选框，该组件通常用于某选项的打开或关闭。CheckBox 表明一个特定的状态是勾选（on，值为 1）还是不勾选（off，值为 0），在应用程序中为用户提供“真”或“假”选择。复选框状态彼此独立，因此可同时选择任意多个。本节将介绍 CheckBox 类的主要方法及属性，并通过实例让读者掌握该组件的用法。CheckBox 类的层次关系如下。

```
01. android. widget. Button
02. android. widget. CompoundButton
03. android. widget. CheckBox
```

CheckBox 类提供了用于设置和控制复选框的方法。表 5-11 列举了 CheckBox 类的主要方法。

表 5-11　CheckBox 类常用的方法

方　　法	功 能 描 述	返 回 值
isChecked	判断组件状态是否勾选	boolean（True：该组件被勾选/False：该组件未被勾选）
setButtonDrawable	根据 Drawable 对象设置组件的背景	void
setChecked	设置组件的状态。若参数为真，则置组件为选中状态；否则置组件为未选中状态	void
setOnCheckedChangeListener	CheckBox 常用的设置事件监听器的方法。组件状态改变时，该监听器被调用	void
toggle	改变按钮的当前状态	void
onCreateDrawableState	为当前视图生成新的 Drawable 状态	int[ ]

通过选择复选框，可触发复选框状态的改变。复选框会从当前状态变为另一种状态。下

面通过一个实例来讲解 CheckBox 的基本用法。本例创建了多个复选框组件，当选择相应的复选框时，程序会弹出一个 Toast 对话框提示复选框状态。

【**例 5-9**】CheckBox 示例。

```
01. public void onCreate(Bundle savedInstanceState) {
02.     super.onCreate(savedInstanceState);
03.     setContentView(R.layout.main);//设置界面布局
04.     checkbox1 = (CheckBox)findViewById(R.id.CheckBox01);
05.     checkbox2 = (CheckBox)findViewById(R.id.CheckBox02);
06.     checkbox3 = (CheckBox)findViewById(R.id.CheckBox03);
07.     checkbox4 = (CheckBox)findViewById(R.id.CheckBox04);
08.     button = (Button)findViewById(R.id.Submit);
09.     Checkbox1.setOnCheckedChangeListener(new CheckBoxListener());
10.     Checkbox2.setOnCheckedChangeListener(new CheckBoxListener());
11.     Checkbox3.setOnCheckedChangeListener(new CheckBoxListener());
12.     Checkbox4.setOnCheckedChangeListener(new CheckBoxListener());
13.     button.setOnClickListener(OnClickListener)new ButtonClickListener());
14. }
15. class CheckBoxListener implements OnCheckedChangeListener{
16.     public void onCheckedChanged(CompoundButton buttonView,boolean isChecked) {
17.         if(isChecked) {
18.             toast = Toast.makeText(Example_48.this,buttonView.getText() + "被选择",
                Toast.LENGTH_SHORT);
19.             toast.setGravity(Gravity.CENTER,5,5);
20.             toast.show();
21.         }else{
22.             toast = Toast.makeText(Example_48.this,buttonView.getText() + "被选择",
                Toast.LENGTH_SHORT);
23.             toast.setGravity(Gravity.CENTER,5,5);
24.             toast.show();
25.         }
26.     }
27. }
28. class ButtonClickListener implements OnClickListener{
29.     public void onClick(View arg0) {
30.         //TODO Auto-generated method stub
31.         String str = "";
32.         if(checkbox1.isChecked())
33.             str = str + checkbox1.getText();
34.         if(checkbox2.isChecked())
35.             str = str + checkbox2.getText();
36.         if(checkbox3.isChecked())
37.             str = str + checkbox3.getText();
38.         if(checkbox4.isChecked())
39.             str = str + checkbox4.getText();
40.         Toast.makeText(Example_48.this,str + "被选择",Toast.LENGTH_LONG).show();
41.     }
42. }
```

本例利用 CheckBox 实现了情景模式的 UI 设计，提供了 4 种手机情景模式（上班模式、家庭模式、旅游模式和会议模式）。这 4 种模式的 XML 定义如下。

```
01. <string name = "app_name" > CheckBox </string >
02. <string name = "Title" >请选择喜欢的情景模式</string >
03. <string name = "Profile1" >上班模式</string >
04. <string name = "Profile2" >家庭模式</string >
05. <string name = "Profile3" >旅游模式</string >
06. <string name = "Profile4" >会议模式</string >
07. <string name = "Submit" > Submit </string >
```

【代码说明】

- 实例导入相应的类包后，接着调用 OnCreate( )方法加载 Activity 应用。OnCreate( )方法生成 UI 布局，并根据 XML 布局中定义的组件属性生成复选框组件对象。程序通过 id 找到相应的 XML 组件属性，这个 id 是程序编译完成后由系统自动生成的。
- 通过 setOnCheckedChangeListener( )方法注册复选框组件状态改变监听器 OnCheckedChangeListener。OnCheckedChangeListener 默认是一个接口，需要添加相应的处理逻辑到 onCheckedChanged( )方法中，否则除了复选框的状态发生变化之外，复选框不做任何处理。
- onCheckedChanged( )方法使用了 Toast 作为消息提示的方式。通过 makeText( )方法，可设置消息的显示字符串及持续时间。通过 makeText( )方法生成标准 Toast 对象后，Toast 对象通过 setGravity( )方法设置提示信息在屏幕上的显示位置。
- 最后调用 Toast 的 show( )方法将 Toast 对象显示出来。Toast 提供了一种特殊效果的视图组件，该视图以浮于应用程序之上的形式显示。与其他组件不同的是，它不获得焦点，它的目标是尽可能以不显眼的方式，使用户看到程序所提供的信息。

至此，一个情景模式的 UI 设计就完成了，该 UI 利用 CheckBox 提供手机情景模式（上班模式、家庭模式、旅游模式和会议模式）选择的界面。当单击 UI 提供的复选框时，程序弹出一个 Toast 消息提示相应的复选框被选中或未被选中。但在很短的时间之后，Toast 提示框会消失。单击 Submit 时，程序弹出一个 Toast 消息提示用户已经选择的复选框，此时 Toast 消息持续较长一段时间才会消失。这是因为复选框中的 Toast 对象使用 LENGTH_ SHORT 作为持续时间，而按钮中的 Toast 对象使用 LENGTH_ LONG 作为持续时间。启动该 Android 程序，然后选择“家庭模式”复选框，程序会显示“家庭模式被选择”的 Toast 消息。程序运行结果如图 5-9 所示。

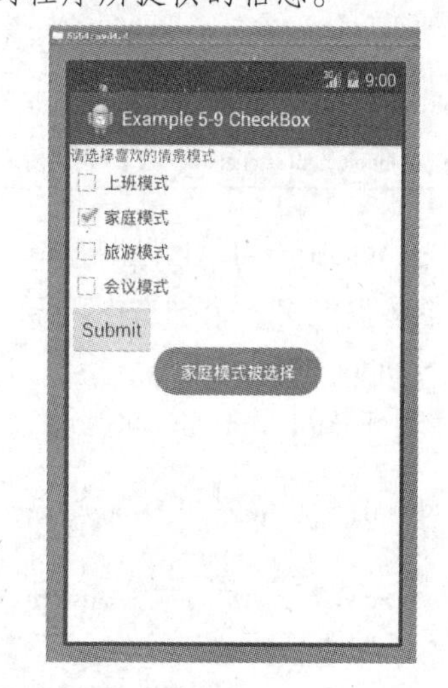

图 5-9　CheckBox 实例运行结果

5.4 下拉列表和选项卡

5.4.1 下拉列表（Spinner）

Spinner 功能类似于 RadioGroup，相比 RadioGroup，Spinner 提供了体验性更强的 UI 设计模式。一个 Spinner 对象包含多个子项，每个子项只有两种状态：选中或者未被选中。Spinner 类是 AbsSpinner 的子类，Spinner 类的层次关系如下。

```
01. android. view. ViewGroup
02. android. widget. AdapterView
03. android. widget. AbsSpinner
04. android. widget. Spinner
```

Spinner 类提供了用于设置和控制下拉列表的方法。表 5-12 列举了 Spinner 类主要的方法。

表 5-12 Spinner 类常用的方法

方法	功能描述	返回值
getBaseline	获取组件文本基线的偏移	int（组件文本基线的偏移量，如果这个控件不支持基线对齐，那么返回 -1）
getPrompt	获取被聚焦时的提示消息	CharSequence
performClick	效果同单击一样，会触发 OnClickListener	Boolean（true：调用指定的 OnClickListener；false：调用指定的 OnClickListener 失败）
setOnItemClickListener	此方法不可用。Spinner 不支持 item 单击事件，调用此方法将引发异常	void
setPromptId	设置对话框弹出时显示的文本	void
setOnItemSelectedListener	设置下拉列表子项被选中监听器	void

Spinner 同 RadioGroup 一样，多个子元素组合成一个 Spinner。多个子元素之间相互影响，最多只能有一个被选中。Spinner 提供了更为丰富的 UI 设计模式。下面通过一个实例来介绍 Spinner 的基本用法。

【例 5-10】Spinner 示例。

```
01. public class Example_59 extends Activity{
02.         public void onCreate(Bundle savedInstanceState) {
03.                 super. onCreate(savedInstanceState);
04.                 setContentView(R. layout. main);//设置布局
05.                 Spinner spinner = (Spinner)findViewById(R. id. spinner);
06.                 ArrayAdapter<?> adapter = ArrayAdapter. createFromResource(this,R. array. color,t,
                    android. R. layout. simple_spinner_item);
07.         Adapter. setDropDownViewResource(android. R. layout. simple_spinner_dropdown_item);
08.                 Spinner. setAdapter(adapter);//通过 setAdapter 读取 ArrayAdapter 中的数据
```

```
09.            OnItemSelectedListener itemSelectedListener = new OnItemSelectedListener() {
10.                public void onItemSelected(AdapterView<?> parent, View view, int position,
                   long id)
11.                {
12.                    Toast.makeText(Example_59.this, "选择的色彩:" +
13.                    parent.getItemAtPosition(position).toString(),
                       Toast.LENGTH_LONG).show();
14.                }
15.                public void onNothingSelected(AdapterView<?> arg0)
16.                {
17.                    Toast.makeText(Example_59.this, "Nothing is selected",
18.                    Toast.LENGTH_LONG).show();
19.                }
20.            };
21.            Spinner.setOnItemSelectedListener(itemSelectedListener);
22.        }
23. }
```

【代码说明】

- 本例利用 Spinner 实现颜色选择的下拉列表。Spinner 通过数组适配器读取 XML 中定义的颜色子元素。这种设计方式被称为适配器模式，适配器模式建议定义一个包装类，包装有不兼容接口的对象。这个包装类指的就是适配器（Adapter），它包装的对象就是适配者（Adaptee）。适配器提供客户类需要的接口，适配器接口的实现是把客户类的请求转化为对适配者的相应接口的调用。因此，适配器能使由于接口不兼容而不能交互的类一起工作。Android 系统主要提供了 3 种适配器，不同适配器对应不同的应用：ArrayAdapter（需要把数据放入一个数组以便显示）、SimpleCursorAdapter（数据库应用有关的适配器）和 SimpleAdapter（可定义包括 ImageView、Button 及 CheckBox 多种布局）。
- createFromResource()方法用于生产适配器。createFromResource 方法包含 3 个参数：context（程序上下文，一般使用 this）、textArrayResId（数组资源 ID）和 textViewResId（文本视图资源 ID）。
- 创建 ArrayAdapter 对象后，可通过第 08 行所示的 setAdapter()来读取 ArrayAdapter 中的数据。
- 最后 Spinner 对象通过第 21 行代码的 setOnItemSelectedListener（itemSelectedListener）方法注册下拉列表子元素选择监听器。ItemSelected 是 Spinner 组件常用的监听事件，当子元素被选择时，该类的 onItemSelected()方法被调用。

至此，完成了颜色选择的下拉列表 UI 设计。该 UI 利用 Spinner 提供下拉列表的界面。启动该 Android 程序，运行结果如图 5-10 所示。单击 Spinner 组件，界面显示一个下拉列表，如图 5-11 所示。

图 5-10　启动界面　　　　图 5-11　下拉列表

5.4.2　选项卡（TabHost）

如果屏幕上需要放置很多控件，可能一屏放不下，除了使用滚动视图的方式外，还可以使用标签控件对屏幕进行分页显示。当单击标签控件的不同标签时，会显示当前标签的内容。在 Android 系统中，每个标签可以显示一个 View 或一个 Activity。

TabHost 是标签控件的核心类，也是标签的集合。每一个标签都是 TabHost. TabSpec 对象。通过 TabHost 类的 addTab 方法可以添加多个 TabHost. TabSpec 对象。如果从布局文件中添加 View，首先需要建立一个布局文件，并且根结点要使用 <FrameLayout> 或 <TabHost> 标签。下面通过一个实例来介绍 TabHost 的基本用法。

【例 5-11】 TabHost 示例。

```
01. public class Example_510 extends TabActivity implements OnClickListener{
02.     public void onClick(View view){
03.         getTabHost().setCurrentTabByTag("tab3");
04.     }
05.     public void onCreate(Bundle savedInstanceState){
06.         super.onCreate(savedInstanceState);
07.         TabHost tabHost = getTabHost();
08.         LayoutInflater.from(this).inflate(R.layout.main,tabHost.getTabContentView(),
            true);
09.         tabHost.addTab(tabHost.newTabSpec("tab1").setIndicator("切换标签
        ").setContent(R.id.button));
10.         tabHost.addTab(tabHost.newTabSpec("tab2").setIndicator("相册",
        getResources().getDrawable(R.drawable.icon1)).setContent(new Intent(this,
        GalleryActivity.class)));
11.         tabHost.addTab(tabHost.newTabSpec("tab3").setIndicator("评分").setContent(new
            Intent(this,RatingListView.class)));
12.         Button button = (Button) findViewById(R.id.button);
13.         button.setOnClickListener(this);
14.     }
15. }
```

【代码说明】

- 在本例中建立了3个标签。在第1个标签中显示了一个View，在View中有两个控件：Button和ImageView。另两个标签分别显示两个Activity。在第09～11行代码中，通过TabHost. newTabSpec方法创建了TabSpecs对象。newTabSpec方法的参数表示标签的字符串标识。也就是说，通过该标识可以获得相应的标签。在单击第1个标签中的按钮后，可以切换到第3个标签。要完成这个功能可以使用标签的索引，也可以使用通过newTabSpec方法设置的标识。切换到第3个标签的代码如第02～04行onClick函数中的语句所示。布局文件的内容如下。

```
01.  <?xml version = "1.0" encoding = "utf-8"?>
02.  <FrameLayout xmlns:android = http://schemas.android.com/apk/res/android
03.      android:layout_width = "fill_parent" android:layout_height = "fill_parent">
04.      <Button android:id = "@ + id/button" android:layout_width = "fill_parent"
05.          android:layout_height = "wrap_content" android:text = "切换到第3个标签"/>
06.  </FrameLayout>
```

运行本节实例后，切换到第2个标签的效果如图5-12所示。

图5-12　切换到第2个标签效果

5.5　视图控件

5.5.1　滚动视图（ScrollView）

ScrollView是Android提供的滚动视图类，用于实现滚动效果。ScrollView可被看成是一种容器，这种容器通过滚动的方式来显示内容。用户可以通过滑动滑块来实现ScrollView界面的滚动，这种功能类似于翻页功能。ScrollView的子元素可以是一个复杂的对象布局管理器，常用的子元素是垂直方向的线性布局。注意，ScrollView 只支持垂直方向的滚动，不支持水平方向的滚动。

ScrollView 类属于 android. Widget 包，并且继承了 android. widget. FrameLayout 类，而 android. widget. FrameLayout 类又继承了 android. widget. ViewGroup 类。ScrollView 类的层次关系如下。

```
01. java. lang. Object
02. android. view. View
03. android. widget. ViewGroup
04. android. widget. FrameLayout
05. android. widget. ScrollView
```

ScrollView 类提供了操作滚动视图的方法和属性，开发人员可根据这些方法实现滚动视图的相关应用。表 5-13 列举了 ScrollView 类常用的方法。

表 5-13　ScrollView 类常用的方法

方　　法	功能描述	返　回　值
ScrollView	提供了 3 个构造函数： ScrollView(Context context) ScrollView(Context context, AttributeSet attrs) ScrollView(Context context, AttributeSet attrs, int defStyle)	null
arrowScoll(int direction)	该方法响应单击上下箭头时对滚动条的处理。参数 direction 指定了滚动的方向	boolean
addView(View child)	该方法用于子视图的添加。参数 View 指定了添加的子视图。注意，除此方法之外，还有以下 3 种 addView 方法。 public void addView(View child, int index) public void addView(View c, int index, ViewGroup. LayoutParams params) public void addView(View child, ViewGroup. LayoutParams params)	void
setMaxWidth	设置按钮控件的最大宽度	void
fullScroll(int direction)	将视图滚动到 direction 指定的方向	boolean

上面列举了 ScrollView 常用的方法，通过这些方法，用户可以实现通过滚动的方式显示内容。下面通过一个手机报的实例来说明 ScrollView 的基本用法。

【例 5-12】 ScrollView 示例。

用主程序 ScrollViewApplication. java 实现，该类实现了手机报的功能。

```
01. import android. app. Activity;
02. import android. os. Bundle;
03. public class ScrollViewApplication extends Activity{
04.         public void onCreate(Bundle savedInstanceState){
05.                 super. onCreate(savedInstanceState);    //调用父类的 onCreate 方法
06.                 setContentView(R. layout. main);         //使用 main. xml 生成程序布局
07.         }
08. }
```

布局 main. xml 实现，该布局通过 ScrollView 控件生成一个简单的手机报。控件排列方式为默认的垂直排列方式，整个布局的高度随内容变化，且宽度与父元素相同。

```
01.  <LinearLayout android:orientation = "vertical" android:layout_width = "fill_parent"
02.      android:layout_height = "wrap_content" >
03.       <TextView android:id = "@ +id/textview1" android:layout_width = "wrap_content"
04.           android:layout_height = "wrap_content" android:textSize = "30px" android:text = "旅游
          信息"/>
05.       <TextView android:id = "@ +id/textview2" android:layout_width = "wrap_content"
06.           android:layout_height = "wrap_content" android:textSize = "20px"
07.           android:text = "旅游信息导读\n"/>
08.       <TextView android:id = "@ +id/textview3" android:layout_width = "wrap_content"
09.           android:layout_height = "wrap_content" android:textSize = "15px"
10.           android:text = "1. 我和春天有个约会 "/>
11.       <TextView android:id = "@ +id/textview4" android:layout_width = "wrap_content"
12.           android:layout_height = "wrap_content" android:textSize = "15px"
13.           android:text = "2. 看美丽宝岛"/>
14.       <TextView android:id = "@ +id/textview5" android:layout_width = "wrap_content"
15.           android:layout_height = "wrap_content" android:textSize = "15px"
16.           android:text = "3. 箭扣长城攻略"/>
17.       <TextView android:id = "@ +id/textview8" android:layout_width = "wrap_content"
18.           android:layout_height = "wrap_content" android:textSize = "15px"
19.           android:text = "\n 手机正文 \n1. 我和春天有个约会 "/>
20.       <TextView android:id = "@ +id/textview9" android:layout_width = "wrap_content"
21.           android:layout_height = "wrap_content" android:textSize = "10px"
22.           android:text = "\n 婺源是江西西北部的一个县城,东临浙江省衢州市,北临安徽省
      黄山市。解放前是属于安徽的,无论是建筑还是民风,都属于典型的徽派文化。由于地
      处三省交界处的山区,交通非常不方便,导致当地经济条件相对落后。也正由于这个原
      因,当地的古建筑保存得很完整。"/>
23.       <ImageView android:id = "@ +id/imageview1" android:layout_width = "300px"
24.           android:layout_height = "300px" android:src = "@drawable/pic1"/>
25.       <TextView android:id = "@ +id/textview9" android:layout_width = "wrap_content"
26.           android:layout_height = "wrap_content" android:textSize = "10px"
27.           android:text = "黄山归来不看山,婺源归来不看村。婺源乡村之美,在于浑然天成的
      和谐。“青山向晚盈轩翠,碧水含春傍槛流”,无论是民居还是村落的设造,无不讲究人
      与天、地、山、水的融洽关系,或枕山面水,或临溪而居,山山水水皆成人“家”。"/>
28.       <ImageView android:id = "@ +id/imageview2" android:layout_width = "300px"
29.           android:layout_height = "300px" android:src = "@drawable/pic2"/>
30.       <ImageView android:id = "@ +id/imageview3" android:layout_width = "300px"
31.           android:layout_height = "300px" android:src = "@drawable/pic3"/>
32.       <TextView android:id = "@ +id/textview10" android:layout_width = "wrap_content"
33.           android:layout_height = "wrap_content" android:textSize = "15px"
34.           android:text = "\n\n2. 看美丽宝岛"/>
35.       <TextView android:id = "@ +id/textview11" android:layout_width = "wrap_content"
36.           android:layout_height = "wrap_content" android:textSize = "10px"
37.           android:text = "阿里山是台湾著名的风景区之一,有“不到阿里山,不知阿里山之
      美,不知阿里山之富,更不知阿里山之伟大”的说法。由于山区气候温和,盛夏时依然清
      爽宜人,加上林木葱翠,阿里山也是理想的避暑胜地。"/>
```

```
38.        <ImageView android:id = "@ +id/imageview4" android:layout_width = "300px"
39.            android:layout_height = "300px" android:src = "@drawable/pic4"/>
40.        <ImageView android:id = "@ +id/imageview5" android:layout_width = "300px"
41.            android:layout_height = "300px" android:src = "@drawable/pic5"/>
42.        <TextView android:id = "@ +id/textview12" android:layout_width = "wrap_content"
43.            android:layout_height = "wrap_content" android:textSize = "15px"
44.            android:text = "\n\n3. 箭扣长城攻略\n"/>
45.        <TextView android:id = "@ +id/textview13" android:layout_width = "wrap_content"
46.            android:layout_height = "wrap_content" android:textSize = "10px"
47.            android:text = "箭扣长城是一段"野长城"。北京境内的长城有 629 公里,其中 600
        公里属于自然状态中的"野长城""/>
48.        <ImageView android:id = "@ +id/imageview6" android:layout_width = "300px"
49.            android:layout_height = "300px" android:src = "@drawable/pic6"/>
50.        <TextView android:id = "@ +id/textview14" android:layout_width = "wrap_content"
51.            android:layout_height = "wrap_content" android:textSize = "10px"
52.            android:text = "那残破、古旧、朴拙的砖石绵延于崇山峻岭之中,荒凉不事雕琢的自
        然美更能令人感受长城金戈铁马的千年不屈风骨。"/>
53.        <ImageView android:id = "@ +id/imageview7" android:layout_width = "300px"
54.            android:layout_height = "300px" android:src = "@drawable/pic7"/>
55.        <TextView android:id = "@ +id/textview15" android:layout_width = "wrap_content"
56.            android:layout_height = "wrap_content" android:textSize = "10px"
57.            android:text = "厌倦了有人摩肩接踵,过度开发的成熟景点,"野长城"越来越显示
        出其独特的魅力。"/>
58.        <ImageView android:id = "@ +id/imageview8" android:layout_width = "300px"
59.            android:layout_height = "300px" android:src = "@drawable/pic8"/>
60.    </LinearLayout>
```

【代码说明】

- 本实例的主程序（ScrollViewApplication. java）比较简单，只有几行代码。ScrollViewApplication. java 只完成了最基本的功能，包括导入 Activity 类和 Bundle 类，并且在自己的 onCreate 方法中调用父类的 onCreate 方法初始化环境，最后使用 main. xml 生成程序布局。main. xml 最高层只有一个元素——ScrollView 控件。该元素包含了若干个 TextView 和 ImageView 控件。ImageView 控件主要用于显示手机报中的图片，而 TextView 控件用于显示手机报中的文字信息。
- ScrollView 元素可以包含若干个元素，只需在该元素中放入需要滚动显示的子元素，当子元素过多而超过手机屏幕显示的限制时，ScrollView 元素就提供了滚动查看的功能。手机用户只需滑动滑块，就能滚动查看 ScrollView 元素中的子元素。

通过 Eclipse 启动该 Android 程序，程序显示了一个关于旅游信息的手机报。图 5-13 显示了用户当前只能查看标题 1 的内容，可通过滚动界面来查看其余的内容。图 5-14 显示了通过滚动界面显示的其他内容。

图 5-13　手机报显示界面 1

图 5-14　手机报显示界面 2

5.5.2　列表视图（ListView）

列表视图（ListView）将元素按照条目的方式自上而下列出。通常，每一列只有一个元素。列表视图将子元素以列表的方式组织，用户可通过滑动滑块来显示界面之外的元素。ListView 类是 android. Widget 包中的一个应用，该类继承了 AdapterView 类。ListView 类的层次关系如下。

```
01. android. widget. ViewGroup
02. android. widget. AdapterView
03. android. widget. ListView
```

ListView 类提供了操作列表视图的方法和属性，开发人员可根据这些方法实现列表视图的相关应用（如手机设置界面）。表 5-14 列举了 ListView 类常用的方法。

表 5-14　ListView 类常用的方法

方　法	功能描述	返回值
ListView	提供了以下 3 个构造函数。 ListView(Context context) ListView(Context context, AttributeSet attrs) ListView(Context context, AttributeSet attrs, int defStyle)	null
getCheckedItemPosition()	返回当前被选中的子元素的位置	int
getMaxScrollAmount()	该方法获取列表视图的最大滚动数量	int
setSelection(int p)	设置当前被选中的列表视图的子元素	void
onKeyUp(int keyCode, KeyEvent event)	释放按键时的处理方法。释放按键时，该方法被调用。其中，keyCode 为 boolean 按键对应的整型值，event 是按键事件	boolean

（续）

方　法	功能描述	返回值
onKeyDown(int k,KeyEvent e)	按键时的处理方法。按键时，该方法被调用。其中，k为按键对应的整型值，e是按键事件。注意，在用户按键的过程中，onKeyDown先被调用，用户释放按键后，调用onKeyUp	boolean
isItemChecked(int position)	该方法判断指定位置position的元素是否被选中	boolean（若被选中，返回true，否则返回false）
addHeaderView(View view)	该方法给视图添加头注，通常头注位于列表视图的顶部。其中，参数view指定了要添加头注的视图	void
getChoiceMode()	返回当前的选择模式	int

上面列举了ListView的常用方法，通过这些方法用户可以实现列表视图。下面通过一个实例来说明ListView的基本用法。

【例5-13】 ListView示例。

用主程序ListViewApplication.java实现，该类实现了列表视图的功能。

```
01. public class ListViewApplication extends Activity{
02.     private List<MyList> mylist;                    //声明MyList对象列表
03.     private SelfAdapter gridadapter;            //声明SelfAdapter对象是本程序定义的适配器
04.     private ListView mylistview;                    //声明列表视图对象mylistview
05.     public void onCreate(Bundle savedInstanceState){ //重载onCreate方法
06.         super.onCreate(savedInstanceState);         //调用父类的onCreate方法
07.         setContentView(R.layout.main);              //使用main.xml生成程序布局
08.         mylistview = (ListView)findViewById(R.id.listview);
09.         try{
10.             mylist = new ArrayList<MyList>();
11.             gridadapter = new SelfAdapter(this);    //创建自定义的SelfAdapter对象
12.             mylist.add(new MyList("Grid_1"));
13.             mylist.add(new MyList("Grid_2"));
14.             mylist.add(new MyList("Grid_3"));
15.             mylist.add(new MyList("Grid_4"));
16.             mylist.add(new MyList("Grid_5"));
17.             Gridadapter.setList(mylist);            //自定义的适配器设置关联的列表
18.             mylistview.setAdapter(gridadapter);
19.         }/*try包含可能出现异常的代码*/
20.         catch(Exception e){
21.             Toast.makeText(this,e.toString(),Toast.LENGTH_SHORT).show();
22.         }                                           //catch块捕获异常
23.         finally{
24.             //TODO
25.         }                                           //finally块为最后的处理代码
26.     }
27.     public class MyList{
```

```
28.             private String objname;
29.         }
30.         public MyList( String objname) {
31.             super( );
32.             this. objname = objname;
33.         }//MyList( String name)是自定义的构造函数
34.         public String getObjName( ) {
35.             return objname;
36.         }//getObjName 方法用来获取 objname
37.         public void setObjName( String objname) {
38.             this. objname = objname;
39.         }//setObjName 方法用来获取 objname
40. }
41. public class SelfAdapter extends BaseAdapter{
42.         private Context context;                          //声明 Context 对象 context
43.         private List < MyList > gridlist;                 //声明 List 对象 gridlist
44.         private LayoutInflater layoutinflator;            //声明 LayoutInflater 对象 layoutinflator
45.         private class Grider{
46.             ImageView imageview;                          //声明类的属性 imageview
47.             TextView textview;                            //声明类的属性 textview
48.         }
49.         public SelfAdatper( Context context) {
50.             super( );
51.             this. context = context;     //根据构造函数指定的 Context 对象构造 SelfAdapter 对象
52.         }//SelfAdapter 的构造函数,调用构造函数需要指定一个上下文对象
53.         public void setList( List < MyList > gridlist) {
54.             this. gridlist = gridlist;          //通过关键字 this 来区分类属性 gridlist 和形参 gridlist
55.             layoutinflator = ( LayoutInflater) context. getSystemService
56.             ( Context. LAYOUT_INFLATER_SERVICE);
57.         }//使用 Context 提供的 LAYOUT_INFLATER_SERVICE 属性构造 LayoutInflater 对象
58.         public int getCount( ) {
59.             return gridlist. size( );                     //返回列表的元素个数
60.         }//返回本适配器的列表的元素个数
61.         public long getItemId( int index) {
62.             return index;
63.         }//getItem 方法获取索引标识,事实上这个方法返回指定的索引
64.         public Object getItem( int index) {
65.             return gridlist. get( index);                 //返回列表中第 index 个元素
66.         }//getItem 方法根据索引,获取 gridlist 对应的元素,即 MyGrid 对象
67.         public View getView( int index, View view, ViewGroup parent) {
68.             Grider gridholder;                            //声明 Grider 对象 gridholder
69.             if( view! = null) {
70.                 gridholder = ( Grider) view. getTag( ); //获取标记
71.             }
72.             else{
73.                 gridholder = new Grider( );               //创建 Grider 对象 gridholder
74.                 view = layoutinflator. inflate( R. layout. grid, null);
75.                 gridholder. imageview = ( ImageView) view. findViewById( R. id. XMLimageview);
```

```
76.                 gridholder.textview = (TextView)view.findViewById(R.id.XMLtextivew);
77.                 view.setTag(gridholder); //设置标记
78.             }//若 view 为空,则设置标记,否则使用 getTag 方法获取其标记
79.             MyList grid = gridlist.get(index);//根据索引获取 MyList 对象
80.             if(grid != null){
81.                 gridholder.textview.setText(grid.getObjName()); //设置其对应的文本
82.             }
83.             else{
84.                 //TODO
85.             }
86.             return view;//返回 view 对象
87.         }
88. }
```

用 main.xml 实现，该布局包含一个 ListView 控件，该控件的高度和宽度随内容变化，缩放模式为 columnWidth。

```
01. <ListView xmlns:android = http://schemas.android.com/apk/res/android
02.     android:layout_width = "wrap_content"  android:layout_height = "wrap_content"
03.     android:id = "@ + id/listview"  android:gravity = "center"/>
```

【代码说明】

本例中 ListViewApplication 类自定义了两个子类：MyList 类和 SelfAdapter 类，并定义了两个布局：main.xml 和 grid.xml。其内容及定义与上一节 ScrollView 大体上相同，这里不再赘述，请读者参考相关内容对比学习。

通过 Eclipse 启动该 Android 程序，程序显示一个简单的列表视图，如图 5-15 所示。

图 5-15　列表视图实例运行结果

5.6 进度条

本节介绍一个显示进度的控件——进度条（ProgressBar）。使用手机时，经常会碰到进度条的应用，如打开一个程序时加载界面。进度条可以很形象地提示应用（如正在下载的应用）正在处理中，用户需要等待。进度条（ProgressBar）是 View 的子类，其在 Android 系统中的层次关系如下。

```
01. java. lang. Object
02. android. view. View
03. android. widget. ProgressBar
```

表 5-15 列举了 ProgressBar 类的主要方法。

表 5-15　ProgressBar 类常用的方法

方　法	功能描述	返回值
ProgressBar	提供了以下 3 个构造函数。 ProgressBar(Context context) ProgressBar(Context context, AttributeSet attrs) ProgressBar(Context context, AttributeSet attrs, int defStyle)	null
onAttachedToWindow()	该方法在视图附加到窗体时调用。当视图附加到窗体时，视图将开始绘制用于显示的界面。注意，要保证该方法被调用之前调用了 onDraw(Canvas)方法	void
onDraw(Canvas canvas)	当绘制视图时，该方法被调用	void
onMeasure (int widthMeasureSpec, int heightMeasureSpec)	当该方法被重写时，必须调用 setMeasureDimension(int, int)来存储已测量视图的高度和宽度，否则将通过 measure(int, int)抛出一个 IllegalStateException 异常	void
getBaselilne	继承的 android. viewView 的方法。返回窗口空间的文本基准线到其顶边界的偏移量	int（如果不支持基准线对齐，则返回 -1）

下面通过一个实例来说明 ProgressBar 类的功能。【例 5-14】实现了 3 种进度条（长方形进度条、大圆圈进度条和小圆圈进度条）。

【**例 5-14**】ProgressBar 示例。

用主程序 ProgressBarApplication. java 实现，该程序使用 progressbar. xml 初始化界面。

```
01. public void onCreate(Bundle savedInstanceState) {
02.         super. onCreate(savedInstanceState);//调用父类的 onCreate 方法
03.         setContextView(R. layout. main);//使用 main. xml 初始化程序 UI
04.         button = (Button)findViewById(R. id. button);//根据 XML 定义创建 button
05.         textviewHorizontal = (TextView)findViewById(R. id. textviewHorizontal);
06.         textviewLarge = (TextView)findViewById(R. id. textviewLarge);
07.         textviewSmall = (TextView)findViewById(R. id. textviewSmall);
08.         progeressBarStyleHorizontal = (ProgressBar)findViewById(R. id. progressBarStyleHorizontal);
09.         progressBarStyleLarge = (ProgressBar)findViewById(R. id. progressBarStyleLarge);
```

```
10.        progressBarStyleSmall = (ProgressBar)findViewById(R.id.progressBarStyleSmall);
11.        progressBarStyleHorizontal.setIndeterminate(false);
12.        progressBarStyleLarge.setIndeterminate(false);
13.        progressBarStyleSmall.setIndeterminate(false);
14.        button.setOnClickListener(new Button.OnClickListener(){
15.            public void onClick(View v){
16.                textviewHorizontal.setText("水平进度条开始");
17.                textviewLarge.setText("大圆圈进度条开始");//设置 textviewLarge 的文本
18.                textviewSmall.setText("小圆圈进度条开始");//设置 textviewSmall 的文本
19.                progressBarStyleHorizontal.setVisibility(View.VISIBLE);
20.                progressBarStyleLarge.setVisibility(View.VISIBLE);
21.                progressBarStyleSmall.setVisibility(View.VISIBLE);
22.                progressBarStyleHorizontal.setMax(100);//指定 Progress 为最多 100
23.                progressBarStyleLarge.setMax(90);//指定 Progress 为最多 90
24.                progressBarStyleSmall.setMax(80);//指定 Progress 为最多 80
25.                progressBarStyleHorizontal.setProgress(0);
26.                progressBarStyleLarge.setProgress(10);//初始 progressBarStyleLarge 为 10
27.                progressBarStyleSmall.setProgress(0);//初始 progressBarStyleSmall 为 50
28.                new Thread(new Runnable(){//开始一个进程
29.                    public void run(){
30.                        for(int i=0; i<10; i++){
31.                            try{
32.                                counter = (i+1) * 20;
33.                                Thread.sleep(1000);
34.                                if(i==3){
35.                                Message messageHorizontal = new Message();
36.                                Message messageLarge = new Message();
37.                                Message messageSmall = new Message();
38.                                break;
39.                                }else{
40.                                Message messageHorizontal = new Message();
41.                                Message messageLarge = new Message();
42.                                Message messageSmall = new Message();
43.                                }
44.                            }catch(Exception e){
45.                                e.printStackTrace();
46.                            }
47.                        }
48.                    }
49.                }).start();//默认 0～9,共运行 10 次的循环语句
50.            }});
51.        }
52. }//单击按钮后,开始进程工作。Handler 构建之后,会监听传来的信息代码
53. Handler myMessageHandler = new Handler(){
54.        public void handlerMessage(Message msg){
55.            switch(msg.what){
56.            case ProgressBarApplication.StropHandlerHorizontal;
57.                textviewHorizontal.setText("progressBarStyleHorizontal 进度条结束");
```

```
58.                 textviewHorizontal. setVisibility( View. GONE) ;
59.                 Thread. currentThread( ). interrupt( ) ;
60.                 Break;
61.             case ProgressBarApplication. StropHandlerLarge;
62.                 textviewLarge. setText( "progressBarStyleLarge 进度条结束") ;
63.                 textviewLarge. setVisibility( View. GONE) ;
64.                 Thread. currentThread( ). interrupt( ) ;
65.                 Break;
66.             case ProgressBarApplication. StropHandlerSmall;
67.                 textviewSmall. setText( "progressBarStyleSmall 进度条结束") ;
68.                 textviewSmall. setVisibility( View. GONE) ;
69.                 Thread. currentThread( ). interrupt( ) ;
70.                 Break;
71.             case ProgressBarApplication. StropHandlerHorizontal;
72.                 if( ! Thread. currentThread( ). isInterrupted( ) ) {
73.                     progressBarStyleHorizontal. setProgress( counter) ;
74.                     TextviewHorizontal. setText(
75.                             getResources ( ). getText ( counter," 进度条开始") + " ( " + Inte-
    ger. toString( counter) + "%) \n" + " Progress:" + Integer. toString ( progressBarStyleHorizontal.
    getProgress ( )) + " \ n" + " Indeterminate:" + Boolean. toString ( progressBarStyleHorizon-
    tal. isIndeterminate( ) ) ) ;
                }
76.                 break;
77.             case ProgressBarApplication. StartHandlerLarge:
78.                 if( ! Thread. currentThread( ). isInterrupted( ) ) {
79.                     progressBarStyleLarge. setProgress( counter) ;
80.                         TextviewLarge. setText(
81.                             getResources( ). getText( counter,"进度条开始") + " ( " + Integer. toString
    (counter) + "%) \n" + "Progress:" + Integer. toString( progressBarStyleLarge. getProgress( )) + "\n" +
    "Indeterminate:" + Boolean. toString( progressBarStyleLarge. isIndeterminate( ) ) ) ;
82.                 }
83.                 break;
84.             case ProgressBarApplication. StartHandlerSmall:
85.                 if( ! Thread. currentThread( ). isInterrupted( ) ) {
86.                     progressBarStyleSmall. setProgress( counter) ;
87.                     TextviewSmall. setText(
88.                             getResources ( ). getText ( counter," 进度条开始") + " ( " + Inte-
    ger. toString( counter) + "%) \n" + "Progress:" + Integer. toString( progressBarStyleSmall. getProgress
    ( )) + "\n" + "Indeterminate:" + Boolean. toString( progressBarStyleSmall. isIndeterminate( ) ) ) ;
89.                 }
90.                 break;
91.         }
92.         Super. handleMessage( msg) ;
93.     }
94. };
```

【代码说明】

- 本例实现了 3 种进度条，分别为 progressBarStyleHorizontal、progressBarStyleLarge 和 progressBarStyleSmall。
- 通过在 ProgressBar 中设置 style 属性来指定进度条的类型，style 属性是一个整型值。
- 除了本例实现的进度条类型，Android 还提供了其他的进度条类型。android. R. attr 类中定义了 Android 使用的进度条，表 5-16 列举了 android. R. attr 类定义的进度条类型。

表 5-16　android. R. attr 类定义的进度条类型

名　称	类　型	整 型 值
progressBarStyle	默认进度条	16842871(0x01010077)
progressBarStyleHorizontal	水平进度条	16842872(0x01010078)
progressBarStyleLargeInverse	倒转大圆圈进度条	16843399(0x01010287)
progressBarStyleLarge	大圆圈进度条	16842874(0x0101007a)
progressBarStyleSmall	小圆圈进度条	16842873(0x01010079)
progressBarStyleSmallInverse	倒转小圆圈进度条	16843279(0x0101020f)

- 本例首先使用 main. xml 初始化程序 UI，该 UI 包含 3 个文本框视图控件（textviewHorizontal、textviewLarge 和 textviewSmall）、3 个进度条控件（progressBarStyleHorizontal、progressBarStyleLarge 和 progressBarStyleSmall）和 1 个按钮控件。3 个文本框视图控件分别用于显示相应进度条控件的状态。

启动该 Android 程序，程序显示 3 个进度条，如图 5-16 所示。单击“Control”按钮，进度条开始累加，运行结果如图 5-17 所示。

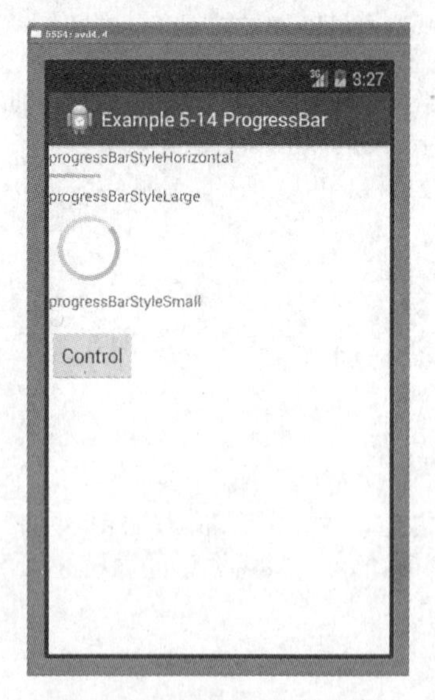

图 5-16　显示 3 个进度条

图 5-17　进度条状态改变

5.7　日期选择器

作为提供手机应用开发的系统，Android 系统提供了 DatePicker 和 TimePicker 组件用于实现时间选择器。其中，DatePicker 是一个选择日期的布局视图，它提供了日期选择器的功能。从层次关系上看，DatePicker 类的层次关系如下。

```
01. java.lang.Object
02. android.view.View
03. android.view.ViewGroup
04. android.widget.FrameLayout
05. android.widget.DatePicker
```

表 5-17 列举了 DatePicker 类的主要方法。

表 5-17　DatePicker 类常用的方法

方　法	功能描述	返回值
setonDateChangeListener	注册日期改变监听器，当日期发生改变时，onDateChanged 被触发	void
getDayOfMonth	该方法用于获取月份中的日期	int
getMonth	该方法用于返回月份值	int
getYear	该方法用于返回年份值	int
init	该方法用于重置年月日值	void
updateDate	该方法用于更新年月日值	void

下面通过一个实例来说明 DatePicker 的功能。【例 5-15】利用 DatePicker 和 Calender 实现了日期选择器。

【例 5-15】 DatePicker 示例。

```
01. public class Example_17 extends Activity{
02.     private DatePicker datepicker;//声明一个私有的时间选择器对象
03.     private TextView textivew;//声明一个私有文本框视图
04.     Calendar calendar;//声明 Calendar 对象
05.     int cur_year,cur_month,cur_day;//声明日期变量
06.     public void onCreate(Bundle savedInstanceState){
07.         super.onCreate(savedInstanceState);//调用父类的 onCreate 方法
08.         setContentView(R.layout.main);//根据 main.xml 生成布局
09.         datepicker = (DatePicker)this.findViewById(R.id.DatePicker);
10.         //根据 XML 的 DatePicker 标签中的定义生成 datepicker
11.         textview = (TextView)this.findViewById(R.id.TextView);
12.         calendar = Calendar.getInstance();//使用 getInstance 方法生成 Calendar 对象
13.         cur_year = calendar.get(Calendar.YEAR);//获取当前的年
14.         cur_month = calendar.get(Calendar.MONTH +1);//获取当前的月
15.         cur_day = calendar.get(Calendar.DAY_OF_MONTH);//获取当前的天
16.         textview.setText("当前时间:" +cur_year +"年" +cur_month +"月" +cur_day +"日");
17.         datepicker.init(cur_year,cur_month,cur_day,new MyDateChangedListener());
18.     }
19.     private class MyDateChangedListener implements OnDateChangedListener{
20.             public void onDateChanged (DatePicker view, int year, int monthOfYear, int
        dayOfMonth){
21.             cur_year = year;
22.             cur_month = monthOfYear;
```

```
23.                 cur_day = dayOfMonth;
24.                 textview.setText("当前时间:" + cur_year + "年" + cur_month + "月" + cur_day + "日");
25.             }
26.         }
27. }
```

【代码说明】

- 本例通过 DatePicker 实现了日期选择器功能，用户可以通过日期选择器修改日期。调整后的日期会在文本框视图 textview 中显示。首次启动 Activity 时，onCreate()方法被调用。onCreate()方法首先使用 Calendar 对象获取当前的年、月、日，而 DatePicker 对象可使用 init()方法生成日期选择器并监听日期的改变。
- 对于 DatePicker，其常用的事件就是日期变化。而日期变化对应的监听器就是 OnDateChangedListener。当日期发生改变时，OnDateChangedListener 的 onDateChanged()方法被调用。由于 OnDateChangedListener 是一个接口类，需要使用关键字 implements 继承 OnDateChangedListener 并实现 OnDateChangedListener 的 onDateChanged()方法，否则系统日期的变化不会引起 DatePicker 的日期变化。因此，本例定义了 MyDateChangedListener 类，该类继承并实现了 OnDateChangedListener 的 onDateChanged()方法。
- 当 DatePicker 的日期发生变化时，DatePicker 会将发生变化后的日期值通过传递参数的形式传送给 onDateChanged()方法。这些形参显示在文本框视图 textview 中，若用户改变日期选择器的时间，当前日期值可在 textview 中显示出来。

在 Eclipse 中，将该 Android 应用程序部署到模拟器中。在 Android 模拟器中，单击启动该程序。系统启动后，界面如图 5-18 所示。图 5-18 是时间选择器的运行结果，每个日期属性（年、月、日）分别对应一个可修改的组件。可通过上下拖动来调整时间，不难理解往上拖动可将属性值变大，而往下拖动可将属性值变小。

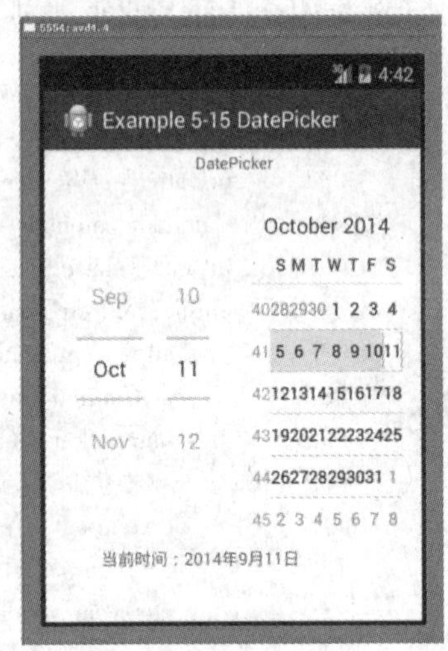

图 5-18　日期选择器启动界面

至此，通过系统提供的 DatePicker，仅需修改少量代码就可实现一个界面友好的日期选择器。并且用户无须关心其实现的复杂性，只需导入开发包，即可实现包含该功能的日期选择器。到这里读者会有疑问，DatePicker 只提供了日期的选择，而不提供时间（时、分）选择的功能吗？在 Android 系统中，是否具有时间选择器功能的类呢？答案是肯定的，TimePicker（时间选择器）就可以实现时间选择的功能。

5.8　实验：Android 基本控件

5.8.1　实验目的和要求

- 掌握各种控件的基本功能。

- 掌握基本控件的使用方法。
- 使用控件进行基本 Android 应用的开发。

5.8.2 题目 1 TextView 和 Button 综合实验

1. 任务描述

利用 TextView 和 Button 控件，控制文字大小及字体。

2. 任务要求

1）定义一个 TextView 控件，用于显示修改结果。

2）定义两个按钮，一个用于控制文字字体，一个用于控制文字大小。

3）在主程序中通过单击按钮设置不同文字字体和大小，并在 TextView 中显示结果。

3. 知识点提示

本任务主要用到以下几个知识点。

1）TextView 控件的定义和用法。

2）Button 控件的定义和用法。

3）在 TextView 中，用 setTextSize 和 setTypeface 方法控制文字字体和大小。

4. 操作步骤提示

实现方式不限，在此简单提示一下操作步骤。

1）创建 Android 工程项目：SX5-1。

2）定义一个 TextView 控件和两个 Button 控件。

3）使用 setTextSize 方法改变 TextView 控件文字大小，使用 setTypeface 指定控件字体。

4）通过外部资源 asserts 引用外部的字体文件（True Type Font），再通过 Typeface 类的 createFromAsset 方法使 setTypeface 可改变字体。

5）运行程序并测试结果，运行结果如图 5-19 所示。

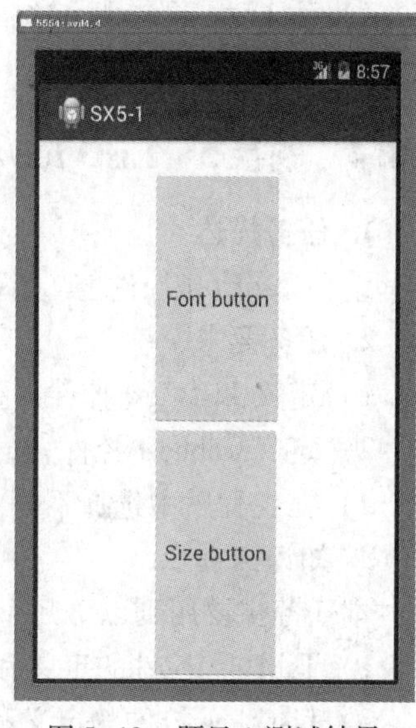

图 5-19 题目 1 测试结果

5.8.3 题目 2 使用基本控件实现用户注册界面

1. 任务描述

灵活运用本章学习的各种控件，实现如图 5-20 所示的用户注册界面。

2. 任务要求

1）使用 EditText 控件实现用户输入。

2）使用 RadioButton 控件实现用户性别的选择。

3）使用 Spinner 控件实现用户国籍及所在城市的选择。

4）使用 CheckBox 控件实现用户爱好的选择。

3. 知识点提示

本任务主要用到以下几个知识点。

1）EditText 控件的定义和用法。

2）TextView 控件的定义和用法。

3）RadioButton 控件的定义和用法。

4）Spinner 控件的定义和用法。

5）CheckBox 控件的定义和用法。

4. 操作步骤提示

实现方式不限，在此简单提示一下操作步骤。

1）创建 Android 工程项目：SX5-2。

2）使用第 4 章学习的 RelativeLayout 和 TableLayout 设计整体布局。

3）定义输入用户名和密码的 EditText 控件、选择用户性别的 RadioButton 控件、选择用户国籍及所在城市的 Spinner 控件，以及选择用户爱好的 CheckBox 控件。

4）运行程序并测试结果，运行结果如图 5-20 所示。

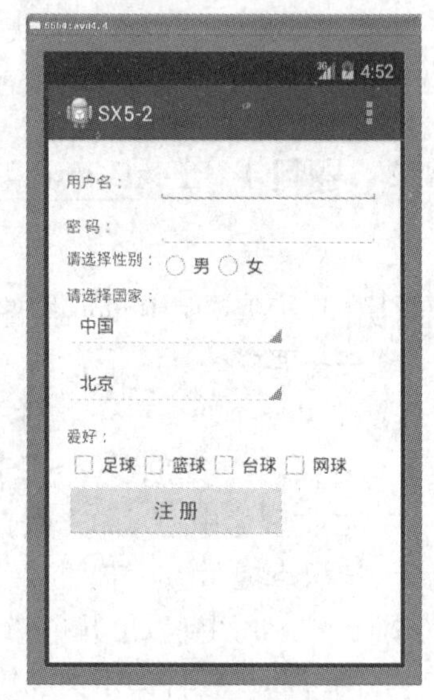

图 5-20　题目 2 测试结果

5.8.4　题目 3　ListView 和 TabHost 综合实验

1. 任务描述

结合 TabHost 控件与 ListView 控件，实现如图 5-21 所示的界面。

2. 任务要求

1）定义 ListView 控件，控件中数据包括提前确定好的图片和文字。

2）定义 Tabhost 控件，显示整体 ListView 效果。

3）在主程序中选择不同的标签测试应用功能。

3. 知识点提示

本任务主要用到以下几个知识点。

1）TabHost 控件的定义和用法。

2）ListView 控件的定义和用法。

3）ListView 控件数据的输入及页面整体布局的实现。

4. 操作步骤提示

实现方式不限，在此简单提示一下操作步骤。

1）创建 Android 工程项目：SX5-3。

2）定义包含实际数据的 ListView 控件。

3）根据实际界面需要定义 TabHost 控件。

4）运行程序并测试结果，运行结果如图 5-21 所示。

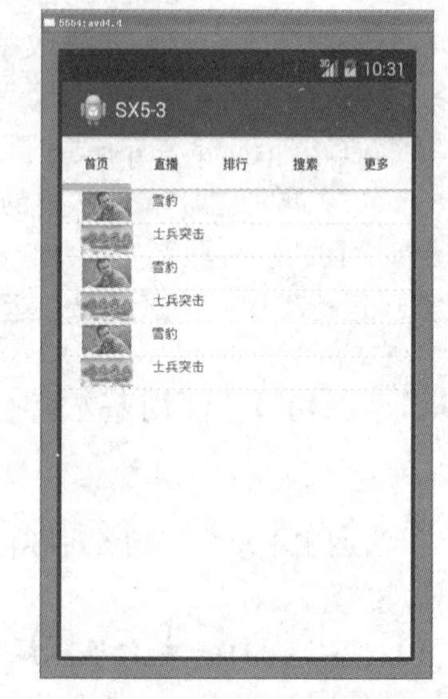

图 5-21　题目 3 测试结果

本章小结

本章介绍的内容是 Android SDK 中最核心的部分——控件，这些控件及它们的变种会被应用在绝大多数的应用程序中。为了使读者更好地了解这些控件，本章将 Android SDK 提供的标准控件分成了若干类别进行介绍。这些类别包括“文本控件”“按钮控件”“选择按钮控件”“下拉列表和选项卡”“视图控件”“进度和滑块”，以及“日期和时钟”，本章对每一种控件都使用实例进行了详细的介绍和讲解，这些控件都非常有实用价值，建议读者认真学习本章的内容。

课后练习

一、选择题

1. 下面关于 Android 中的控件，描述不正确的是（　　）。

A. 定义控件的方式大都类似，首先要声明它的类型，然后使用 findViewById(int)方法通过控件的 id 来索引到它本身

B. 在 XML 布局文件中定义好控件对象后，就可以使用该控件的各种方法了

C. TextView 可以获取到它里面的内容，Button 可以处理单击它的事件，EditText 可以设置它的文本

D. 一般都能将控件对象定义在 onCreate( )方法内部，但最好将它们作为该 Activity 类的属性而定义在方法外部

2. 要定义一个 Button 控件，将其 id 命名为 ok，宽定义为充满父控件，高定义为自适应，下面选项正确的是（　　）。

A. <Button android:id = "@ + id/ok" android:layout_width = "wrap_parent" android:layout_height = "wrap_content"/>

B. <Button android:id = "@ + id/ok" android:layout_width = "match_parent" android:layout_height = "match_content"/>

C. <Button android:id = "@ + id/ok" android:layout_width = "fill_parent" android:layout_height = "wrap_content"/>

D. <Button android:id = "@ + id/ok" android:layout_width = "fill_parent" android:layout_height = "fill_content"/>

3. 如果将一个 TextView 的 android:layout_height 属性值设置为 wrap_content，那么该组件将是以下哪种显示效果？（　　）

A. 该文本域的宽度将填充父容器宽度

B. 该文本域的宽度仅占据该组件的实际宽度

C. 该文本域的高度将填充父容器高度

D. 该文本域的高度仅占据该组件的实际高度

4. 在 Activity 中需要找到一个 id 是 bookName 的 TextView 组件，下面语句正确的是（　　）。

A. TextView tv = this. findViewById(R. id. bookName);

B. TextView tv = (TextView) this. findViewById(R. id. code);

C. TextView tv = (TextView) this. findViewById(R. id. bookName);

D. TextView tv = (TextView) this. findViewById(R. string. bookName);

5. 若在界面上显示“Hello，World”，应该使用的控件是（　　）。

A. TextView　　B. ImageView　　C. ListView　　D. 以上都不对

二、填空题

1. EditText 继承自________，专门用来获取用户输入的文本信息。

2. ImageButton 继承自________。

3. ________、________和________都是 Button 的子类。

4. 使用 RadioButton 时，要想实现互斥的选择，需要用到的组件是________。

5. 能够自动完成输入内容的组件是________。

三、编程题

1. 用 TextView 实现走马灯效果（水平滚动）。提示：要以走马灯效果显示长文本，除了要设置 android:ellipsize 属性外，还要设置 android:marqueeRepeatLimit 和 android:focusable 属性。

2. 设计实现通过按钮单击事件控制按钮放大或缩小（Button 控件的 value 属性等于 1，为放大；等于 -1，则为缩小）。提示：可考虑利用本章讲解的 Button 控件 4 种单击事件实现方式完成本题。

3. 通过自定义一个 Adapter 类实现动态向 ListView 中添加文本和图像列表项，并可以删除和修改某个被选中的列表项，以及清空所有的列表项。提示：Adapter 类从 android. widget. BaseAdapter 类继承。利用这个类中的两个重要方法：getView 和 getCount。

第 6 章　Menu 和消息框

Menu（菜单）是许多计算机系统的应用程序中不可或缺的一部分。Android 系统中也是如此，Menu 是 Android 应用程序用户界面中最常见的元素之一，在手机的应用中起着导航的作用。

在某些情况下，Android 的应用程序还需要向用户弹出提示消息，如显示错误信息、收到短消息等，这就需要应用程序向用户发送消息。Android 提供两种弹出消息的方式：Notification 和 Toast。

6.1　Menu 功能开发

Android 应用程序中的 Menu（菜单）是用户界面中最常见的元素之一，使用非常频繁。本节主要从 3 方面进行介绍：Menu 简介、选项菜单开发和上下文菜单开发。

6.1.1　Menu 简介

通常 Android 应用程序中的菜单默认是不可见的，只有当用户按下手机上的“Menu”键，系统才会显示与该应用关联的菜单。所以一般的 Android 系统的手机都要有一个“Menu”键。Android 主要有两种菜单：选项菜单（Options Menu）和上下文菜单（Context Menu）。

选项菜单作用于全局界面。按“Menu”键弹出菜单，应用程序中将较少使用的命令放入此菜单中。使用触摸屏无法调用此功能。

上下文菜单只作用于某一选项，相当于 Window 系统中的“右击”弹出的菜单，需要一直按住应用程序界面控件时才会弹出，而物理按键无法调用此功能。

Android 提供了两种创建菜单的方法，一种是在 Java 代码中创建，另一种是使用 xml 资源文件定义。在下面的选项菜单开发与上下文菜单开发中，将分别详细介绍这两种创建菜单的方法。

6.1.2　选项菜单开发

Android 手机或者模拟器上都有一个“Menu”键，当按下“Menu”键时，每个 Activity 都可以处理这一请求，在屏幕底部会弹出一个菜单，这个菜单称为选项菜单（OptionsMenu）。

通常可以通过两种方法实现选项菜单：onCreateOptionsMenu（int featureId，MenuItem item）和 onMenuItemSelected（int featureId，MenuItem item）。设置 Menu 菜单也有两种方法，一种是通过在 Java 程序中调用 add()方法来实现，另一种是通过 xml 配置文件实现。下面分别通过两个示例来说明。

【例 6-1】 Example6-1 optionMenu_1，用 Java 实现选项菜单示例。

1）创建项目文件 Example6-1optionMenu_1，然后在 resource→layout 中编辑 Activity 的对应布局文件 activity_main. xml，增加一个 TextView 控件，text 的内容为“选项菜单示例，请点击手机的 Menu 键”。

2）编辑 MainActivity. java 文件，在本示例中通过 Java 代码来创建菜单，首先要重写 Activity 的 onCreateOptionsMenu(Menu menu)方法，在该方法里调用 Menu 对象的 add()方法来添加菜单项。主要代码如下。

```
01. public boolean onCreateOptionsMenu(Menu menu) {
02.     menu.add(Menu.NONE,Menu.FIRST+1,3,"保存").setIcon(
03.     android.R.drawable.ic_menu_save);
04.     menu.add(Menu.NONE,Menu.FIRST+2,4,"删除").setIcon(
05.     android.R.drawable.ic_menu_delete);
06.     menu.add(Menu.NONE,Menu.FIRST+3,2,"编辑").setIcon(
07.     android.R.drawable.ic_menu_edit);
08.     menu.add(Menu.NONE,Menu.FIRST+4,5,"添加").setIcon(
09.     android.R.drawable.ic_menu_add);
10.     menu.add(Menu.NONE,Menu.FIRST+5,1,"详情").setIcon(
11.     android.R.drawable.ic_menu_info_details);
12.     menu.add(Menu.NONE,Menu.FIRST+6,6,"帮助").setIcon(
13.     android.R.drawable.ic_menu_help);
14.     return true;
15. }
```

【代码说明】

第 02 ～13 行主要是用 Menu 对象里的 add()方法添加菜单项。在上述代码中，add()方法有 4 个参数，依次是：1）组别，如果不分组就写 Menu. NONE；2）id，此项非常重要，Android 系统根据这个 id 来确定不同的菜单；3）顺序，菜单显示时的排列顺序由这个参数的大小决定；4）文本，菜单的显示文本。setIcon()方法为菜单设置图标，这里使用的是系统自带图标，以 android. R 开头的资源是系统提供的，开发者提供的资源是以 R 开头的。

如果需要应用程序能响应菜单项的单击事件，重写 Activity 的 onOptionItemSelected(MenuItem mi)方法即可。主要代码如下。

```
01. public boolean onOptionsItemSelected(MenuItem item) {
02. switch (item.getItemId()) {
03.     case Menu.FIRST+1:Toast.makeText(this,"保存菜单事件",
        Toast.LENGTH_LONG).show();
04.     break;
05.     case Menu.FIRST+2:Toast.makeText(this,"删除菜单事件",
        Toast.LENGTH_LONG).show();
06.     break;
07.     case Menu.FIRST+3:Toast.makeText(this,"编辑菜单事件",
        Toast.LENGTH_LONG).show();
08.     break;
```

```
09.    case Menu. FIRST +4:Toast. makeText( this,"添加菜单事件",
       Toast. LENGTH_LONG). show( );
10.    break;
11.    case Menu. FIRST +5:Toast. makeText( this,"详情菜单事件",
       Toast. LENGTH_LONG). show( );
12.    break;
13.    case Menu. FIRST +6:Toast. makeText( this,"帮助菜单事件",
       Toast. LENGTH_LONG). show( );
14.    break; }
15.    return false;
16. }
```

运行应用程序，按下手机的“Menu”键，出现选项菜单示例，再选择“编辑”命令，如图 6-1a 所示，则出现“编辑菜单事件”提示信息，如图 6-1b 所示。

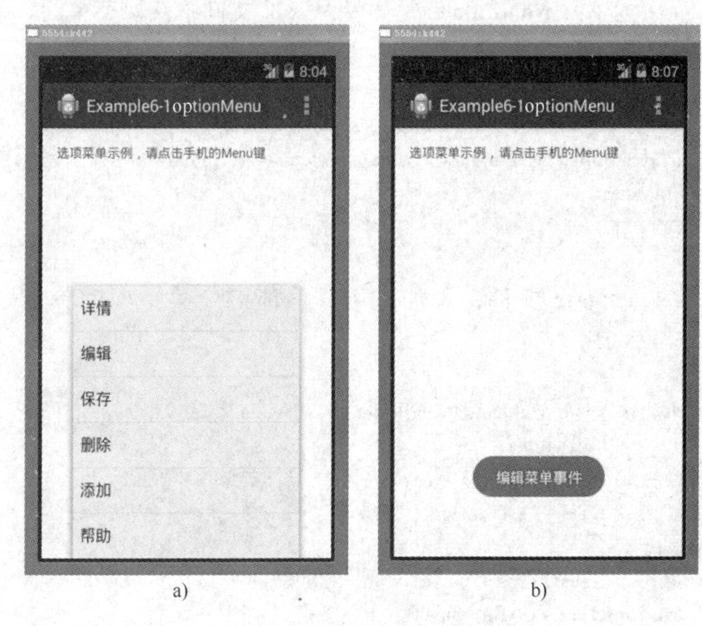

a)　　　　b)

图 6-1　菜单示例效果图

a）选项菜单　b）响应事件

下面用 xml 的方式改写上面的实例。

【例 6-2】Example6-2optionMenu_2，用 xml 实现选项菜单示例。

1）创建项目文件 Example6-2optionMenu_2，然后在 resource→layout 中编辑 Activity 的对应布局文件 activity_main. xml，增加一个 TextView 控件，text 的内容为“用 xml 方式实现的选项菜单示例，请点击 Menu 键”。

2）在 res 中新建一个目录 menu（创建项目时已经创建），在其中建立一个 option-menu. xml，主要代码如下。

```
01. <?xml version="1.0" encoding="utf-8"?>
02. <menu xmlns:android="http://schemas.android.com/apk/res/android">
```

```
03. <item android:id="@+id/item01" android:icon="@android:drawable/ic_menu_save" android:title="保存"></item>
04. <item android:id="@+id/item02" android:icon="@android:drawable/ic_menu_add" android:title="添加"></item>
05. <item android:id="@+id/item03" android:icon="@android:drawable/ic_menu_edit" android:title="编辑"></item>
06. <itemandroid:id="@+id/item04" android:icon="@android:drawable/ic_menu_delete" android:title="删除"></item>
07. <itemandroid:id="@+id/item05" android:icon="@android:drawable/ic_menu_info_details" android:title="详情"></item>
08. <item android:id="@+id/item06" android:icon="@android:drawable/ic_menu_help" android:title="帮助"></item>
09. </menu>
```

3）通过 Context 中的 getLayoutInflater()方法从 xml 文件中获取菜单的 Layout 样式，主要代码如下。

```
01. public boolean onCreateOptionsMenu(Menu menu) {
02.     this.getMenuInflater().inflate(R.menu.optionmenu,menu);
03.         return true;
04. }
```

4）编辑 MainActivity.java 文件，添加应用程序能响应菜单项的单击事件，主要代码如下。

```
01. public boolean onOptionsItemSelected(MenuItem item) {
02.     switch (item.getItemId()) {
03.         case R.id.item01:Toast.makeText(this,"保存菜单事件",
            Toast.LENGTH_LONG).show();
04.         break;
05.         case R.id.item02:Toast.makeText(this,"添加菜单事件",
            Toast.LENGTH_LONG).show();
06.         break;
07.         ...
08.         return false;
09.     }
10. }
```

【代码说明】

- 第 03、05 行代码分别表示菜单该选项被选中时要触发的事件。

再次运行程序，结果如图 6-2 所示。

综上所述，用两种方法实现的选项菜单在运行效果上是一样的。但在实际开发中，一般推荐使用 xml 资源文件来定义菜单，这种方式可以降低应用程序中各模块间的耦合度，而且程序代码部分也会比较清晰。

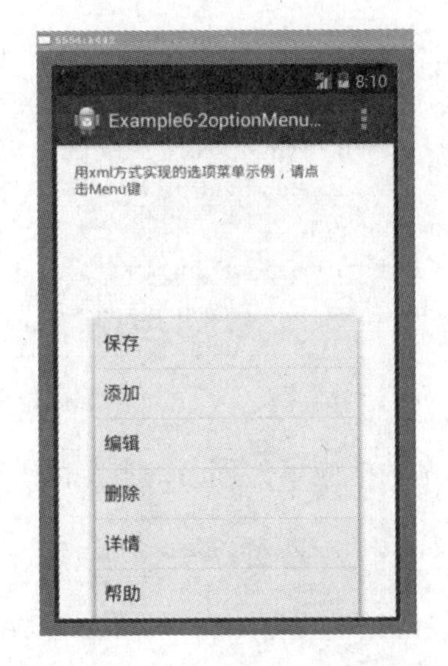

图 6-2　用 xml 文件实现选项菜单

6.1.3　上下文菜单开发

在 Android 系统中，上下文菜单相当于 Windows 系统的“右击”弹出的菜单。因为上下文菜单根据鼠标位置来判断应该弹出什么菜单，也就是根据上下文来判断如何弹出及弹出哪种菜单，所以称为上下文菜单。通常上下文菜单与当前获得焦点的 view 关联。

上下文菜单也可由两种方法来实现，一种是通过在 Java 程序中调用 add()方法实现，另一种是通过 xml 配置文件实现。下面分别通过示例进行说明。

【例 6-3】 Example6-3 contextMenu，上下文菜单示例。

本项目要用两个 Activity 分别实现由 Java 创建的上下文菜单和由 xml 资源文件创建的上下文菜单。

1）创建项目文件 Example6-3contextMenu，然后在 resource→layout 中编辑 Activity 的对应布局文件 activity_main. xml，增加一个 TextView 控件，text 的内容为“请长时间按这个 TextView 控件，以启动上下文菜单”。并添加一个按钮，显示“切换到下一个 Activity”。

2）编辑 MainActivity. java 文件，以实现由 Java 代码创建上下文菜单。首先要重写 Activity 的 onCreateOptionsMenu()方法，在该方法里调用 Menu 对象的 add()方法来添加菜单项。主要代码如下。

```
01. public boolean onCreateOptionsMenu(Menu menu) {
02. public void onCreateContextMenu(ContextMenu menu,View v,ContextMenuInfo menuInfo) {
03.         super . onCreateContextMenu(menu,v,menuInfo);
04.         menu. add(0,0,Menu. NONE,"发送" );
05.         menu. add(0,1,Menu. NONE,"标记为重要" );
06.         menu. add(0,2,Menu. NONE,"重命名" );
07.         menu. add(0,3,Menu. NONE,"删除" );
08. }
```

3）重写 Activity 的 onCreate()方法。用 registerForContextMenu(resid)方法为指定控件注册上下文菜单，参数 resid 是控件的资源索引值。主要代码如下。

```
01. protected void onCreate( Bundle savedInstanceState) {
02.         super. onCreate( savedInstanceState) ;
03.         setContentView( R. layout. activity_main) ;
04.         TextView tv = ( TextView) findViewById( R. id. tv) ;
05.         this. registerForContextMenu( tv) ;
06.         Button mybutton = ( Button) findViewById( R. id. button1) ;
07.         mybutton. setOnClickListener( new Btonclicklistener( ) ) ;
08. }
```

4）重写上下文菜单的被单击的响应事件程序，主要代码如下。

```
01. public boolean onContextItemSelected( MenuItem item) {
02.         switch (item. getItemId( ) ) {
03.         case 0: Toast. makeText( this, "发送事件", Toast. LENGTH_LONG). show( ) ;
04.         break;
05.         case 1: Toast. makeText( this, "标记为重要事件", Toast. LENGTH_LONG). show( ) ;
06.         break;
07.         case 2: Toast. makeText( this, "重命名事件", Toast. LENGTH_LONG). show( ) ;
08.         break;
09.         case 3: Toast. makeText( this, "删除事件", Toast. LENGTH_LONG). show( ) ;
10.         break; }
11.         return super. onContextItemSelected( item) ;
12. }
```

以上代码中的 item 是上下文菜单中当前被单击的菜单项，item 的值对应 menu. add( )方法中第 2 个参数的值，下面用 switch 语句对该菜单项的资源索引值（item. getItem( )）进行判断。启动应用程序，长时间按 TextView 控件，启动上下文菜单，如图 6-3a 所示。选择“标记为重要”命令后，出现“标记为重要事件”提示信息，如图 6-3b 所示。

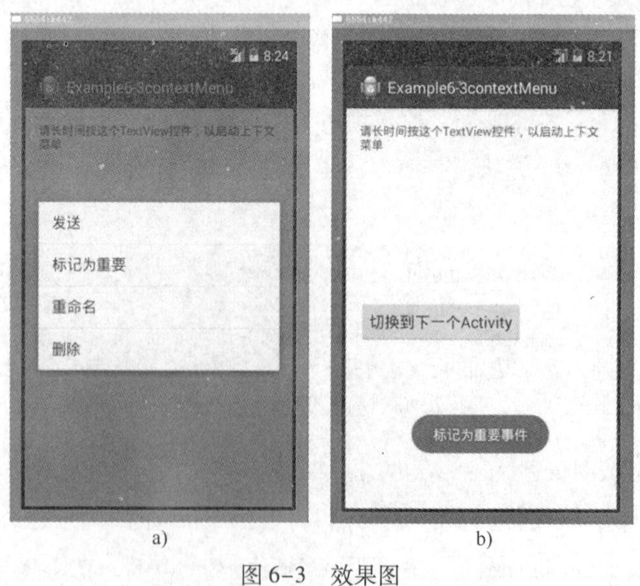

a)　　b)

图 6-3　效果图

a）启动上下文菜单　b）响应事件

5）新创建一个 Activity，并且编辑项目的全局配置文件 AndroidManifest. xml 来声明这个 Activity 组件。并在 resource→layout 中再增加一个 TextView 控件，text 的内容为“请长时间按这个 TextView 控件，以启动由 xml 资源文件创建的上下文菜单”。

6）在 menu 文件夹下创建上下文菜单资源文件 contextmenu. xml，该文件主要代码如下。

```
01. <menu xmlns:android = "http://schemas. android. com/apk/res/android" >
02.   <item
03.     android:id = "@ +id/send"
04.     android:title = "发送"/>
05.   <item
06.     android:id = "@ +id/important"
07.     android:title = "标记为重要"/>
08.   <item
09.     android:id = "@ +id/rename"
10.     android:title = "重命名"/>
11.   <item
12.     android:id = "@ +id/delete"
13.     android:title = "删除"/>
14. </menu>
```

7）在新建的 Activity 中重写 onCreateContextMenu( ) 方法，对上述资源文件进行解析，主要代码如下。

```
01. public void onCreateContextMenu(ContextMenu menu,View v,ContextMenuInfo menuInfo) {
02.       super . onCreateContextMenu(menu,v,menuInfo);
03.       MenuInflater inflator = getMenuInflater( );
04.       inflator. inflate(R. menu. contextmenu,menu);
05.       menu. setHeaderIcon(R. drawable. ic_launcher);
06.       menu. setHeaderTitle("ContextMenu");}
```

程序运行结果如图 6-4 所示。

图 6-4　用 xml 文件实现上下文菜单

通过上述几个示例，可以看出选项菜单与上下文菜单的区别。

1）选项菜单由 onCreateOpitionsMenu( ) 方法创建，与 Activity 绑定。

2）上下文菜单由 onCreateContextMenu( ) 方法创建，与某个 View 绑定。

3）每单击一次 View，与该 View 绑定的上下文菜单的 onCreateOptionsMenu( ) 都会执行一次，而选项菜单只会执行一次。

6.2 对话框开发

对话框是 Android 应用程序开发中最常用到的组件之一，对话框就是程序运行中弹出的窗口。Android 系统中有 4 种默认的对话框：警告对话框（AlertDialog）、进度对话框（ProgressDialog）、日期选择对话框（DatePickerDialog）和时间选择对话框（TimePickerDialog）。

1. AlertDialog 对话框

Android 系统中最常用的对话框是 AlertDialog，它是一个提示窗口，需要用户做出选择，一般会有标题信息、提示信息和几个按钮等。在程序中创建 AlertDialog 的操作步骤如下。

1）获得 AlertDialog 的静态内部类 Builder 对象，由该类来创建对话框。Builder 对象所提供的方法如下。

setTitle( )：给对话框设置 title。

setIcon( )：给对话框设置图标。

setMessage( )：设置对话框的提示信息。

setItems( )：设置对话框要显示的一个 list，一般用于显示几个命令。

setSingleChoiceItems( )：设置对话框显示一个单选的 List。

setMultiChoiceItems( )：用来设置对话框显示一系列的复选框。

setPositiveButton( )：给对话框添加“Yes”按钮。

setNegativeButton( )：给对话框添加“No”按钮。

2）调用 Builder 的 create( )方法。

3）调用 AlertDialog 的 show( )方法显示对话框。

下面是一个使用提示信息对话框的示例。

【例 6-4】 Example6-4 AlertDialog 对话框示例。

1）创建项目文件 Example6-4AlertDialog，然后在 resource→layout 中编辑 Activity 的对应布局文件 activity_main. xml，增加一个 TextView 控件，text 的内容为“AlertDialog 示例”。并添加一个按钮，显示“删除联系人”。

2）编辑 MainActivity. java 文件来实现 AlertDialog 对话框，主要代码如下。

```
01. public void onCreate( Bundle savedInstanceState) {
02.         super. onCreate( savedInstanceState) ;
03.         setContentView( R. layout. activity_main) ;
04.         tv = (TextView) findViewById( R. id. TextView1) ;
05.         btn = (Button) findViewById( R. id. Button1) ;
06.         final AlertDialog. Builder builder = new AlertDialog. Builder( this) ;
07.         btn. setOnClickListener( new OnClickListener( ) {
08.         public void onClick( View v) {
09.         builder. setMessage( "真的要删除该联系人吗?" ). setPositiveButton( "是" ,new
                    DialogInterface. OnClickListener( ) {
10.             public void onClick( DialogInterface dialog,int which) {
                tv. setText( "成功删除" ) ; }
11.             }). setNegativeButton( "否" ,new DialogInterface. OnClickListener( ) {
```

```
12.             public void onClick(DialogInterface dialog,int which) { tv.setText("取消删除");
13.         } });
14.         AlertDialog ad = builder.create();
15.         ad.show(); } }
16.         ); }
```

【代码说明】

- 第 06 行为实例化 AlertDialog.Builder 对象。
- 第 09 行设置提示信息的确定按钮。
- 第 11 行设置取消按钮。
- 第 14 行代码为创建对话框。
- 第 15 行代码为显示对话框。

程序运行效果如图 6-5 所示。

图 6-5　AlertDialog 对话框

2. ProgressDialog 对话框

在程序中创建 ProgressDialog 的操作步骤如下。

1）覆盖 Activity 的 onCreateDialog( ) 方法，并在其中创建对话框。

2）调用 Activity 的 showDialog( ) 方法，显示进度对话框。

下面是一个提示进度对话框的示例。

【例 6-5】Example6-5 ProgressDialog 对话框示例。

1）创建项目文件 Example6-5ProgressDialog，然后在 resource→layout 中编辑 Activity 的对应布局文件 activity_main.xml。添加一个按钮，显示“ProgressDialog 示例”。

2）编辑 MainActivity.java 文件来实现 ProgressDialog 对话框，主要代码如下。

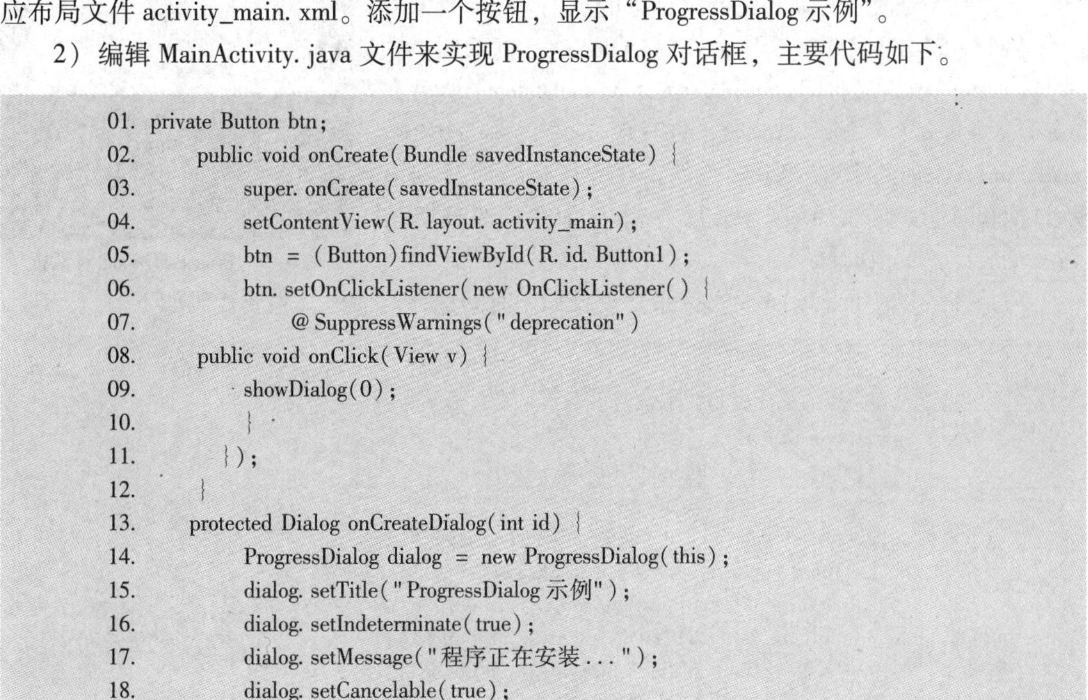

```
01. private Button btn;
02.     public void onCreate(Bundle savedInstanceState) {
03.         super.onCreate(savedInstanceState);
04.         setContentView(R.layout.activity_main);
05.         btn = (Button)findViewById(R.id.Button1);
06.         btn.setOnClickListener(new OnClickListener() {
07.             @SuppressWarnings("deprecation")
08.     public void onClick(View v) {
09.         showDialog(0);
10.         }
11.     });
12.     }
13.     protected Dialog onCreateDialog(int id) {
14.         ProgressDialog dialog = new ProgressDialog(this);
15.         dialog.setTitle("ProgressDialog 示例");
16.         dialog.setIndeterminate(true);
17.         dialog.setMessage("程序正在安装...");
18.         dialog.setCancelable(true);
```

```
19.             dialog. setButton( Dialog. BUTTON_POSITIVE, "确定",
20.             new DialogInterface. OnClickListener( ) {
21.             @ Override
22.     public void onClick( DialogInterface dialog, int which) {
23.             dialog. cancel( );
24.             }
25.             }
26.             );
27.     return dialog;
28. }
```

【代码说明】

- 第 09 行代码的作用是调用 Activity 的 showDialog( )方法，显示进度对话框。
- 第 14 行代码表示对进度对话框进行实例化。
- 第 15 ～ 19 行代码表示设置显示的标题。

程序运行效果如图 6-6 所示。

3. 日期、时间选择对话框（DatePickerDialog、TimePickerDialog）

在程序中创建日期、时间选择对话框的操作步骤如下。

1）覆盖 Activity 的 onCreateDialog( )方法，并在其中创建对话框。

2）分别在 OnDateSetListener 的 onDateSet ( ) 方法和 OnTimeSetListener 的 onTimeSet ( ) 事件方法中更改日期和时间。

下面是一个改变日期和时间对话框的示例。

【例 6-6】 Example6-6 Date&timeDialog 对话框示例。

1）创建项目文件 Example6-6Date&timeDialog，然后在 resource→layout 中编辑 Activity 的对应布局文件 activity_main. xml。添加两个 TextView 控件，在程序运行时分别显示日期和时间。再添加两个按钮，一个显示“修改日期”，另一个显示“修改时间”。

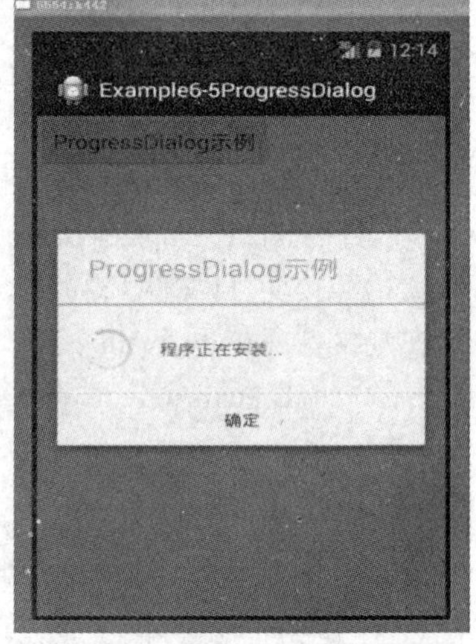

图 6-6　ProgressDialog 对话框

2）编辑 MainActivity. java 文件来实现日期、时间选择对话框，主要代码如下。

```
01. private Button btn1, btn2;
02.     private TextView tv_1, tv_2;
03.     private Calendar c;
04.     private int m_year, m_month, m_day;
05.     private int m_hour, m_minute;
06.     public void onCreate( Bundle savedInstanceState) {
07.         super. onCreate( savedInstanceState) ;
08.         setContentView( R. layout. activity_main) ;
09.         btn1 = (Button) findViewById( R. id. Button1) ;
10.         btn2 = (Button) findViewById( R. id. Button2) ;
11.         c = Calendar. getInstance( ) ;
```

```
12.             m_year = c.get(Calendar.YEAR);
13.             m_month = c.get(Calendar.MONTH);
14.             m_day = c.get(Calendar.DAY_OF_MONTH);
15.             m_hour = c.get(Calendar.HOUR);
16.             m_minute = c.get(Calendar.MINUTE);
17.             tv_1 = (TextView)findViewById(R.id.TextView1);
18.             tv_1.setText(m_year + ":" + (m_month + 1) + ":" + m_day);
19.             tv_2 = (TextView)findViewById(R.id.TextView2);
20.             tv_2.setText(m_hour + ":" + m_minute);
21.             btn1.setOnClickListener(new OnClickListener() {
22.                 public void onClick(View v) {
23.                     showDialog(0);
24.             }});
25.             btn2.setOnClickListener(new OnClickListener() {
26.                 public void onClick(View v) {
27.                     showDialog(0);
28.                 }
29.             }); }
30.         protected Dialog onCreateDialog(int id) {
31.             if(id==0)
32.             return new DatePickerDialog(this,l1,m_year,m_month,m_day);
33.             else
34.             return new TimePickerDialog(this,l2,m_hour,m_minute,false);
35.         }
36.         private OnDateSetListener l1 = new OnDateSetListener() {
37.         public void onDateSet(DatePicker view,int year,int monthOfYear,
38.             int dayOfMonth) {
39.             m_year = year;
40.             m_month = monthOfYear;
41.             m_day = dayOfMonth;
42.             tv_1.setText(m_year + ":" + (m_month + 1) + ":" + m_day);
43.         }};
44.         private OnTimeSetListener l2 = new OnTimeSetListener() {
45.         public void onTimeSet(TimePicker view,int hourOfDay,int minute) {
46.             m_hour = hourOfDay;
47.             m_minute = minute;
48.             tv_2.setText(m_hour + ":" + m_minute);
49.         //为TextView设置文本内容,重新显示时间   }};
```

【代码说明】

- 第 03 行代码表示定义日历对象。
- 第 18 行代码表示设置 TextView 里的内容为日期。
- 第 20 行代码表示设置 TextView 里的内容为时间。
- 第 23、27 行代码分别表示通过调用 Activity 的 showDialog()方法显示日期对话框和显示时间对话框。
- 第 36 行代码表示设置日期监听器。

- 第42行代码为TextView设置文本内容，重新显示日期。
- 第44行代码表示设置时间监听器。

运行应用程序，单击“修改时间”按钮，弹出修改时间对话框，如图6-7a所示。单击“修改日期”按钮，弹出修改日期对话框，如图6-7b所示。

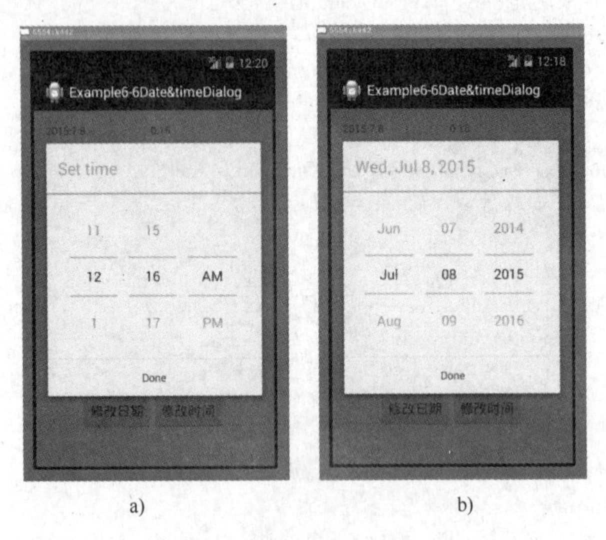

图6-7 修改时间和日期效果图
a）修改时间 b）修改日期

6.3 消息框开发

Android系统可以通过消息框的形式向用户发出提示信息，是Android系统中非常重要而常见的操作。本节主要介绍两种消息框的开发：Notification开发和Toast开发。

6.3.1 Notification开发

Notification是显示在手机状态栏的消息，是一种具有全局效果的通知。手机状态栏位于手机屏幕的最上方，一般显示了手机当前的网络状态、电池状态和时间等信息。当用户有未接电话时，Android顶部状态栏里就会出现一个小图标。提示用户有未接电话，这时手指从上方滑动状态栏就可以展开并处理该提示。Android提供了NotificationManager来管理这个状态栏。

程序一般通过NotificationManager服务来发送Notification。NotificationManager是一个重要的系统服务，该API位于应用程序框架层，应用程序可以通过NotificationManager向系统发送全局通知。

在应用程序中使用Notification的操作步骤如下。

1）获取NotificationManager。

```
01. String service = Context.NOTIFICATION_SERVICE;
02. NotificationManager mNotificationManager
03. = (NotificationManager)getSystemService(service);
```

2）实例化 Notification 对象。

```
Notification notification = new Notification();
```

3）设置 Notification 的属性。
设置显示图标，该图标会在状态栏中显示。

```
int icon = notification.icon = R.drawable.happy;
```

设置显示提示信息，该信息也在状态栏中显示。

```
String tickerText = "测试 Notification";
```

显示时间。

```
01. long when = System.currentTimeMillis();    notification.icon = icon;
02. notification.tickerText = tickerText;
03. notification.when = when;
```

还有一种方法设置属性，通过调用 setLatestEventInfo()方法在视图中设置图标和时间。

```
Notification notification_2 = new Notification(icon,tickerText,when);
```

实例化 Intent。

```
Intent intent = new Intent(MainActivity.this,MainActivity.class);
```

获得 PendingIntent。

```
PendingIntent pIntent = PendingIntent.getActivity(MainActivity.this,0,intent,0);
```

设置事件信息。

```
notification.setLatestEventInfo(MainActivity.this," Title","Content",pIntent);
```

4）发出通知。
Notification 标识 ID。

```
private static final int ID = 1;
```

发出通知。

```
mNotificationManager.notify(ID,n);
```

下面是一个具体的实例，在这个实例中定义了一个 MainActivity 发出广播通知，定义了一个 InformationReceiver 类继承 BroadcastReceiver 接收通知。当接收完通知之后，启动一个 SecondActivity，在 SecondActivity 类中通过 Notification 和 NotificationManager 来可视化显示广播通知。

【例 6-7】Example 6-7 Notification 消息框示例。

1）创建项目文件 Example6-7Notification，然后在 resource→layout 中编辑 Activity 的对应布局文件 activity_main. xml。添加 1 个按钮，显示“发出 Notification”。再创建一个 activity_second. xml 文件，添加 1 个 TextView 控件和 1 个按钮，TextView 显示内容为“显示 Notification 界面”，按钮显示“取消 Notifacation”。

2）编辑 MainActivity. java 文件来实现 Notification 的发送，主要代码如下。

```
01. public class MainActivity extends Activity {
02.         private Button btn;
03.         private static final String NOTI_ACTION
04.          = "com. android. notification. NOTI_ACTION";
05.         public void onCreate(Bundle savedInstanceState) {
06.               super. onCreate(savedInstanceState);
07.               setContentView(R. layout. activity_main);
08.               btn = (Button)findViewById(R. id. Button1);
09.               btn. setOnClickListener(listener);
10.         }
11. private OnClickListener listener = new OnClickListener() {
12.         public void onClick(View v) {
13.               Intent intent = new Intent();
14.               intent. setAction(NOTI_ACTION);
15.               sendBroadcast(intent);
16.         }
17.         };
18. }
```

3）创建一个 InformationReceiver. java 文件来实现 Notification 的发送，主要代码如下。

```
01. public class InformationReceiver extends BroadcastReceiver{
02.         public void onReceive(Context context,Intent intent) {
03.               Intent i = new Intent();
04.               i. setFlags(Intent. FLAG_ACTIVITY_NEW_TASK);
05.               i. setClass(context,SecondActivity. class);
06.               context. startActivity(i);
07.         }
08. }
```

4）创建一个 SecondActivity. java，在 SecondActivity 类中通过 Notification 和 Notification-Manager 来可视化显示广播通知。主要代码如下。

```
01. public class SecondActivity extends Activity {
02.         private Button cancelBtn;
03.         private Notification notification ;
04.         private NotificationManager mNotification;
05.         private static final int ID = 1;
06.         public void onCreate(Bundle savedInstanceState) {
```

```
07.            super.onCreate(savedInstanceState);
08.            setContentView(R.layout.activity_second);
09.            cancelBtn = (Button)findViewById(R.id.cancelButton2);
10.           String service = NOTIFICATION_SERVICE;
11.           mNotification =
12.           (NotificationManager)getSystemService(service);
13.           notification = new Notification();
14.           int icon = notification.icon =
15.           android.R.drawable.stat_notify_chat;
16.           String tickerText = "Notification example";
17.           long when = System.currentTimeMillis();
18.           notification.icon = icon;
19.           notification.tickerText = tickerText;
20.           notification.when = when;
21.           Intent intent = new Intent(this,MainActivity.class);
22.           PendingIntent pi = PendingIntent.getActivity(this,0,intent,0);
23.           notification.setLatestEventInfo(this,"消息","Hello Notification",pi);
24.           mNotification.notify(ID,notification);
25.           cancelBtn.setOnClickListener(cancelListener);
26.     }
27. private OnClickListener cancelListener = new OnClickListener() {
28.       public void onClick(View v) {
29.           mNotification.cancel(ID);
30.           }
31.     };
32. }
```

- 第 03 行代码表示定义 Notification。
- 第 04 行代码表示定义 NotificationManager。
- 第 11 行代码表示获取 NotificationManager。
- 第 13 行代码表示实例化 Notification 对象。
- 第 14 ～20 行代码表示设置 Notification 的属性。
- 第 18 行代码表示设置显示图标，该图标会在状态栏显示。
- 第 19 行代码表示设置显示提示信息，该信息也在状态栏显示。
- 第 21 行代码表示设置事件信息。

5）编辑 AndroidManifest.xml 文件，加入对 InformationReceiver 和 SecondActivity 的声明，主要代码如下。

```
01. <receiver android:name="InformationReceiver">
02.     <intent-filter>
03.         <action android:name="com.android.notification.NOTI_ACTION"/>
04.     </intent-filter>
05. </receiver>
06. <activity android:name="SecondActivity"/>
```

运行应用程序，运行效果如图 6-8 所示。

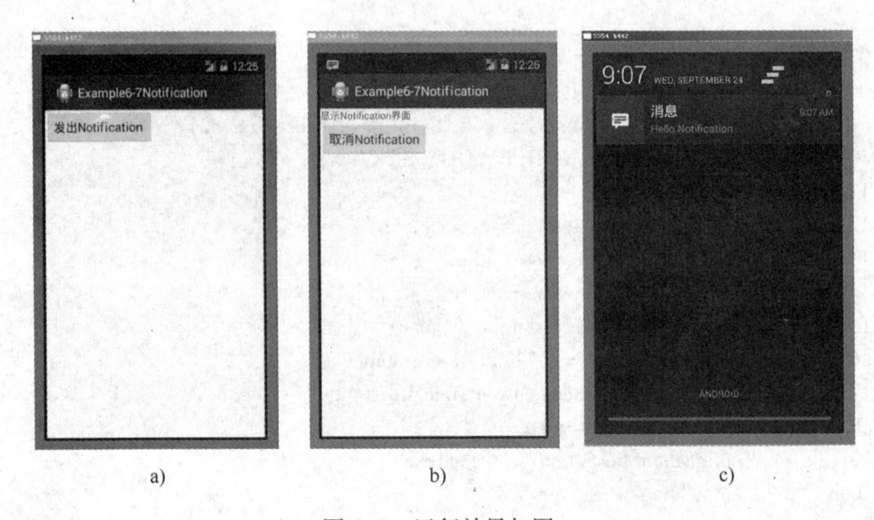

a)　　b)　　c)

图 6-8　运行效果如图

a）发出 Notification　b）Notification 提示　c）Notification 处理

如图 6-8a 所示，单击“发出 Notification”按钮，切换到第 2 个 Activity，如图 6-8b 所示。在此界面的状态栏已经出现 Notification 提示图标，用手从上向下滑动（AVD 虚拟机中用鼠标滑动）状态栏出现 Notification 处理界面，如图 6-8c 所示，为用户展开并处理这个提示。

Notification 提供了丰富的提示方式，分别介绍如下。

（1）声音提醒

使用默认声音。

```
notification.defaults |= Notification.DEFAULT_SOUND;
```

使用自定义声音。

```
notification.sound = Uri.parse("file:///sdcard/notification/ringer.mp3");
```

如果定义了默认声音，那么自定义声音将被覆盖。

（2）振动提醒

使用默认振动。

```
notification.defaults |= Notification.DEFAULT_VIBRATE;
```

使用自定义振动。

```
01. long[] vibrate = {0,100,200,300};
02. notification.vibrate = vibrate;
```

如果定义了默认振动，那么自定义振动将被覆盖。

（3）灯光闪烁提醒

使用默认闪烁。

```
notification.defaults |= Notification.DEFAULT_LIGHTS;
```

使用自定义闪烁。

```
01. notification.ledARGB = 0xff00ff00;// LED 灯的颜色,绿灯
02. notification.ledOnMS = 300;// LED 灯显示的毫秒数,300 毫秒
03. notification.ledOffMS = 1000;// LED 灯关闭的毫秒数,1000 毫秒
04. notification.flags |= Notification.FLAG_SHOW_LIGHTS;//必须加上这个标志
```

6.3.2 Toast 开发

Toast 是一个 View 视图，可快速地为用户显示少量的信息。Toast 在应用程序上浮动显示信息给用户，因为它并不获得焦点，即使用户正在输入信息也不会受到影响。它的目标是尽可能地以不显眼的方式，使用户看到应用程序提供的信息。Toast 显示的时间是有限制的，过一段时间后会自动消失，不过 Toast 本身可以控制显示时间的长短。

使用 Toast 生成提示消息的操作步骤如下。

1）调用 Toast 的构造器或 makeText()方法创建一个 Toast 对象。

2）调用 Toast 的方法设置该消息提示的对齐方式、页边距和显示的内容等。

3）调用 Toast 的 show()方法将它显示出来。

下面通过示例来进行详细说明，并用 5 种不同的方式来使用 Toast。

【例 6-8】 Example6-8 Toast 提示框示例。

1）创建项目文件 Example6-8Toast，然后在 resource→layout 中编辑 Activity 的对应布局文件 activity_main.xml。添加 5 个按钮，分别显示“系统默认 Toast”“自定义位置显示 Toast”“带图片的 Toast”“图文 Toast”和“完全自定义的 Toast”。

2）编辑 MainActivity.java 文件来实现 5 种不同方式的 Toast，主要代码如下。

```
01. class ButtonClick implements OnClickListener{
02.     public void onClick(View v) {
03.             switch (v.getId()) {
04.         case R.id.button1:
05.             toast.makeText(MainActivity.this,"默认的 Toast 显示",
                    Toast.LENGTH_LONG).show();
06.             break;
07.         case R.id.button2:
08.             toast = Toast.makeText(getApplicationContext(),"自定义位置的 Toast 显示
                ",Toast.LENGTH_LONG);
09.         toast.setGravity(Gravity.CENTER,toast.getXOffset()/2,toast.getYOffset()/2);
10.             toast.show();
11.             break;
12.         case R.id.button3:
13.             toast = Toast.makeText(getApplicationContext(),"只有图片的 Toast 显示
                ",Toast.LENGTH_LONG);
14.             ImageView img = new ImageView(MainActivity.this);
```

```
15.            img. setImageResource( R. drawable. ic_launcher) ;
16.            toast. setView( img) ;
17.            toast. show( ) ;
18.            break;
19.        case R. id. button4:
20.            toast = Toast. makeText( getApplicationContext( ) ,"有图有字的 Toast" ,
                   Toast. LENGTH_LONG) ;
21.            LinearLayout layout = (LinearLayout)toast. getView( ) ;
22.            ImageView img1 = new ImageView( getApplicationContext( ) ) ;
23.            img1. setImageResource( R. drawable. ic_launcher) ;
24.            layout. addView( img1 ,0) ;
25.            toast. show( ) ;
26.            break;
27.        case R. id. button5:
28.            LayoutInflater inflater =
29.            ( LayoutInflater) getSystemService( Context. LAYOUT_INFLATER_SERVICE) ;
30.            View view = inflater. inflate( R. layout. toast,null) ;
31.            Toast toast = new Toast( getApplicationContext( ) ) ;
32.            ImageView image = (ImageView) view. findViewById( R. id. img) ;
33.            image. setImageResource( R. drawable. ic_launcher) ;
34.            toast. setView( view) ;
35.            toast. show( ) ;
36.            break;
37.        default:
38.            break;
39.            }
40.        }
41. }
```

【代码说明】

- 第 08 行代码表示用 getApplicationContext( )方法得到程序当前的默认 Context。
- 第 09 行代码表示设置 Toast 的位置。
- 第 30 行代码表示将一个 xml 布局转换成一个 view 对象。
- 第 32 行代码表示在 view 中查找 ImageView 控件。

3）在上述代码的 Toast 第 5 种显示方式中，将一个 xml 布局转换成一个 view 对象，所以还要创建一个 toast. xml 文件来作为显示 Toast 的布局文件。主要代码如下。

```
01. <?xml version = "1.0" encoding = "utf - 8"? >
02.     <LinearLayout
03.     xmlns:android = "http://schemas. android. com/apk/res/android"
04.         android:orientation = "horizontal"
05.         android:layout_width = "fill_parent"
06.         android:layout_height = "fill_parent"
07.         android:padding = "5dp"
08.         android:background = "#708090"
09.     >
```

```
10.        <ImageView
11.            android:id = "@ +id/img"
12.            android:layout_width = "wrap_content"
13.            android:layout_height = "wrap_content"
14.        />
15.        <TextView
16.            android:layout_width = "wrap_content"
17.            android:layout_height = "wrap_content"
18.            android:text = "完全自定义的 Toast"
19.        />
20.    </LinearLayout>
```

运行应用程序，运行效果如图 6-9 所示。

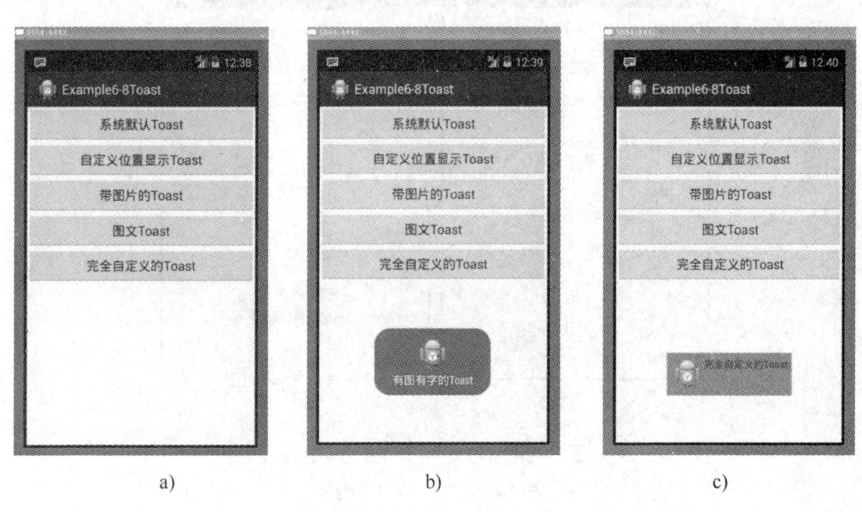

a) b) c)

图 6-9 运行应用程序效果图

a）多类型 Toast 消息 b）有图有字的 Toast c）完全自定义的 Toast

从示例可以看出，Toast 和 Dialog 是不一样的，Toast 是没有焦点的，而且 Toast 显示的时间有限，过一段时间后就会自动消失。

通过 Toast，在一定程度上可以提高用户体验，例如用户登录浏览器时，其一定会检测当前设备的网络连接状况。如果当前设备的网络连接是断开的，就可使用 Toast 告诉用户："网络初始化失败"，让用户检测是否打开数据开关或连接 Wi - Fi 等信息。

6.4 实验：Menu 和消息框的使用

为了加深对 Android 系统中 Menu 和消息框知识的理解，并对读者进行实践指导，下面介绍几个典型的实验：选项菜单的创建与应用、上下文菜单的创建与应用，以及对话框与 Toast 的综合应用。

6.4.1 实验目的和要求

- 掌握选项菜单的创建和应用。

- 掌握上下文菜单的创建和应用。
- 掌握警告对话框、Notification 和 Toast 提示信息的创建和使用。

6.4.2 题目1 选项菜单的创建与应用

1. 任务描述

本实验的目的是让大家熟悉选项菜单的创建与应用。选项菜单有两种创建方法，一种是在 Java 代码中创建，一种是通过 xml 资源文件创建，综合比较，第二种方法有一定的优势。本实验用第二种方法创建选项菜单，并且实现选项菜单的相应事件。

项目界面及运行结果如图 6-10 所示。

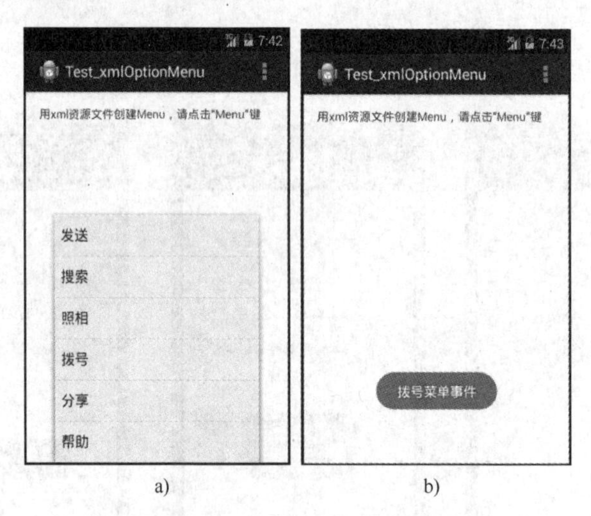

a) b)

图 6-10 项目界面及运行结果
a) 选项菜单 b) 拨号菜单事件

2. 任务要求

1) 完成 Android 开发平台的搭建及相关配置。

2) 创建项目并熟悉文件目录结构。

3) 能够编写选项菜单的 xml 资源文件。

4) 编写 Activity，通过 Context 中的 getLayoutInflater( ) 方法从 xml 文件中获取菜单的 Layout 样式。

5) 在 Activity 中实现菜单事件。

3. 知识点提示

本任务主要用到以下几个知识点。

1) 选项菜单的创建及使用。

2) 通过 Context 中的 getLayoutInflater( ) 方法从 xml 文件中获取菜单的 Layout 样式。

3) 实现菜单的事件。

4. 操作步骤提示

1) 创建项目，新建一个 Android 工程并命名为 Test_xmlOptionMenu。

2) 根据项目界面添加布局文件。

3）编写选项菜单的 xml 资源文件。

4）编辑 MainActivity. java，主要通过 Context 中的 getLayoutInflater( ) 方法从 xml 文件中获取菜单的 Layout 样式，并且实现菜单事件。

6.4.3 题目 2 上下文菜单的创建与应用

1. 任务描述

本实验的目的是让读者熟悉与掌握 Android 上下文菜单的创建与使用。上下文菜单有两种方法来实现，一种是通过在 Java 程序中调用 add( ) 方法实现，另一种是通过 xml 配置文件实现。本例使用在 Java 程序中实现的方法，并且响应上下文菜单中每一个菜单项的事件。

项目界面及运行结果如图 6-11 所示。

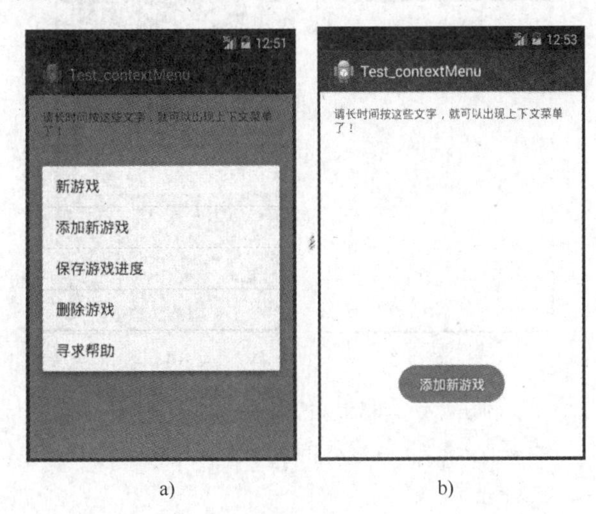

图 6-11 项目界面及运行结果

a）显示上下文菜单 b）选择“添加新游戏”命令后的界面

2. 任务要求

1）完成 Android 开发平台的搭建及相关配置。

2）创建项目并熟悉文件目录结构。

3）能够编写 Activity 对应的布局文件。

4）在 Activity 中调用 add( ) 方法添加上下文菜单，并能够实现上下文菜单中每个菜单项的单击事件。

3. 知识点提示

本任务主要用到以下几个知识点。

1）上下文菜单的创建和使用。

2）在 Java 程序中调用 add( ) 方法实现上下文菜单，并能够重写 onCreateContenxtMenu( ) 方法与 onContextItemSelected( ) 方法。

4. 操作步骤提示

1）覆盖 Activity 的 onCreateContenxtMenu( ) 方法，调用 Menu 的 add( ) 方法添加菜单项 (MenuItem)。

2）覆盖 Activity 的 onContextItemSelected( )方法，响应上下文菜单中菜单项的单击事件。

3）调用 registerForContextMenu( )方法，为视图注册上下文菜单。

6.4.4 题目 3 对话框与 Toast 的综合应用

1. 任务描述

本实验的目的是通过创建警告对话框（AlertDialog）和 Toast，使读者更好地理解对话框与 Toast 的实现原理及两者的区别，Toast 是没有焦点的，而且 Toast 显示的时间有限。

项目界面及运行结果如图 6-12 所示。

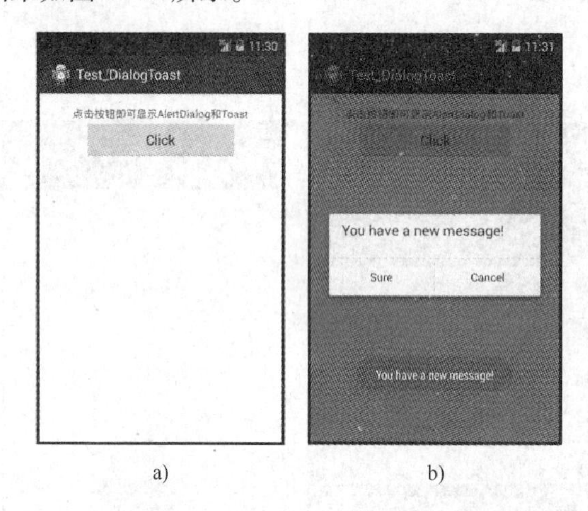

a)　　　　b)

图 6-12 对话框和 Toast 示例运行结果

a）运行主界面 b）显示 AlertDialog 和 Toast 后的界面

2. 任务要求

1）完成 Android 开发平台的搭建及相关配置。

2）创建项目并熟悉文件目录结构。

3）能够编写程序主界面的布局文件。

4）编写 Activity，当单击“Click”按钮时同时显示 AlertDialog 和 Toast。

3. 知识点提示

本任务主要用到以下几个知识点。

1）获得 AlertDialog 静态内部类 Builder 对象，并调用 create( )方法创建对话框。

2）调用 Toast 的构造器或 makeText( )方法创建一个 Toast 对象。设置该消息提示的对齐方式、页边距和显示的内容等。

3）分别调用 AlertDialog 和 Toast 的 show( )方法将它们显示出来。

4. 操作步骤提示

1）创建项目，新建一个 Android 工程并命名为 Test_DialogToast。

2）根据项目界面添加布局文件。

3）编辑 MainActivity. java，主要实现当单击“Click”按钮时同时显示 AlertDialog 和 Toast，分别显示“You have a new message!”。

本章小结

本章首先介绍了 Android 应用程序用户界面中最常见的元素之一——Menu（菜单），Menu 在手机应用程序中起着重要的导航作用。接下来又详细介绍了 Android 系统中的 4 种默认的对话框：警告对话框（AlertDialog）、进度对话框（ProgressDialog）、日期选择对话框（DatePickerDialog）和时间选择对话框（TimePickerDialog）。最后介绍了 Android 系统提供的两种弹出消息的方式：Notification 和 Toast。

本章不仅从理论上进行了深入的阐述，而且对每一个组件的每一种应用都附加了项目示例，并对项目运行的过程与结果进行了分析与总结。

课后练习

一、选择题

1. 弹出 Android 应用程序的选项菜单需要按手机上的哪个按键？（　　）

   A. “返回”键　　B. “电源”键　　C. “Menu”键　　D. “设置”键

2. 如何弹出 Android 应用程序中 View 组件的上下文菜单？（　　）

   A. 按“返回”键　　B. 长时间按住 View 组件

   C. 按“Menu”键　　D. 按“设置”键

3. 用 Java 创建选项菜单时，调用 Menu 对象的什么方法来添加菜单项？（　　）

   A. add()　　B. addmenu()　　C. insert()　　D. insertmenu()

4. 用 Android 系统创建对话框时，需要调用 Activity 中的什么方法显示对话框？（　　）

   A. add()　　B. showMessage()　　C. Dialog()　　D. showDialog()

5. 下列选项中，哪项不是 Toast 提示框的提示方式？（　　）

   A. 声音提醒　　B. 振动提醒　　C. 短信息提醒　　D. 灯光闪烁提醒

二、简答题

1. 在 Android 系统中，常见的有哪两种菜单，它们有什么区别？
2. Android 系统中有哪几种对话框类型？
3. 简述 Notification 的作用和使用步骤。
4. 简述 Toast 的作用和使用步骤。
5. Toast 在使用时有几种显示方式？

第7章　数据库与存储技术

作为一个完整的应用程序，数据存储操作是必不可少的。因此，Android 系统一共提供了四种数据存储方式。分别是 SharedPreferences 存储数据、SQLite 存储、Content Provider 存储和文件存储。

- SQLite：SQLite 是一个轻量级的数据库，支持基本 SQL 语法，是一种常被采用的数据存储方式。Android 为此数据库提供了一个名为 SQLiteDatabase 的类，封装了一些操作数据库的 API。
- SharedPreferences：SharedPreferences 是除 SQLite 数据库外，另一种常用的数据存储方式，其本质就是一个 xml 文件，常用于存储较简单的数据和配置信息。
- File：即常说的文件（I/O）存储方法，常用于存储大数据量的数据和文件，如文本文件、二进制文件、PC 文件和多媒体文件等，其缺点是更新数据较困难。
- ContentProvider：这是 Android 系统中能实现所有应用程序共享的一种数据存储方式，由于数据通常在各应用间是互相私密的，所以此存储方式较少使用，但是其又是必不可少的一种存储方式。例如音频、视频、图片和通讯录，一般都可以采用此种方式进行存储。每个 Content Provider 都会对外提供一个公共的 URI（包装成 Uri 对象），当应用程序有数据需要共享时，就需要使用 Content Provider 为这些数据定义一个 URI，然后其他的应用程序就通过 Content Provider 传入这个 URI 来对数据进行操作。

7.1　SQLite 数据库概述

SQLite 是轻量级嵌入式数据库引擎，它支持 SQL 语言，并且只利用很少的内存就有很好的性能。此外，SQLite 还是开源的，任何人都可以使用它。许多开源项目（如 Mozilla、PHP 和 Python）都使用了 SQLite。SQLite 由以下几个组件组成：SQL 编译器、内核、后端及附件。SQLite 通过利用虚拟机和虚拟数据库引擎（VDBE），使调试、修改和扩展 SQLite 的内核变得更加方便。

SQLite 数据库作为一种轻量级数据库，其特点有：面向资源有限的设备；没有服务器进程；所有数据存放在同一文件中跨平台；以及可自由复制等。

7.2　SQLite 数据库操作

SQLite 是一个轻量级关系型数据库，其操作与 MySQL、SQL Server 类似。SQLite 基本上符合 SQL－92 标准，和其他的主要 SQL 数据库没有什么区别。因此，可以使用基本的 SQL 语句对数据库进行操作。本节主要讲解 SQLite 数据库的创建和增删改查数据操作。

📖 需要注意的是：SQLite 数据类型只有 NULL、INTEGER、REAL（浮点数）、TEXT（字符串）和 BLOB（大数据）5 种类型，不存在 BOOLEAN 和 DATE 类型。

7.2.1 创建 SQLite 数据库

Android 提供了 SQLiteOpenHelper 来帮助用户创建数据库，只要继承 SQLiteOpenHelper 类，就可以轻松地创建数据库。SQLiteOpenHelper 类根据开发应用程序的需要，封装了创建和更新数据库使用的逻辑。

下面是数据库创建的示例：单击按钮，创建 SQLite 数据库。

1）新建一个 Android 项目并命名为：Example7 - 1 SQLiteCreate，将包名命名为 org. synu. sqlitecreate，如图 7-1 所示。

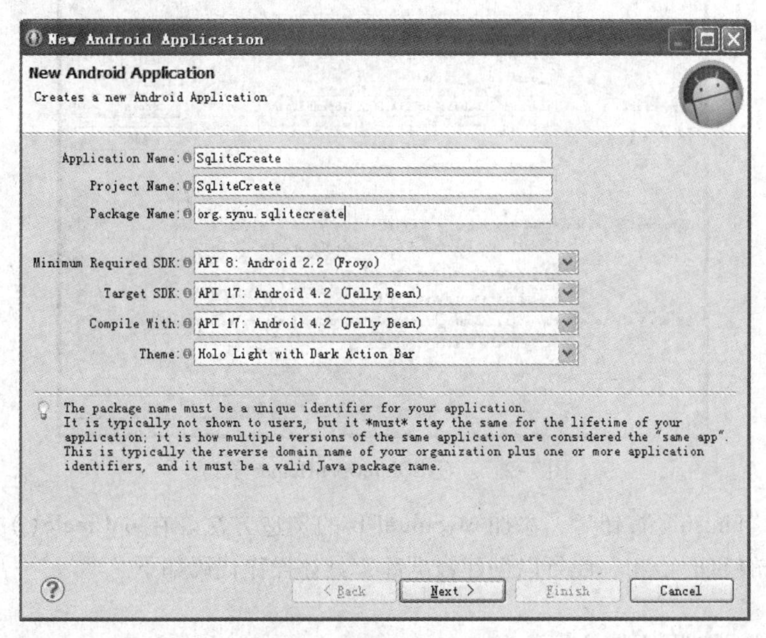

图 7-1 创建 Android 项目

2）创建完成 Android 项目后，打开默认的 activity_main. xml 布局文件。修改布局文件，将 TextView 改为 Button 按钮控件，具体代码如下。

```
01. <RelativeLayout xmlns:android="http://schemas.android.com/apk/res/android"
02. xmlns:tools="http://schemas.android.com/tools"
03. android:layout_width="match_parent"
04. android:layout_height="match_parent"
05. android:paddingBottom="@dimen/activity_vertical_margin"
06. android:paddingLeft="@dimen/activity_horizontal_margin"
07. android:paddingRight="@dimen/activity_horizontal_margin"
08. android:paddingTop="@dimen/activity_vertical_margin"
09. tools:context=".MainActivity" >
10. <Button
11. android:layout_width="fill_parent"
12. android:layout_height="wrap_content"
13. android:text="@string/btnText"
14. android:id="@+id/btn"/>
15. </RelativeLayout>
```

3）在包 org. synu. sqlitecreate 下新建一个类，类名为“MySqliteDB”，该类要继承 SQLite-OpenHelper，如图 7-2 所示。

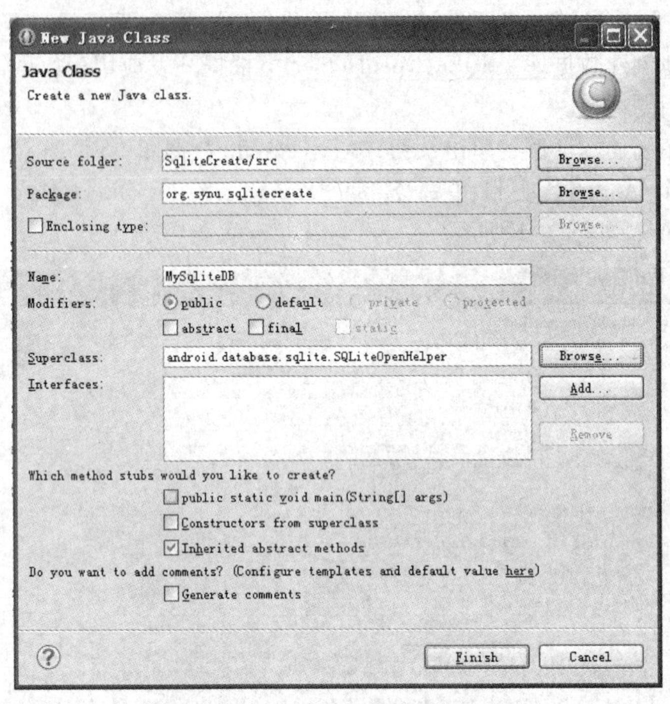

图 7-2　新建 SQLiteOpenHelper 子类

4）单击“Finish”按钮后，添加 MySqliteDB 的构造方法。在 onCreate( )方法下，添加创建数据库表的 SQL 语句，便可以创建数据库，具体操作代码如下。

```
01. package org.synu.sqlitecreate;
02. import android.content.Context;
03. import android.database.sqlite.SQLiteDatabase;
04. import android.database.sqlite.SQLiteDatabase.CursorFactory;
05. import android.database.sqlite.SQLiteOpenHelper;
06. public class MySqliteDB extends SQLiteOpenHelper {
07.         public MySqliteDB(Context context,String name,CursorFactory factory,
08.                 int version) {
09.             super(context,name,factory,version);
10.         }
11.         public void onCreate(SQLiteDatabase db) {
12.             db.execSQL("create table if not exists people(" +
13.                         "pid integer primary key," +
14.                         "pname text," +
15.                         "page integer)"
16.                         );
17.         }
18.         public void onUpgrade(SQLiteDatabase db,int oldVersion,int newVersion) {
19.         }
20. }
```

5）在 MainActivity 类中添加以下代码，完成单击按钮创建 SQLite 数据库。

```
01. package org.synu.sqlitecreate;
02. import android.app.Activity;
03. import android.database.sqlite.SQLiteDatabase;
04. import android.os.Bundle;
05. import android.view.Menu;
06. import android.view.View;
07. import android.view.View.OnClickListener;
08. import android.widget.Button;
09. public class MainActivity extends Activity {
10.     Button btn;
11.     MySqliteDB mydb;
12.     protected void onCreate(Bundle savedInstanceState) {
13.         super.onCreate(savedInstanceState);
14.         setContentView(R.layout.activity_main);
15.         mydb = new MySqliteDB(this,"MyDB",null,1);
16.         btn = (Button)findViewById(R.id.btn);
17.         btn.setOnClickListener(new OnClickListener() {
18.             public void onClick(View v) {
19.                 SQLiteDatabase db = mydb.getReadableDatabase();
20.             }
21.         });
22.     }
23.     public boolean onCreateOptionsMenu(Menu menu) {
24.         getMenuInflater().inflate(R.menu.main,menu);
25.         return true;
26.     }
27. }
```

【代码说明】

- 第 10、11 行分别声明 Button 按钮对象和创建好的 MySqliteDB 对象，MySqliteDB 继承了 SQLiteOpenHelper，可以用来创建数据库。
- 第 15 行代码调用了 MySqliteDB 的构造方法，该方法的 4 个参数中，第 1 个参数 this 表示在当前类下操作数据库，第 2 个参数表示数据库名称，这里为字符串类型，第 3 个参数 CursorFactory 为工厂类型（目前用不到这个参数，因此设置为 null），第 4 个参数表示数据库版本。
- 第 19 行代码通过 getReadableDatabase() 得到一个可读的数据库 db，这样就可以创建一个数据库。

单击运行 Android Application，其结果如图 7-3 所示。

6）在运行结果模拟器中单击“创建 Sqlite 数据库”按钮，模拟器上看不到任何反应。可以看一下数据库的创建情况，具体操作步骤如下。

① 单击“开始”按钮，选择“运行”命令，在弹出的对话框中输入“cmd”，按〈Enter〉键，进入 console 控制台。

② 在命令行下输入 adb shell 并按〈Enter〉键，控制台提示文字变为：root@android:/#，

这样就进入了 Linux 命令行模式，如图 7-4 所示。

图 7-3　创建数据库运行结果

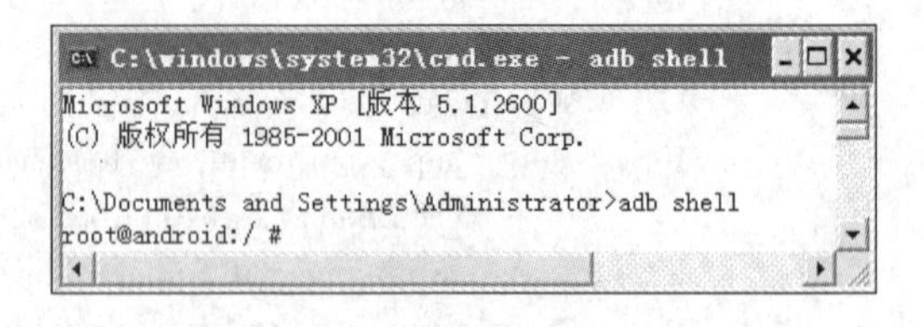

图 7-4　adb shell 命令

③ 进入数据库所在文件夹目录：cd/data/data，查一下文件路径，使用 Linux 查询命令 ls -l，进入 data 目录并进行查询，如图 7-5 所示。

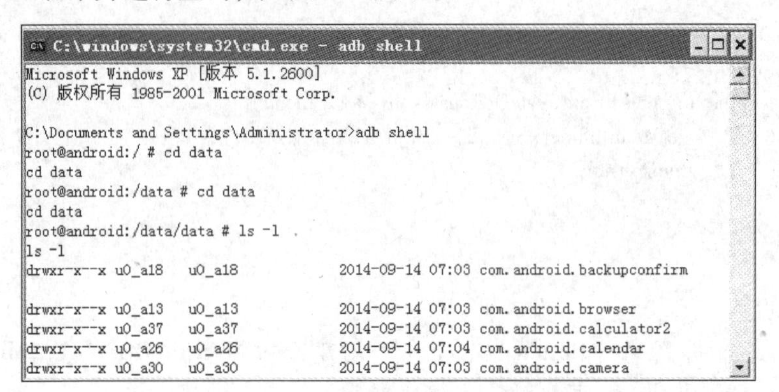

图 7-5　进入 data 目录并查询文件

④ 继续进入数据库所在文件夹目录：cd/data/data/org. synu. sqlitecreate/databases，然后再一次使用 ls -l 查询语句进行查询，如图 7-6 所示，此时就可以看到创建的数据库 MyDB 和创建时间。

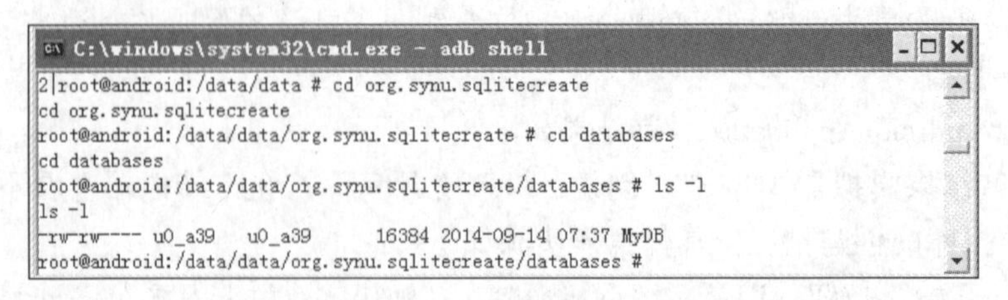

图 7-6　进入 databases 目录并查询文件

⑤ 继续在 databases 目录下输入 sqlite3 MyDB（MyDB 是数据库名），命令提示行就变为

sqlite >，如图 7-7 所示，此时就可以在 sqlite > 命令提示行下输入 SQL 语句，也可以输入“. help”进行命令查询。

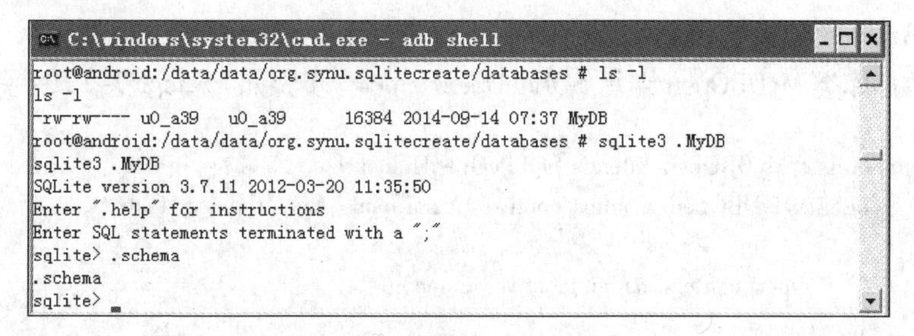

图 7-7　进入 sqlite 命令行

⑥ 继续在 sqlite > 命令提示行下输入“. schema people”（people 是表名），就可以看到刚才创建的 people 这个表的字段了，如图 7-8 所示。

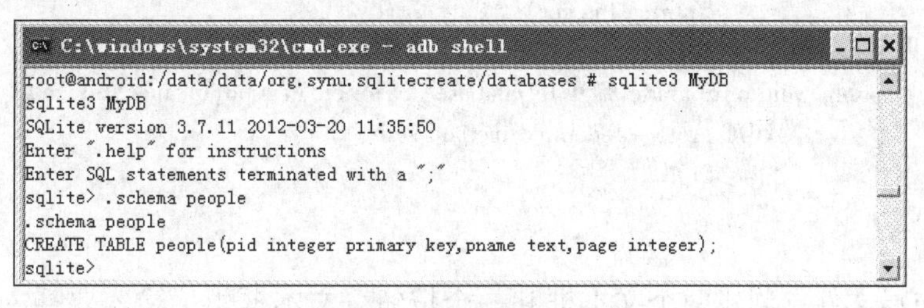

图 7-8　查看所创建表的字段

📖 在 sqlite > 提示符下可以使用 SQL 语句对数据库进行操作，但多数情况下还是使用代码对数据库进行创建和增删改查，如本例和下节示例所示。

7.2.2　添加数据

上节的示例讲到 SQLite 数据库的创建，创建完数据库后还需要添加数据。下面将讨论如何在数据库中添加数据和在手机上显示添加数据，主要有以下 3 种方法，前两种都是在数据库中添加数据，第 3 种是添加数据并显示在手机上。

1. 使用 SQL 语句直接在命令行中添加

在 sqlite > 命令提示符下直接输入插入的 SQL 语句，然后用 SQL 语句查询，就可以查到插入的两条数据，如图 7-9 所示。

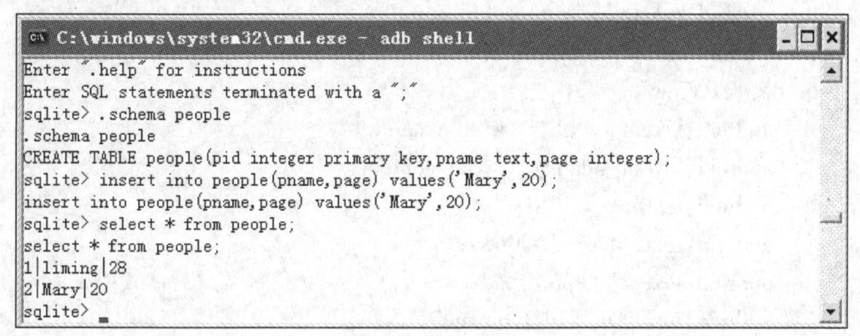

图 7-9　插入的数据语句

2. 代码实现添加数据

为简单起见，可以模仿 7.2.1 节中的实例，主要操作步骤如下。

1）创建 Android 项目，设置项目名称为 Example7-2 SQLiteAdd。

2）创建数据库类 MyDBOpen 继承 SQLiteOpenHelper，步骤如 Example7-1，主要代码如下。

```
01. public class MyDBOpen extends SQLiteOpenHelper {
02.     public MyDBOpen(Context context,String name,CursorFactory factory,
03.             int version) {
04.         super(context,name,factory,version);
05.     }
06.     public void onCreate(SQLiteDatabase db) {
07.         db.execSQL("create table if not exists product(" +
08.                 "id integer primary key," +
09.                 "pname varchar," +
10.                 "pprice integer)");
11.     }
12.     public void onUpgrade(SQLiteDatabase db,int oldVersion,int newVersion) {
13.         // TODO Auto-generated method stub
14.     }
15. }
```

3）创建布局文件，创建两个文本框和一个按钮，文本框用于输入要插入的数据，按钮用于确认输入的数据。

```
01. package org.synu.sqlitecreate;
02. <LinearLayout xmlns:android="http://schemas.android.com/apk/res/android"
03.     xmlns:tools="http://schemas.android.com/tools"
04.     android:layout_width="match_parent"
05.     android:layout_height="match_parent"
06.     android:background="#ffffff"
07.     android:orientation="vertical"
08.     tools:context=".SQLiteActivity" >
09.     <TextView
10.         android:layout_width="fill_parent"
11.         android:layout_height="wrap_content"
12.         android:textSize="32sp"
13.         android:textColor="#006699"
14.         android:gravity="center_horizontal"
15.         android:text="Sqlite 测试"/>
16.         <TextView
17.         android:layout_width="wrap_content"
18.         android:layout_height="wrap_content"
19.         android:textSize="18sp"
20.         android:textColor="#006699"
21.         android:text="商品名称"
22.         android:id="@+id/tvpname"
23.         />
```

```
24.            <EditText
25.            android:layout_width = "fill_parent"
26.            android:layout_height = "wrap_content"
27.            android:inputType = "text"
28.            android:id = "@ +id/etpname"
29.            />
30.        <TextView
31.            android:layout_width = "wrap_content"
32.            android:layout_height = "wrap_content"
33.            android:textSize = "18sp"
34.            android:textColor = "#006699"
35.            android:text = "商品价格"
36.            android:id = "@ +id/tvpprice"
37.            />
38.            <EditText
39.            android:layout_width = "fill_parent"
40.            android:layout_height = "wrap_content"
41.            android:inputType = "number"
42.            android:id = "@ +id/etpprice"
43.                />
44.            <Button
45.            android:layout_width = "fill_parent"
46.            android:layout_height = "wrap_content"
47.            android:text = "加入数据库商品"
48.            android:id = "@ +id/btn1"
49.                />
```

4）在 MainActivity 类中找到每个控件的对象，并且在按钮单击事件中监听数据库的插入事件。完成单击按钮即触发插入数据的效果。

```
01. public class SQLiteActivity extends Activity {
02.     EditText etpname;
03.     EditText etpprice;
04.     MyDBOpen mydb;
05.     Button btn1;
06.     SQLiteDatabase db;
07.     protected void onCreate(Bundle savedInstanceState) {
08.         super.onCreate(savedInstanceState);
09.         setContentView(R.layout.activity_sqlite);
10.         etpname = (EditText)findViewById(R.id.etpname);
11.         etpprice = (EditText)findViewById(R.id.etpprice);
12.         mydb = new MyDBOpen(this,"shop.db",null,1);
13.         btn1 = (Button)findViewById(R.id.btn1);
14.         btn1.setOnClickListener(new OnClickListener() {
15.             public void onClick(View v) {
16.             db = mydb.getWritableDatabase();      //创建数据库
17.             String pname = etpname.getText().toString();
18.             String pprice = etpprice.getText().toString();
```

```
19.                int price = Integer. valueOf( pprice) ;
20.                db. execSQL( " insert into product( pname, pprice)  values('" +
21.                pname + "'," + price + ")") ;
22.                db. close( ) ;
23.                }
24.            }) ;
25.        }
26. }
```

【代码说明】

- 第 20、21 行代码使用数据库对象的 execSQL( ) 方法来执行 SQL 语句。由于 pname 是 varchar 类型，因此需要添加单引号。
- 第 22 行代码表示数据库使用完后要关闭数据库，以减少资源消耗。
- 由于 id 是主键（创建数据库时用的 primary key），因此插入数据时可以不插入 id，主键 id 具有从 1 开始自增的性能。
- 第 16 行代码要使用 getWritableDatabase( ) 来得到一个可写的数据库对象，因为添加数据需要写入数据。

运行结果如图 7-10 所示。

图 7-10　添加数据运行结果

【数据测试】

1）输入测试数据商品名称和商品价格，然后单击“加入数据库商品”按钮，如图 7-11 所示。

2）首先进入控制台，输入 adb shell，进入 Linux 命令输入行，然入进入 databses 目录（cd/data/data/com. example. sqliteadd/databases/），最后输入 sqlite3 shop. db，进入 sqlite3 数据库。

图 7-11　输入添加数据

3）使用查询语句“select * from product;”进行查询，查询结果显示出刚才在客户端侧输入的那条数据，证明数据插入成功，如图 7-12 所示。

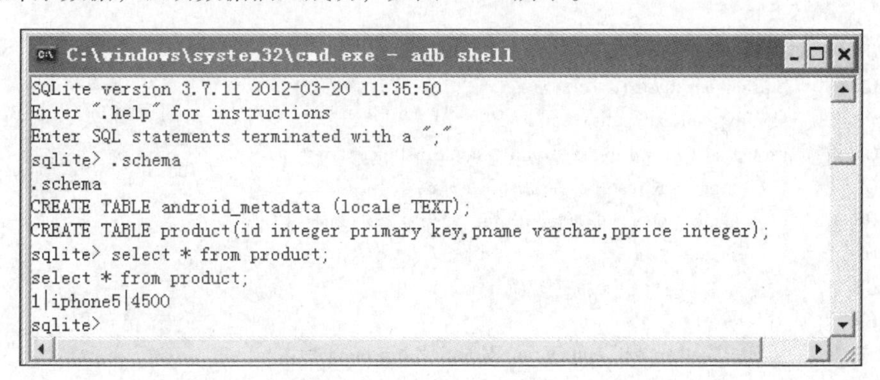

```
C:\windows\system32\cmd.exe - adb shell
SQLite version 3.7.11 2012-03-20 11:35:50
Enter ".help" for instructions
Enter SQL statements terminated with a ";"
sqlite> .schema
.schema
CREATE TABLE android_metadata (locale TEXT);
CREATE TABLE product(id integer primary key,pname varchar,pprice integer);
sqlite> select * from product;
select * from product;
1|iphone5|4500
sqlite>
```

图 7-12　查询插入数据结果

3. 添加数据并输出

要完成通过 SQLite 数据库在手机上添加数据并显示在手机上，需要完成以下 3 步。

第 1 步：创建数据库。

第 2 步：将数据库中的数据以 list（列表形式）显示在手机上。

第 3 步：在手机上按下“添加”按钮，跳转到数据添加页面，输入添加数据，单击确认，完成数据的添加，并且跳回原来数据添加页面，页面上显示出添加的数据。

具体操作步骤如下。

1）创建 Android 项目，设置名称为 Example7-3 SQLiteListAdd，创建数据库表，可仿照 7.2.1 节，为方便起见，这里先插入几条数据。

```
01. public class SqliteOpen extends SQLiteOpenHelper {
02.     public SqliteOpen( Context context,String name,CursorFactory factory,
03.             int version) {
04.         super( context,name,factory,version);
05.     }
06.     public void onCreate( SQLiteDatabase db) {
07.         db. execSQL( "create table if not exists user( " +
08.                 "uid integer primary key," +
09.                 "uname varchar," +
10.                 "uage integer" +
11.                 ")");
12.         db. execSQL( "insert into user( uname,uage) values('tom',21)");
13.         db. execSQL( "insert into user( uname,uage) values('jerry',18)");
14.         db. execSQL( "insert into user( uname,uage) values('Mary',25)");
15.         db. execSQL( "insert into user( uname,uage) values('Lucy',19)");
16.     }
17.     @ Override
18.     public void onUpgrade( SQLiteDatabase db,int oldVersion,int newVersion) {
19.         // TODO Auto - generated method stub
20.     }
21. }
```

2）将建好的数据库显示在手机的 list（列表）中，主要代码如下。

```
01. public class MainActivity extends ListActivity {
02.     SqliteOpen mydb;
03.     Context context = this;
04.     protected void onCreate( Bundle savedInstanceState) {
05.         super. onCreate( savedInstanceState);
06.         mydb = new SqliteOpen( this,"user0. db",null,1);
07.         show( );
08.     }
09.     @ Override
10.     public boolean onCreateOptionsMenu( Menu menu) {
11.         menu. add(1,1,1,"增加"). setIcon( R. drawable. ic_launcher);
12.         return super. onCreateOptionsMenu( menu);
13.     }
14.     public boolean onMenuItemSelected( int featureId,MenuItem item) {
15.         if( item. getItemId( ) == 1)
16.         {
17.             Intent in = new Intent( );
18.             in. setClass( this,AddActivity. class);
19.             startActivity( in);
20.         }
21.         return super. onMenuItemSelected( featureId,item);
22.     }
23.     public void show( )
24.     {
```

```
25.        SQLiteDatabase db = mydb.getReadableDatabase();
26.        Cursor cur = db.query("user",new String[]{"uid","uname","uage"},"",null,null,null,null);
27.        ArrayList<HashMap<String,Object>> ulist = new ArrayList<HashMap<String,Object>>();
28.        while(cur.moveToNext())
29.            {
30.                HashMap<String,Object> hm = new HashMap<String,Object>();
31.                hm.put("uid",cur.getInt(0));
32.                hm.put("uname",cur.getString(1));
33.                hm.put("uage",cur.getInt(2));
34.                ulist.add(hm);
35.            }
36.            SimpleAdapter adp = new SimpleAdapter(this, ulist, R.layout.list, new String[]
               {"uid","uname","uage"},new int[]{R.id.uid,R.id.uname,R.id.uage});
37.        this.getListView().setAdapter(adp);
38.    }
39. }
```

【代码说明】

- 第10～13行代码主要是添加一个“增加”菜单，第14～20行是这个“增加”菜单的单击事件，即单击菜单后进行页面跳转。由于有页面跳转，因此需要在AndroidManifest.xml文件中添加注册新的页面信息。
- 第23～39行代码主要添加了一个在listView（列表）上显示数据库中数据的show()方法，并且在第07行onCreate()下面调用。
- 在手机上以list形式显示数据主要有5步：第1步，得到可读的DB；第2步，获得一个查询结果集Cursor；第3步，创建可变数组ArrayList<HashMap<String, Object>>，并且把查询结果集放入这个可变数组中；第4步，配置list的适配器ArrayAdapter；第5步，将适配器放入listView中。
- Cursor结果集对象cur也称为游标，通过moveToNext()方法进行遍历，将每条数据放在一个HashMap中，最后把这个HashMap放到list里。

📖 public Cursor query (String table, String[] columns, String selection, String[] selectionArgs, String groupBy, String having, String orderBy, String limit)参数如下。

table：表名。相当于select语句from关键字后面的部分。如果是多表联合查询，可以用逗号将两个表名分开。

columns：要查询出来的列名。相当于select语句中select关键字后面的部分。

selection：查询条件子句，相当于select语句where关键字后面的部分，在条件子句允许使用占位符“?”，全部显示，即没有查询条件这里就用“”。

selectionArgs：对应于selection语句中占位符的值，值在数组中的位置与占位符在语句中的位置必须一致，否则就会有异常，没有查询条件就用null。

groupBy：相当于select语句group by关键字后面的部分。

having：相当于select语句having关键字后面的部分。

orderBy：相当于select语句order by关键字后面的部分，如personid desc，age asc。

limit：指定偏移量和获取的记录数，相当于select语句limit关键字后面的部分。

3）创建一个AddActivity的类继承Activity，完成单击添加事件，主要代码如下。

```
01.  public class AddActivity extends Activity {
02.  EditText unet;
03.  EditText uaget;
04.  Button button1;
05.  Context context = this;
06.  SqliteOpen mysql;
07.  protected void onCreate(Bundle savedInstanceState) {
08.          super.onCreate(savedInstanceState);
09.          setContentView(R.layout.add);
10.          mysql = new SqliteOpen(this,"user0.db",null,1);
11.          unet = (EditText)findViewById(R.id.unet);
12.          uaget = (EditText)findViewById(R.id.uaget);
13.          button1 = (Button)findViewById(R.id.btn);
14.          button1.setOnClickListener(new OnClickListener() {
15.                  public void onClick(View v) {
16.                          String name = unet.getText().toString();
17.                          String age = uaget.getText().toString();
18.          String sql = "insert into user(uname,uage) values('" + name + "','" + age + "')";
19.                          SQLiteDatabase db = mysql.getWritableDatabase();
20.                          db.execSQL(sql);
21.                          db.close();
22.          Toast.makeText(context,"添加成功!",Toast.LENGTH_SHORT).show();
23.                  Intent in = new Intent();
24.                  in.setClass(context,MainActivity.class);
25.                  startActivity(in);
26.                  }
27.          });
28.  }
29. }
```

【代码说明】

- 第 09 行代码让页面显示 add.xml 布局文件，此布局文件为两个 EditText 和一个 Button 控件。
- 第 10 ～ 13 行代码是获取被操作的数据库对象、EditText 和 Button 对象。
- 第 18、19 行代码是拼接一个 SQL 插入语句的字符串，并且调用 execSQL( ) 方法执行 SQL 语句，进行数据添加。
- 第 22 行代码使用 Toast 显示消息框提示信息，因为 Toast 在 Button 的单击事件的匿名内部类中，因此需要使用 context 上下文。

【数据测试】

1）选中项目，单击运行 Android Application，运行结果如图 7-13 所示。

2）单击“MENU”菜单，选择“增加”命令，页面跳转到添加数据页面，输入数据信息如图 7-14 所示。

3）完成输入添加的信息后单击“注册”按钮，跳回到第一个主页面，可以看到 list 中添加了一条新数据（第 5 条数据），如图 7-15 所示。

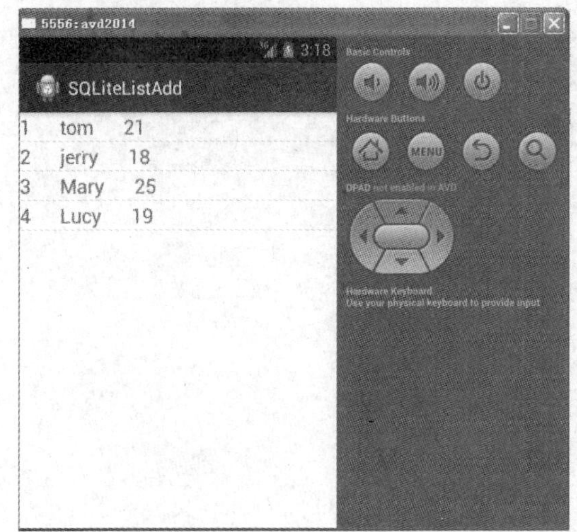

图 7-13　list 中显示数据

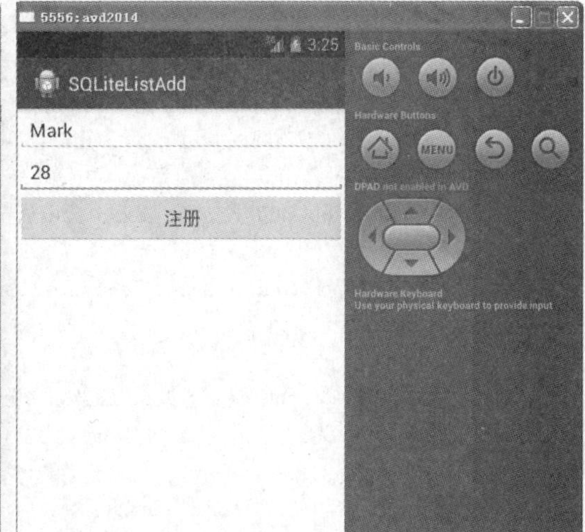

图 7-14　添加数据页面

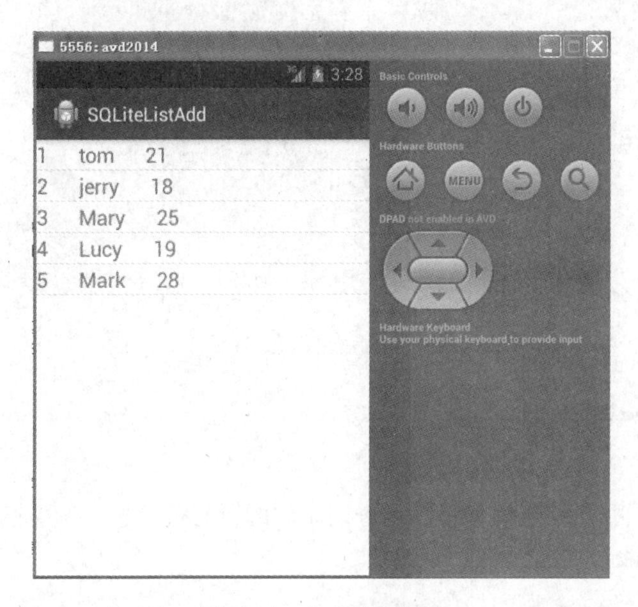

图 7-15　完成添加数据

7.2.3　数据的增删改查操作

下面介绍数据库增删改查操作，每种操作的具体过程如下。

- 增加数据：与示例 Example7-3 类似，通过单击 MENU 菜单中的增加数据命令来完成增加数据操作。
- 删除数据：长按 list 中需要删除的那条数据，然后弹出一个确认删除对话框，单击“确认”按钮，即可删除数据。
- 更新数据：单击 MENU 菜单中的“更新数据”按钮，进行数据的修改更新。
- 查询数据：通过用户名关键字进行模糊查询。

具体操作步骤如下。

1）创建 Android 项目，设置名称为 Example7－4 SQLite，创建数据库表，可仿照 Example7-1，创建数据类 MyDBOpen，为方便起见，这里先插入几条数据。

```
01. public class MydbOpen extends SQLiteOpenHelper {
02.  MydbOpen mydb;
03.  public MydbOpen(Context context,String name,CursorFactory factory,
04.                int version) {
05.         super(context,name,factory,version);
06.    }
07.    @Override
08.    public void onCreate(SQLiteDatabase db) {
09.    db.execSQL("create table if not exists users(" +
10.                  "uid integer primary key," +
11.                  "uname varchar," +
12.                  "uage integer)");
13.    db.execSQL("insert into users(uname,uage) values('tom',21)");
14.    db.execSQL("insert into users(uname,uage) values('jack',18)");
15.    db.execSQL("insert into users(uname,uage) values('mary',28)");
16.    db.execSQL("insert into users(uname,uage) values('Lili',25)");
17.    }
18.    public void onUpgrade(SQLiteDatabase arg0,int arg1,int arg2) {
19.           // TODO Auto-generated method stub
20.    }
```

2）由于对数据库增删改查需要反复使用 SQL 语句，这里创建 SQL 语句调用方法。

```
01.    public void executeSql(String sql,String[] ps)
02.    {
03.     this.getWritableDatabase().execSQL(sql,ps);
04.    }
```

3）通过执行 SQL 语句查询，将满足查询条件的所有行信息（哈希图）的结果集放入一个可变数组中，并且返回这个可变数组。

```
01.    public ArrayList<HashMap<String,Object>> showUserList(String sql,String[] ps)
02.    {
03.    ArrayList<HashMap<String,Object>> ulist = new ArrayList<HashMap
       <String,Object>>();
04.      Cursor cur = this.getReadableDatabase().rawQuery(sql,ps);
05.      while(cur.moveToNext())
06.      {
07.            HashMap<String,Object> hm = new HashMap<String,Object>();
08.            String uid = cur.getString(0);
09.            String uname = cur.getString(1);
10.            String uage = cur.getString(2);
11.            hm.put("uid",uid);
12.            hm.put("uname",uname);
13.            hm.put("uage",uage);
```

```
14.             ulist. add(hm);
15.         }
16.         return ulist;
17.     }
```

【代码说明】

- 第 04 行代码根据查询条件，得到一个结果集。其中 rawQuery(sql,ps)方法用来执行 select 语句，第一个参数 sql 是 select 语句；第二个参数为 select 语句中占位符参数的值，如果 select 语句没有使用占位符，该参数可以设置为 null。
- 第 05 ～ 15 行代码是遍历这个 Cursor 对象（游标），当游标可以向下移动（moveToNext() 的值是 True）时，就可以把游标对应的 uid、uname、uage 的值放到一个哈希图中（这样一张哈希图就是一个符合条件的用户），最后将这个哈希图放入可变数组中，就这样循环，直到放进最后一张哈希图。

4）创建 MainActivity 主窗体类继承 ListActivity，用来将用户数据放入这个 list 中。在这个类中实现控制和逻辑，主要代码如下。

```
01.  MydbOpen mydb;
02.  Context context = this;
03.  EditText unet;
04.  EditText uaget;
05.  EditText unetupd;
06.  EditText uagetupd;
07.  EditText unet_search;
08.  String uid;
09.  View view;
10.  View updView;
11.  View searchView;
12.  private int itemId1 = Menu. FIRST;
13.  private int itemId2 = Menu. FIRST + 1;
14.  protected void onCreate(Bundle savedInstanceState) {
15.  super. onCreate(savedInstanceState);
16.  mydb = new MydbOpen(context,"user. db",null,1);
17.  showList("select * from users");
18.  registerForContextMenu(getListView());
19.  getListView(). setOnItemLongClickListener(new OnItemLongClickListener() {
20.  public boolean onItemLongClick(AdapterView <?> views,View arg1,int p,long arg3) {
21.  HashMap < String,Object > hm = (HashMap < String,Object >)views. getItemAtPosition(p);
22.                              uid = hm. get("uid"). toString();
23.                              return false;
24.                       }
25.       });
26.  }
27.  public void showList(String sql)
28.  {
29.  SimpleAdapter adp = new SimpleAdapter(context,mydb. showUserList(sql,null),
```

```
R. layout. list, newString[ ] { " uid" , " uname" , " uage" } , new int[ ] { R. id. uidtv, R. id. unametv,
R. id. uagetv} ) ;
30.  getListView( ). setAdapter( adp) ;
31.  }
32.  public boolean onContextItemSelected( MenuItem item) {
33.      if( item. getItemId( ) = = itemId1)
34.      {
35.          AlertDialog. Builder builder = new Builder( context) ;
36.          LayoutInflater inf = getLayoutInflater( ) ;
37.      updView = inf. inflate( R. layout. update, ( ViewGroup) findViewById( R. id. updlayout) ) ;
38.          builder. setView( updView) ;
39.          builder. setTitle( " 修改用户" ) ;
40.          Cursor cur = mydb. getReadableDatabase( ). rawQuery( " select * from users where
uid = ?" , new String[ ] { uid} ) ;
41.          cur. moveToNext( ) ;
42.          String name = cur. getString( 1) ;
43.          String age = cur. getString( 2) ;
44.          unetupd = ( EditText) updView. findViewById( R. id. unetupd) ;
45.          uagetupd = ( EditText) updView. findViewById( R. id. uagetupd) ;
46.          unetupd. setText( name) ;
47.          uagetupd. setText( age) ;
48.          builder. setPositiveButton( " 修改" , new OnClickListener( ) {
49.              public void onClick( DialogInterface dialog, int which) {
50.          unetupd = ( EditText) updView. findViewById( R. id. unetupd) ;
51.          uagetupd = ( EditText) updView. findViewById( R. id. uagetupd) ;
52.                  String un = unetupd. getText( ). toString( ) ;
53.                  String uage = uagetupd. getText( ). toString( ) ;
54.                String sql = " update users set uname = ?, uage = ? where uid = ?" ;
55.                  mydb. executeSql( sql, new String[ ] { un, uage, uid} ) ;
56.                  showList( " select * from users" ) ;
57.              }
58.          } ) ;
59.          builder. setNegativeButton( " 取消" , null) ;
60.          builder. create( ). show( ) ;
61.      }
62.      else if( item. getItemId( ) = = itemId2)
63.      {
64.          String sql = " delete from users where uid = ?" ;
65.          mydb. executeSql( sql, new String[ ] { uid} ) ;
66.          showList( " select * from users" ) ;
67.      }
68.      return super. onContextItemSelected( item) ;
69.  }
70.  public void onCreateContextMenu( ContextMenu menu, View v,
71.          ContextMenuInfo menuInfo) {
72.      menu. add( 0, itemId1, 0, " 修改" ) ;
73.      menu. add( 0, itemId2, 0, " 删除" ) ;
74.      super. onCreateContextMenu( menu, v, menuInfo) ;
```

```
75.   }
76.   public boolean onCreateOptionsMenu( Menu menu) {
77.         menu. add(1,99,1,"添加");
78.         menu. add(1,98,2,"查询");
79.         return super. onCreateOptionsMenu( menu);
80.   }
81.   public boolean onMenuItemSelected( int featureId,MenuItem item) {
82.         if( item. getItemId( ) ==99)
83.         {
84.                   AlertDialog. Builder builder = new Builder( context);
85.                   LayoutInflater inf = getLayoutInflater( );
86.                   view = inf. inflate( R. layout. add,( ViewGroup)findViewById( R. id. mylayout));
87.                   builder. setView( view);
88.                   builder. setTitle("添加新用户");
89.                   builder. setPositiveButton("添加",new OnClickListener( ) {
90.                             public void onClick( DialogInterface dialog,int which) {
91.                                       unet = ( EditText) view. findViewById( R. id. unet);
92.                                       uaget = ( EditText) view. findViewById( R. id. uaget);
93.                                       String un = unet. getText( ). toString( );
94.                                       String uage = uaget. getText( ). toString( );
95.                                       String sql = "insert into users( uname,uage) values(?,?)";
96.                                       mydb. executeSql( sql,new String[ ] { un,uage} );
97.                                       showList( "select * from users");
98.                   }
99.                   });
100.                            builder. setNegativeButton("取消",null);
101.                            builder. create( ). show( );
102.                            }
103.                  else if( item. getItemId( ) ==98)
104.                  {
105.                            AlertDialog. Builder builder = new Builder( context);
106.                            LayoutInflater inf = getLayoutInflater( );
107.                            searchView = inf. inflate( R. layout. search,( ViewGroup)findViewById
      ( R. id. searchlayout));
108.                            builder. setView( searchView);
109.                            builder. setTitle("查询用户");
110.                            builder. setPositiveButton("查询",new OnClickListener( ) {
111.                                      public void onClick( DialogInterface dialog,int which) {
112.        unet_search = ( EditText) searchView. findViewById( R. id. unet_search);
113.        String un = unet_search. getText( ). toString( );
114.        String sql = "select * from users where uname = '" + un + "'";
115.        showList( sql);
116.                            }
117.                        });
118.                        builder. setNegativeButton("取消",null);
119.                        builder. create( ). show( );
120.                  }
121.                  return super. onMenuItemSelected( featureId,item);
122.        }
```

【代码说明】

- 第 17 行代码调用 showList(sql) 方法，该方法在第 27 ～ 31 行，此方法是在 list 页面显示所有的用户记录，因此 sql 语句是查询所有的用户。
- 第 18 行注册关联菜单，如果没有这行代码，关联菜单将无法显示。
- 第 19 ～ 26 行代码表示长按 list 的一条记录获取用户主键 uid（主键具有唯一性），通过获取 uid 完成后面的增删改查操作，其中 views. getItemAtPosition(p) 是获取单击 list 视图的那个位置的一行记录，将这一行记录赋给一个哈希图，然后通过哈希图得到所单击那条记录的 uid。
- 第 32 ～ 69 行代码是关联菜单单击事件，第 70 ～ 75 行是创建关联菜单。其中第 35 行～ 37 行代码是创建对话框和加载布局，inf. inflate(R. layout. update,(ViewGroup) findViewById(R. id. updlayout)) 方法是将布局文件名为 update、id 为 updlayout 的布局文件加载到对话框中（转换成 View 对象）。
- 第 89 ～ 99 行代码是对话框中确认的单击事件，其中第 91、92 行代码需要获得对话框中的 EditText 对象。findViewById() 方法一定要通过加载对话框的布局视图 view 获取，否则系统将默认去找底层页面的文本框 id，找不到就会抛出空指针异常。

📖 SimpleAdapter 是一个适配器，可以放入一个 ArrayList < HashMap < String,Object >> 形式的数据，然后将要显示的数据放入这个适配器中，最后把适配器放入到 listView 控件中显示。

【数据测试】

1）选中项目，单击运行 Android Application，运行结果如图 7-16 所示。

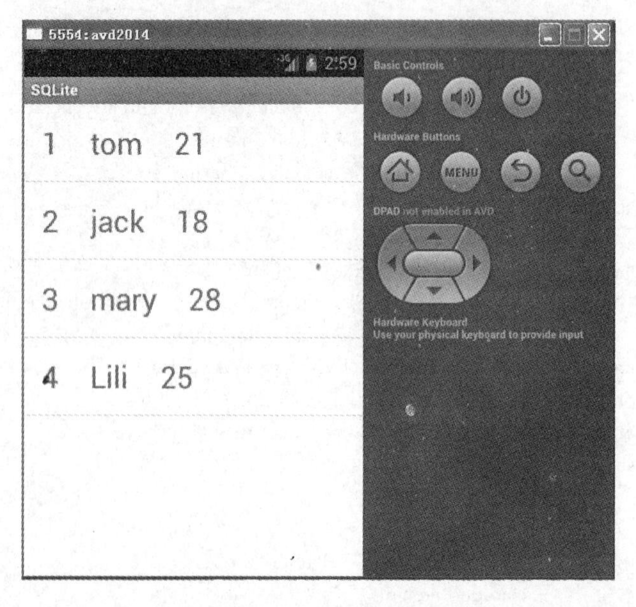

图 7-16　运行结果

2）单击“MENU”菜单，然后选择“添加”命令，在弹出的对话框中单击“添加”按钮，添加用户和运行结果如图 7-17 和图 7-18 所示。

图 7-17　添加用户

图 7-18　添加用户运行结果

3）单击“MENU”菜单，选择“查询”命令，查询用户和运行结果如图 7-19 和图 7-20 所示。

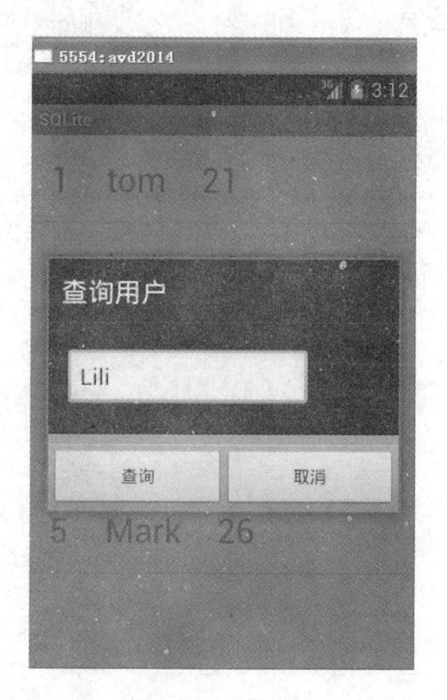

图 7-19　查询用户

图 7-20　查询用户运行结果

4）长按需要修改的用户的那一行，弹出快捷菜单，选择“修改”命令，弹出“修改用户”对话框，进行修改操作并单击“修改”按钮，修改用户和运行结果如图 7-21 和图 7-22 所示。

图 7-21 修改用户

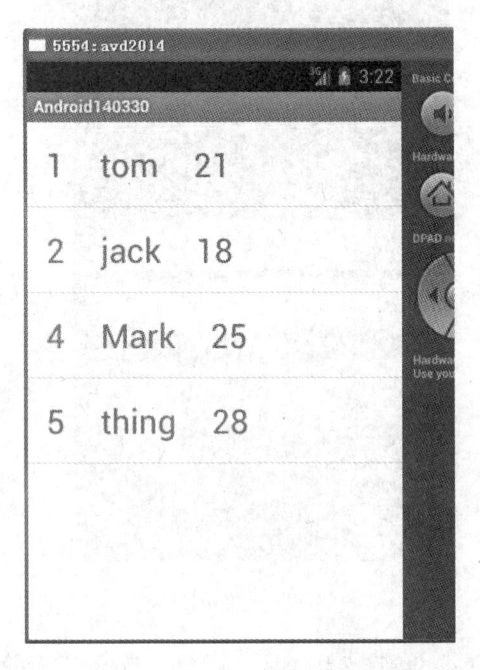

图 7-22 修改用户运行结果

5）长按需要修改的用户的那一行，弹出快捷菜单，选择“删除”命令，删除用户和运行结果如图 7-23 和图 7-24 所示。

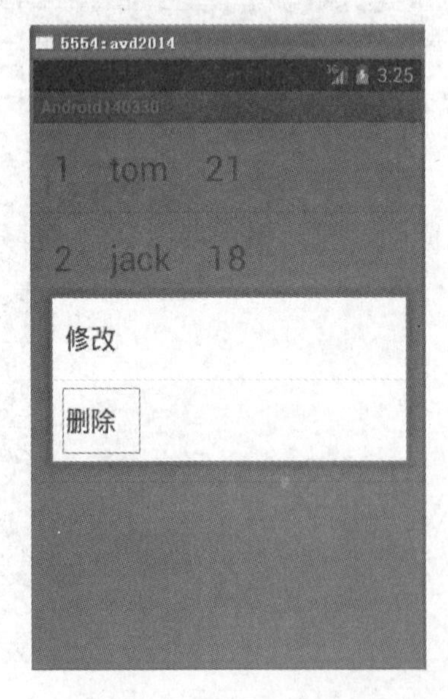

图 7-23 删除用户

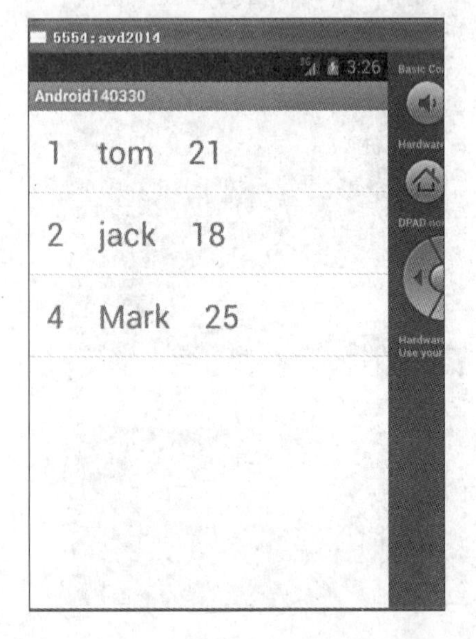

图 7-24 删除用户运行结果

7.3 SharedPreferences 存储

SharedPreferences 是 Android 提供的一种轻量级的数据存储方式，主要用来存储一些简单的配置信息，如默认欢迎语、登录用户名和密码等。它以键值对的方式存储，使用户能很方便地进行读取和存入。使用 SharedPreferences 保存数据，其实质是采用了 xml 文件存放数据，路径为：/data/data/<package name>/shared_prefs。

1. SharedPreferences 存储数据

SharedPreferences 存储数据主要使用以下 4 个步骤。

（1）第 1 步：获取 SharedPreferences 对象

1）获取 SharedPreferences 对象有以下两种方法。

- 调用 Context 对象的 getSharedPreferences( )方法。
- 调用 Activity 对象的 getPreferences( )方法。

2）两种方式的区别如下。

- 调用 Context 对象的 getSharedPreferences( )方法获得的 SharedPreferences 对象可以被同一应用程序下的其他组件共享。
- 调用 Activity 对象的 getPreferences( )方法获得的 SharedPreferences 对象只能在该 Activity 中使用。

3）getPreferences( )方法的参数含义

```
public abstract SharedPreferences getSharedPreferences (String name,int mode)
```

其中 name 表示保存后 xml 文件的名称；mode 表示 xml 文档的操作权限模式（私有、可读或可写），这里的 mode 主要有以下 4 种模式。

- Context. MODE_PRIVATE：为默认操作模式，代表该文件是私有数据，只能被应用本身访问。在该模式下，写入的内容会覆盖原文件的内容。
- Context. MODE_APPEND：该模式会检查文件是否存在，存在就往文件追加内容，否则就创建新文件。
- Context. MODE_WORLD_READABLE：表示当前文件可以被其他应用读取。
- Context. MODE_WORLD_WRITEABLE：表示当前文件可以被其他应用写入。

（2）第 2 步：获取 SharedPreferences. Editor 对象

通过 SharedPreferences 对象的 edit( )方法获取 SharedPreferences. Editor 对象的代码如下。

```
SharedPreferences. Editor editor = mySharedPreferences. edit( );
```

（3）第 3 步：存储数据

数据的存入是通过 SharedPreferences 对象的编辑器对象 Editor 来实现的。通过编辑器函数设置键值，写入 xml 文件。

```
public abstract SharedPreferences. Editor putString (String key,String value);
public abstract SharedPreferences. Editor putInt (String key,int value);
public abstract SharedPreferences. Editor putBoolean (String key,Boolean value);
```

（4）第 4 步：提交当前数据

```
editor.commit();
```

如果执行 commit()方法，存储数据的命令将无法下达，也就不能够完成数据修改和存储的任务，因此一定要执行这个提交数据的命令。

2. 读取数据

通过 SharedPreferences 对象调用 getXXX(String key,XXX defvlaue)方法。其中，如果 key 存在，获取 SharedPreferences 数据指定 key 所对应的 value；如果 key 不存在，则返回默认值 defValue。其中 XXX 可以是 boolean、float、int、long 或 String 等基本类型的值。

3. 对数据的其他操作

可以对存储的数据进行其他操作，如删除、修改和清空等。如果要进行这类编辑数据的操作，就必须使用 Editor 接口方法，Editor 接口的主要方法如表 7-1 所示。

表 7-1　Editor 接口的主要方法

方法名称	描　述
public abstract SharedPreferences. Editor clear()	清空 SharedPreferences 中所有的数据
public abstract boolean commit()	当 Editor 编辑完成后，调用该方法可以提交修改，而且必须要调用这个数据才能修改
public abstract SharedPreferences. Editor putXXX (String key, value XXX)	向 SharedPreferences 存入指定的 key 对应的数据，其中 XXX 可以是 boolean、float、int、long 或 String 等基本类型的值
public abstract SharedPreferences. Editor remove (String key)	删除 SharedPreferences 中指定 key 对应的数据项

4. 项目示例

下面是创建 SharedPreferences 数据存储和读取的示例。

1）创建 Android 项目，设置名称为 Example7-5 SharedPreferences，创建一个布局文件，主要代码如下。

```
01. <LinearLayout xmlns:android = "http://schemas.android.com/apk/res/android"
02.     xmlns:tools = "http://schemas.android.com/tools"
03.     android:layout_width = "fill_parent"
04.     android:layout_height = "fill_parent"
05.     android:orientation = "vertical"
06.     tools:context = ".MainActivity" >
07.     <TextView
08.         android:layout_width = "wrap_content"
09.         android:layout_height = "wrap_content"
10.         android:text = "姓名:" />
11.
12.     <EditText
13.         android:layout_width = "fill_parent"
```

```
14.              android:layout_height = "wrap_content"
15.              android:id = "@ +id/etName"
16.              />
17.              <TextView
18.              android:layout_width = "wrap_content"
19.              android:layout_height = "wrap_content"
20.              android:text = "年龄:" />
21.
22.        <EditText
23.              android:layout_width = "fill_parent"
24.              android:layout_height = "wrap_content"
25.              android:id = "@ +id/etAge"
26.              />
27.      <Button
28.              android:layout_width = "fill_parent"
29.              android:layout_height = "wrap_content"
30.              android:id = "@ +id/btnWrite"
31.            android:text = "写入数据"
32.            />
33.      <Button
34.              android:layout_width = "fill_parent"
35.              android:layout_height = "wrap_content"
36.              android:id = "@ +id/btnRead"
37.            android:text = "读取数据"
38.            />
39.      <TextView
40.              android:layout_width = "wrap_content"
41.              android:layout_height = "wrap_content"
42.              android:id = "@ +id/tvRead"/>
43. </LinearLayout>
```

2）在 MainActivity 类下加入以下代码。

```
01. public class MainActivity extends Activity {
02.    EditText etName;
03.    EditText etAge;
04.    Button btnRead;
05.    Button btnWrite;
06.    TextView tv;
07.    SharedPreferences sp;
08.         protected void onCreate(Bundle savedInstanceState) {
09.         super.onCreate(savedInstanceState);
10.         setContentView(R.layout.activity_main);
11.          //获取 SharedPreferences 对象
12.          Context ctx = MainActivity.this;
13.          sp = ctx.getSharedPreferences("SP",MODE_PRIVATE);
14.          //获取控件对象
```

```
15.        etName = (EditText)findViewById(R.id.etName);
16.        etAge = (EditText)findViewById(R.id.etAge);
17.        btnRead = (Button)findViewById(R.id.btnRead);
18.        btnWrite = (Button)findViewById(R.id.btnWrite);
19.        tv = (TextView)findViewById(R.id.tvRead);
20.        //按钮单击事件
21.        btnWrite.setOnClickListener(new OnClickListener() {
22.              public void onClick(View v) {
23.                    String name = etName.getText().toString();
24.                    int age = Integer.parseInt(etAge.getText().toString());
25.                    //存入数据
26.                    Editor editor = sp.edit();
27.                    editor.putString("Name",name);
28.                    editor.putInt("Age",age);
29.                    editor.commit();
30.              }
31.        });
32.        btnRead.setOnClickListener(new OnClickListener() {
33.              public void onClick(View v) {
34.                    String nameRead = sp.getString("Name","NOT EXIT!");
35.                    int ageRead = sp.getInt("Age",0);
36.                    String textRead = "从 SharedPreferences 对象中读出的数据是:姓名:" +
    nameRead + ",年龄是:" + ageRead + "。";
37.                    tv.setText(textRead);
38.              }
39.        });
40.    }
41. }
```

【代码说明】

- 第 13 行代码通过 getSharedPreferences()方法获取 SharedPreferences 对象，并且设置它的模式为私有模式。
- 第 15 ～ 19 行代码获取页面的控件对象。
- 第 26 ～ 29 行代码是获取 Editor 对象，将 name 和 age 字段存放在 Editor 对象中，最后通过 commit()方法执行 SharedPreferences 的存储。
- 第 34、35 行代码是通过 SharedPreferences 对象获得 name 和 age 的值。

【数据测试】

1）选中项目，单击运行 Android Application，运行结果如图 7-25 所示。

2）单击“读取数据”按钮，代码执行过后，即可将存储在系统中的数据读取出来，并且显示在 TextView 中，如图 7-26 所示。

3）单击“写入数据”按钮，代码执行过后，即在/data/data/com.test/shared_prefs 目录下生成了一个 SP.xml 文件，一个应用可以创建多个这样的 xml 文件，如图所示 7-27 所示。

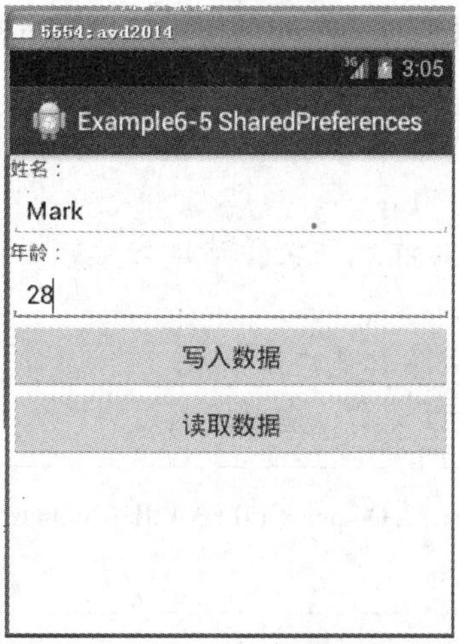

图 7-25　写入数据运行结果

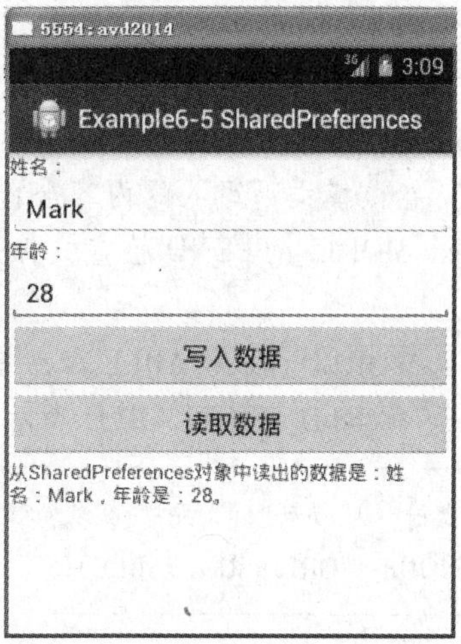

图 7-26　读取数据运行结果

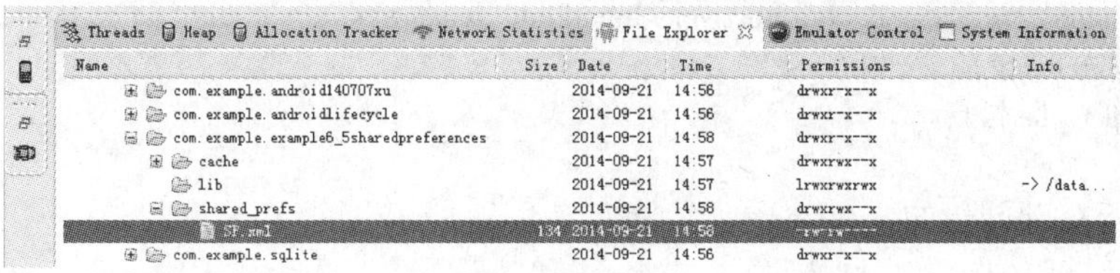

图 7-27　写入数据后 File Explorer 显示页面

7.4　文件存储方式

Android 文件系统和其他平台上的类似，使用 File APIs 可以读写文件，文件存储可以分为内部存储和外部存储两种。

1. Android 文件内部存储

内部存储一般指设备自带的非易失性存储器。内部存储数据保存在内部存储器中，路径为：/data/data/<package name>/files。存储在内部存储区域的数据默认情况下只对自己的 App 可用。无论是用户或者是其他 App 都不能访问自己的数据。当用户卸载 App 时，系统会自动移除 App 在内部存储上的所有文件。

使用内部存储主要有两种方式，一种是文件操作，另一种是文件夹操作。无论哪种方式，Context 中都提供了相应的函数来支持，使用 Context 不但操作简单方便，最重要的是 Context 会帮助用户管理这些文件，也可以方便帮助用户控制文件的访问权限。先来系统地介绍一下 Context 中关于文件和文件夹操作的函数。

1）存储文件：调用 openFileOutput( ) 来获取 FileOutputStream，然后向内部目录写入数据。

```
01. FileOutputStream output = Context. openOutputFile(filename, Context. MODE_PRIVATE);
02. output. write(data);
03. output. close();
```

第 1 个参数是 String 类型的文件名，第 2 个参数是对文件的操作模式。文件操作模式有以下 4 种。

- Context. MODE_PRIVATE 为默认操作模式，代表该文件是私有数据，只能被应用本身访问，在该模式下写入的内容会覆盖原文件的内容。
- Context. MODE_APPEND 检查文件是否存在，存在就往文件追加内容，否则就创建新文件。
- MODE_WORLD_READABLE 表示当前文件可以被其他应用读取。
- MODE_WORLD_WRITEABLE 表示当前文件可以被其他应用写入。

📖 在使用模式时，可以用" + "来选择多种模式，比如 openFileOutput（FILENAME，Context. MODE_PRIVATE + MODE_WORLD_READABLE）。

2）打开一个文件作为输入。

```
01. FileInputStream input = Context. openInputFile( filename) ;
02. input. read( ) ;
03. input. close( ) ;
```

3）列出所有已创建的文件。

```
01. String[ ] files = Context. fileList( ) ;
02. for (String file : files) {
03.     Log. e(TAG, "file is " + file) ;
04. }
```

4）删除文件。

```
Context. deleteFile( filename)
```

5）创建一个目录。

```
File workDir = Context. getDir( dirName, Context. MODE_PRIVATE) ;
```

传入的第一个参数是目录名称，它返回一个文件对象到操作路径。

6）以 File 对象方式查看所创建的文件。

```
File store = Context. openFileStreamPath( filename) ;
```

传入的参数是文件名称，它返回一个文件对象。

7）获取 Cache 路径。

```
File cachedir = Context. getCacheDir( ) ;
```

8）创建新文件。

getFilesDir( )返回一个 File，表示的是 App 的应用文件在内部存储中的绝对路径。

```
File file = new File( context. getFilesDir( ),filename);
```

在以上路径中创建一个新文件，可以利用 File( )的构造方法。将上面 getFilesDir( )方法获得的 File 对象作为参数传入。

2. Android 文件外部存储

外部存储是指可拆卸的存储介质，比如微型的 SD 卡。外部存储并不是一直可以访问的，因为用户可以拆卸外部存储设备。存储在外部存储的文件是全局可读的，没有访问限制，不受控制。可以和其他 App 分享数据，用户使用计算机也可以访问在外部存储中的文件。当用户卸载 App 时，只有把文件存储在以 getExternalFilesDir( )获得的路径下时，系统才会自动移除。

注意：默认情况下，App 是安装在内存上的，可以通过在 manifest 中指定 android:installLocation 属性来安排 App 的安装位置，如下面代码所示。

```
<manifest xmlns:android = "http://schemas. android. com/apk/res/android"
        android:installLocation = "preferExternal"
        ... >
```

如果声明了 preferExternal，系统会优先将 App 安装到外部存储设备中，但如果外部存储设备满了，也会安装到内部存储设备中。外部存储的操作步骤如下。

（1）获得外部存储设备的读写权限

为了向外部存储中写入数据，需要在 manifest 中指定权限 WRITE_EXTERNAL_STORAGE。

```
<manifest ... >
    <uses-permission
   android:name = "android. permission. WRITE_EXTERNAL_STORAGE"/>
< .../manifest>
```

读取外部存储中的数据而不需要写数据，应该声明 READ_EXTERNAL_STORAGE 权限。

```
<manifest ... >
    <uses-permission
   android:name = "android. permission. READ_EXTERNAL_STORAGE" />
< .../manifest>
```

（2）向外部存储文件

外部存储很有可能不可用，所以每次使用前都需要检查可用性。通过 getExternalStorageState( )方法可以查询外部存储状态，如果返回状态为 MEDIA_MOUNTED，则可以继续对文件进行读写操作。

```
01./ * Checks if external storage is available for read and write */
02. public boolean isExternalStorageWritable( ) {
03.        String state = Environment. getExternalStorageState( );
```

```
04.     if (Environment.MEDIA_MOUNTED.equals(state)) {
05.         return true;
06.     }
07.     return false;
08. }
09. /* Checks if external storage is available to at least read */
10. public boolean isExternalStorageReadable() {
11.     String state = Environment.getExternalStorageState();
12.     if (Environment.MEDIA_MOUNTED.equals(state) ||
13.         Environment.MEDIA_MOUNTED_READ_ONLY.equals(state)) {
14.         return true;
15.     }
16.     return false;
17. }
```

（3）查询剩余空间

如果提前知道要存储多少数据，就可以实现查询是否有足够的存储空间，而不必引起一个 IOException。通过调用 getFreeSpace( )和 getTotalSpace( )方法，可以获取当前的空闲空间和当前卷的总空间。但是，系统并不保证可以存储的容量和 getFreeSpace( )方法获取的字节数一样多。如果该方法返回的容量要比实际存储的数据大小多几个 MB，或者存储后系统的填满程度小于 90%，那么很可能是可以安全处理的。否则，可能就存储不下了。在并不知道文件大小时，通常可以把存储的语句写入到一个 try 块中，然后 catch IOException。

（4）删除外部文件

删除文件最直接的方法为：获得文件引用，然后调用 delete( )方法。

```
myFile.delete();
```

当用户卸载 App 时，Android 系统删除如下文件：一是所有在内部存储上的文件，二是所有用 getExternalFilesDir( )存储在外部存储上的文件。然而，需要定期手动删除利用 getCacheDir( )创建的所有缓存文件，并且，需要定期清除所有不再需要的文件。

3. 项目示例

下面是创建文件存储和读取的示例。

1）创建 Android 项目，设置名称为 Example7 - 7 FileRW。在布局文件中创建一个简单的布局，包含 3 个按钮、3 个 TextView 控件和 2 个 EditText 控件，主要代码如下。

```
01. <LinearLayout xmlns:android="http://schemas.android.com/apk/res/android"
02.     xmlns:tools="http://schemas.android.com/tools"
03.     android:layout_width="match_parent"
04.     android:layout_height="match_parent"
05.     android:orientation="vertical" >
06.     <TextView
07.         android:layout_width="fill_parent"
08.         android:layout_height="wrap_content"
09.         android:text="用户名" />
10.     <EditText
```

```
11.             android:id = "@ +id/username"
12.             android:layout_width = "fill_parent"
13.             android: layout_height = "wrap_content"/>
14.         <TextView
15.             android:layout_width = "fill_parent"
16.             android:layout_height = "wrap_content"
17.             android:text = "年龄" />
18.         <EditText
19.             android:id = "@ +id/age"
20.             android:layout_width = "fill_parent"
21.             android:layout_height = "wrap_content"/>
22.         <Button
23.             android:id = "@ +id/save"
24.             android:layout_width = "fill_parent"
25.             android:layout_height = "wrap_content"
26.             android:text = "内部存储"/>
27.         <Button
28.             android:id = "@ +id/saveToSdCard"
29.             android:layout_width = "fill_parent"
30.             android:layout_height = "wrap_content"
31.             android:text = "读取 SD 卡数据"/>
32.         <Button
33.             android:id = "@ +id/read"
34.             android:layout_width = "fill_parent"
35.             android:layout_height = "wrap_content"
36.             android:text = "读取内存数据"/>
37.         <TextView
38.             android:layout_width = "fill_parent"
39.             android:layout_height = "wrap_content"
40.           android:id = "@ +id/tvReadContent"/>
41. </LinearLayout>
```

2）新建一个工具类，用来完成文件的保存、读取内存文件和 SD 卡文件，主要代码如下。

```
01. public class FileUtil {
02.         private Context context;
03.         public FileUtil(Context context) {
04.             super();
05.             this.context = context;
06. }
07. public void save(String fileName,String content) throws IOException {
08.             FileOutputStream fileOutputStream = context.openFileOutput(fileName,Context.MODE
    _WORLD_READABLE);
09.             fileOutputStream.write(content.getBytes());
10.             fileOutputStream.close();
11.         }
```

```
12.        public String read(String fileName) throws IOException {
13.            FileInputStream fileInputStream = context.openFileInput(fileName);
14.            ByteArrayOutputStream outputStream = new ByteArrayOutputStream();
15.            byte[] buffer = new byte[1024];
16.            int len = 0;
17.            while((len = fileInputStream.read(buffer))! = -1){
18.                outputStream.write(buffer,0,len);
19.            }
20.            byte[] data = outputStream.toByteArray();
21.            return new String(data);
22.        }
23.        public String readSDcard()
24.        {String readString = "";
25.        File sdCardPath = Environment.getExternalStorageDirectory();
26.        String path = sdCardPath + File.separator + "ddd.txt";
27.        try{
28.            FileInputStream fileIS = new FileInputStream(path);
29.            BufferedReader buf = new BufferedReader(new InputStreamReader(fileIS));
30.            while((readString = buf.readLine())! = null){
31.                Log.d("line:",readString);
32.            }
33.            fileIS.close();
34.        } catch (FileNotFoundException e) {
35.            e.printStackTrace();
36.        } catch (IOException e){
37.            e.printStackTrace();
38.        }
39.            return readString;
40.        }
41. }
```

【代码说明】

- 第 07 ～ 11 行代码是将输入的数据信息保存到内存中，传入方法中的两个参数 FileName 和 content 分别是保存到内存中的文件名称和文件内容，Context.MODE_WORLD_READABLE 是文件存储方式，在前面章节中已介绍过。
- 第 12 ～ 22 行代码是读取内存中的数据，传入的参数 fileName 是要读取的文件名称。
- 第 23 ～ 40 行代码表示读取 SD 卡中的数据。

3）将一个文本文件推送到 SD 卡中，方法如下。

① 建立 SD 卡的文件推送权限，步骤如下：单击“开始”按钮，选择“运行”命令，在弹出的对话框中输入“cmd”，按〈Enter〉键。在打开的窗口中输入“adb shell”，按〈Enter〉键，输入“su”，按〈Enter〉键，输入“mount -o rw,remount rootfs /”，按〈Enter〉键，输入“chmod 777 /mnt/sdcard”，这样就可以将 SD 卡的权限改为可读可写状态。

② 新建一个文件，为方便起见，本例在桌面上新建一个名称为 ddd.txt 的文件，在这个文本文件中添加一些文字，如“hello world!”。

③ 在 DDMS 中找到 File Explore 视图，然后找到 mnt/sdcard 文件夹，单击右上角图标 ，然后选择刚才创建的 ddd. txt 文件，单击"确认"按钮，将 ddd. txt 文件加入到 mnt/sdcard 文件夹下，如图 7-28 所示。

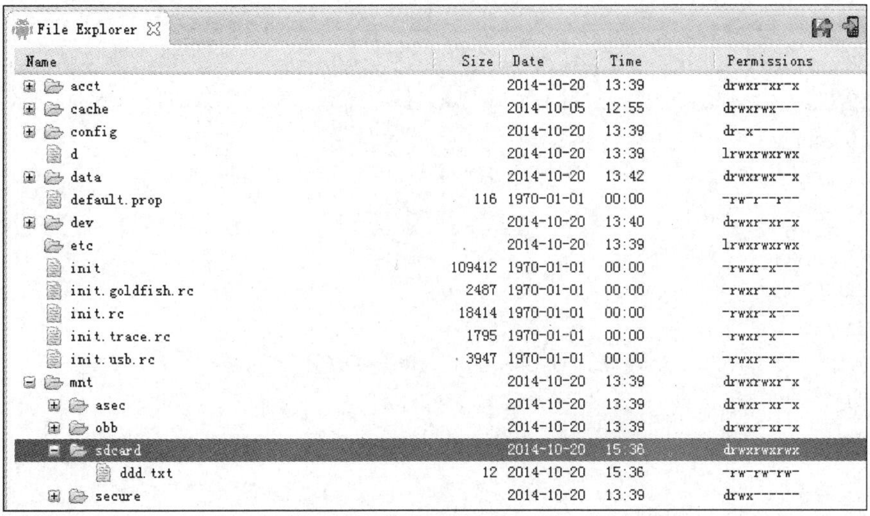

File Explorer

Name	Size	Date	Time	Permissions
acct		2014-10-20	13:39	drwxr-xr-x
cache		2014-10-05	12:55	drwxrwx---
config		2014-10-20	13:39	dr-x------
d		2014-10-20	13:39	lrwxrwxrwx
data		2014-10-20	13:42	drwxrwx--x
default.prop	116	1970-01-01	00:00	-rw-r--r--
dev		2014-10-20	13:40	drwxr-xr-x
etc		2014-10-20	13:39	lrwxrwxrwx
init	109412	1970-01-01	00:00	-rwxr-x---
init.goldfish.rc	2487	1970-01-01	00:00	-rwxr-x---
init.rc	18414	1970-01-01	00:00	-rwxr-x---
init.trace.rc	1795	1970-01-01	00:00	-rwxr-x---
init.usb.rc	3947	1970-01-01	00:00	-rwxr-x---
mnt		2014-10-20	13:39	drwxrwxr-x
asec		2014-10-20	13:39	drwxr-xr-x
obb		2014-10-20	13:39	drwxr-xr-x
sdcard		2014-10-20	15:36	drwxrwxrwx
ddd.txt	12	2014-10-20	15:36	-rw-rw-rw-
secure		2014-10-20	13:39	drwx------

图 7-28　File Explore 视图中文件夹结构

④ 在 MainActivity 中创建如下代码，分别实现将输入数据保存到内存中，并分别读取内存和 SD 卡中的数据。主要代码如下。

```
01.    public class MainActivity extends Activity {
02.    private EditText etName;
03.    private EditText etAge;
04.    private FileUtil fileutil;
05.    private Button btnSave;
06.    private Button btnSaveToSDcard;
07.    private Button btnRead;
08.    private String FileName = "UserInfo.txt";
09.    TextView tvContent;
10.    Context context = this;
11.    String userName = "";
12.    String userAge;
13.        protected void onCreate(Bundle savedInstanceState) {
14.        super.onCreate(savedInstanceState);
15.        setContentView(R.layout.activity_main);
16.        btnSave = (Button)findViewById(R.id.save);
17.        btnSaveToSDcard = (Button)findViewById(R.id.saveToSdCard);
18.        btnRead = (Button)findViewById(R.id.read);
19.        etName = (EditText)findViewById(R.id.username);
20.        etAge = (EditText)findViewById(R.id.age);
21.        tvContent = (TextView)findViewById(R.id.tvReadContent);
22.        fileutil = new FileUtil(context);
```

```
23.         btnSave. setOnClickListener( new OnClickListener( ) {
24.                 public void onClick( View v) {
25.                             userName = etName. getText( ). toString( ) ;
26.                         userAge = etAge. getText( ). toString( ) ;
27.                     try {
28.                 fileutil. save( FileName,"姓名是:" + userName + ",年龄是:" + userAge) ;
29.         Toast. makeText( MainActivity. this,"保存成功",Toast. LENGTH_LONG). show( ) ;
30.                     } catch (IOException e) {
31.                             // TODO Auto - generated catch block
32.                             e. printStackTrace( ) ;
33.                     }
34.             }
35.         }) ;
36.         btnSaveToSDcard. setOnClickListener( new OnClickListener( ) {
37.                 public void onClick( View v) {
38.                     fileutil. readSDcard( ) ;
39.                 }
40.         }) ;
41.         btnRead. setOnClickListener( new OnClickListener( ) {
42.                 public void onClick( View v) {
43.                         userName = etName. getText( ). toString( ) ;
44.                     userAge = etAge. getText( ). toString( ) ;
45.                         try {
46.                             String text = fileutil. read( FileName) ;
47.                             tvContent. setText( text) ;
48. Toast. makeText( MainActivity. this,"读取数据成功",Toast. LENGTH_LONG). show( ) ;
49.                         } catch (IOException e) {
50.                             e. printStackTrace( ) ;
51.                         }
52.                 }
53.             }) ;
54.     }
55. }
```

⑤ 在 AndroidManifest. xml 中添加文件读写权限，在 <application> 标签外部添加创建、删除和写入权限。

```
01.    < uses - permission android: name = " android. permission. MOUNT _ UNMOUNT _ FILESYS-
       TEMS"/ >
02.    < uses - permission android:name = "android. permission. WRITE_EXTERNAL_STORAGE"/ >
```

【数据测试】

1）选中项目，单击运行 Android Application。在运行结果界面中输入用户名和年龄后，分别单击“内存存储”和“读取内存数据”按钮后，运行结果如图 7-29 和图 7-30

所示。

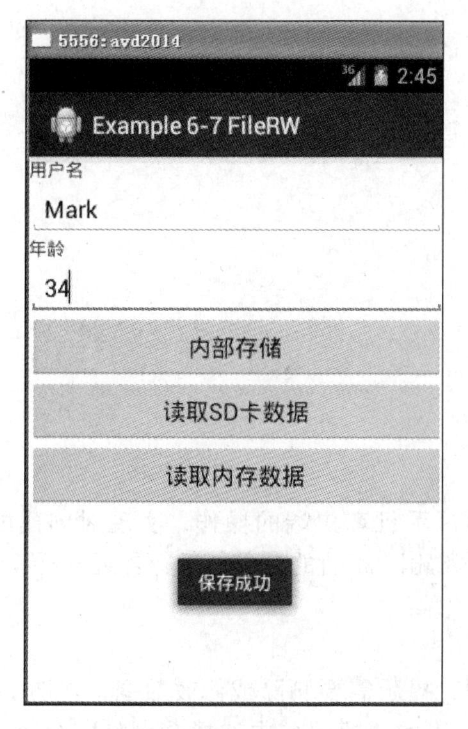

图 7-29　单击“内部存储”按钮

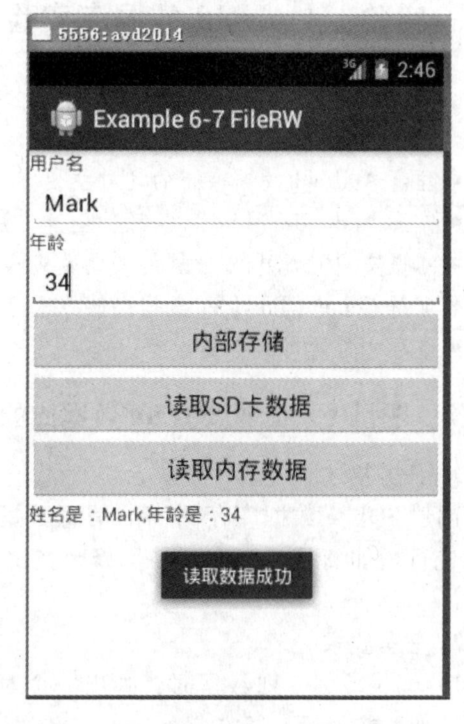

图 7-30　单击“读取内存数据”按钮

2）查看存储到内存中的数据：单击“内部存储”按钮后，可以在 Eclipse 的 File Explorer 中查看保存的文件，在 data/data/com. example. Example7_7filerw/files 路径下可以找到存储的文件名为 UserInfo 的文件，如图 7-31 所示。

Name	Size	Date	Time	Permissions
com. example. example6_7filerw		2014-10-13	14:52	drwxr-x--x
cache		2014-10-13	14:52	drwxrwx--x
files		2014-10-13	14:52	drwxrwx--x
UserInfo	25	2014-10-13	14:54	-rw-rw-r--
lib		2014-10-13	14:51	lrwxrwxrwx

图 7-31　文件存储到内存中

3）单击“读取 SD 卡数据”按钮后，在 LogCat 中就可以找到下面的一条信息，即通过读取 SD 数据，将存储在 SD 卡的文件（mnt/sdcard/ddd. txt）中的信息读出，并且显示在 LogCat 中，如图 7-32 所示。

L	Time	PID	TID	Application	Tag	Text
D	10-20 14:48:54.963	1...	1...	com.example.examp...	line:	hello world!

图 7-32　查看 SD 卡上的数据信息

7.5 实验：Android 数据库实验

7.5.1 实验目的和要求

- 理解 Android 数据存储的几种主要方式。
- 掌握 Android SQLite 数据库的创建方法。
- 掌握实现对 SQLite 数据的增删改查操作。
- 理解 Content Provider 数据存储方式。
- 掌握文件流方式存储数据。

7.5.2 题目 1 实现 SQLite 数据库的操作

1. 任务描述

创建 SQLite 数据库存储商品信息数据，通过手机客户端的操作，实现对创建的数据表进行增加商品、查询商品、修改商品信息和删除商品的功能。运行界面如图 7-33 所示。

2. 任务要求

1）当长按某一列数据时，弹出一个对话框，提示需要删除或修改数据，如图 7-34 所示。如长按最后一行 “sangsung 4500”，在弹出的快捷菜单中选择 “删除” 命令，最后一行 “sangsung 4500” 就被删除了，如图 7-35 所示。

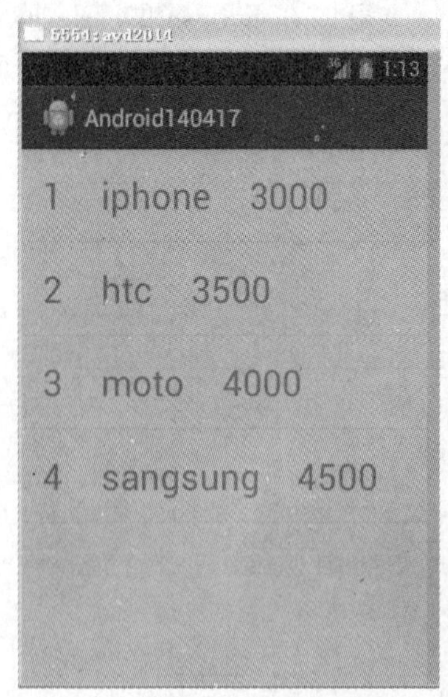

图 7-33 运行界面

图 7-34 快捷菜单

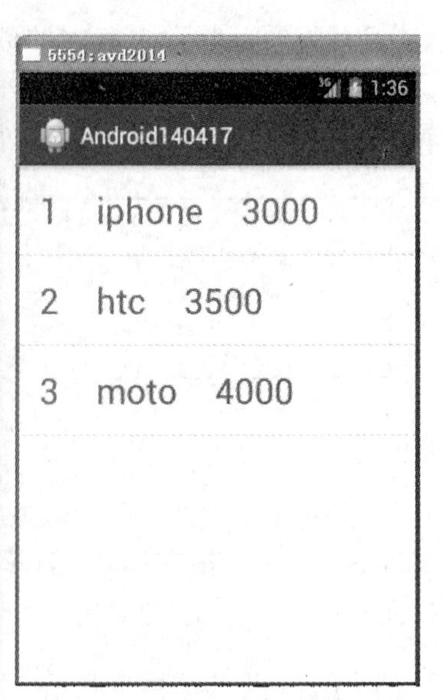

图 7-35 删除最后一行

2）长按某一行，在弹出的快捷菜单中选择 “修改” 命令，打开修改界面，如图 7-36 所示，修改完商品信息后单击“修改” 按钮，商品信息即被修改，如图 7-37 所示。

图 7-36　修改界面

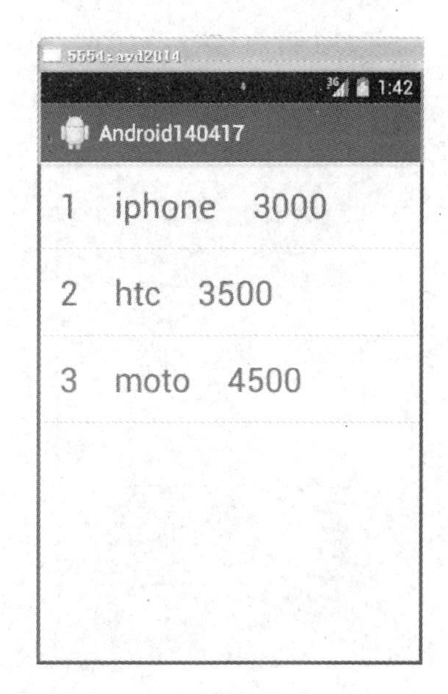

图 7-37　修改后的效果

3）单击模拟器右边的“MENU”菜单，会打开“增加”和“查询”两个命令，如图 7-38 所示。

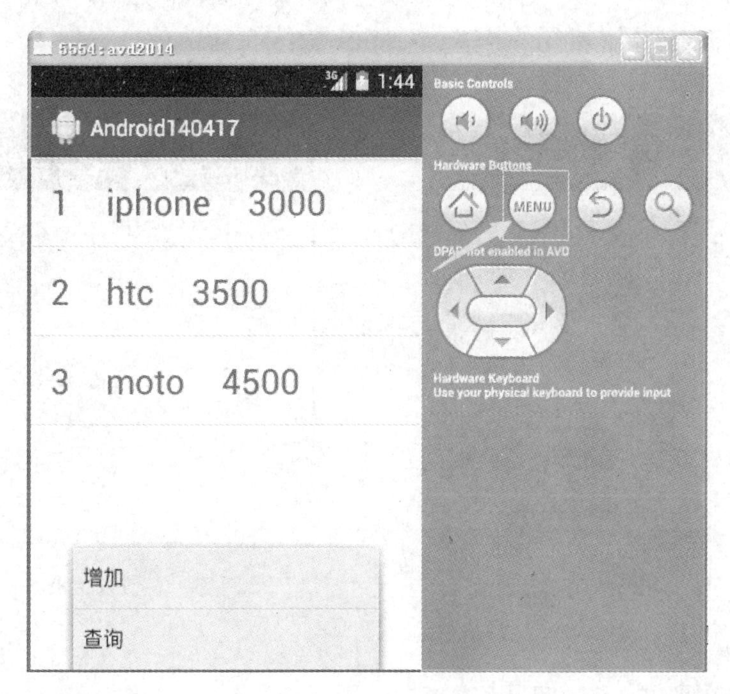

图 7-38　单击“MENU”菜单后的界面

4）选择“增加”命令，会弹出一个需要增加商品信息的对话框，提示需要增加商品信息，如图 7-39 所示。当输入一条商品信息后，单击“增加”按钮，一条商品信息便被增加进去，如图 7-40 所示。

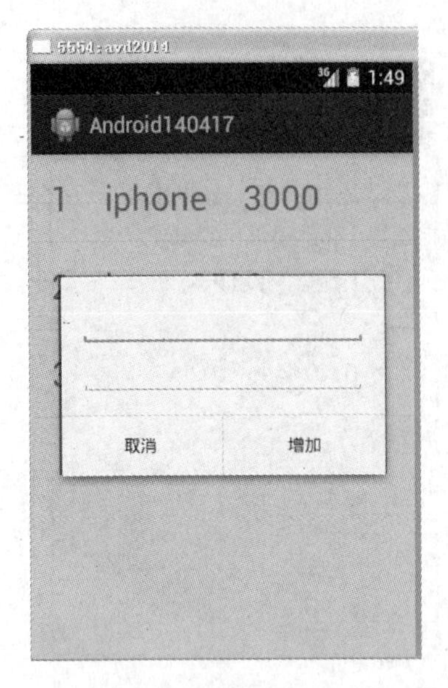

图 7-39　增加信息界面

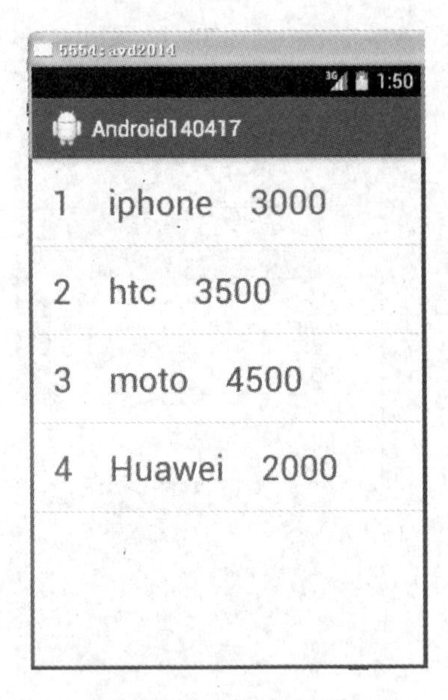

图 7-40　增加信息后的界面

5）选择“查询”命令，会弹出一个需要查询商品信息的对话框，提示需要输入查询商品名称信息，如图 7-41 所示。当输入所需要查询的商品名称信息后，单击“查询”按钮，商品信息便可以被查询到，如图 7-42 所示。

图 7-41　查询信息界面

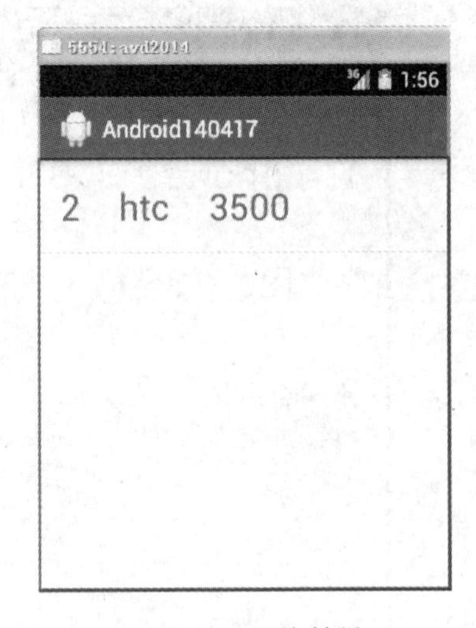

图 7-42　查询结果

3. 知识点提示

本任务主要用到以下几个知识点。

1）SQLite 数据库的创建。

2）客户端对 SQLite 数据库的增删改查操作。

4. 操作步骤提示

实现方式不限，操作步骤如下。

1）新建项目 SX7－1，创建 SQLite 数据库。

2）给数据库添加几条数据，并将数据放在 list 中显示出来。

3）实现增删改查的方法。

4）编译并运行程序，检查程序的运行情况。

7.5.3 题目 2　SharedPreferences 存储

1. 任务描述

利用 SharedPresferences 存储方式，将用户输入的用户名和密码进行存储。主要操作有：单击“保存”按钮，参数值就会保存到 SharedPreferecs 中，当两个 EditText 中没有值时，单击“读取数据”按钮，会从 SharedPreferences 文件中读取用户名和密码的值并显示在相应的控件上，如图 7-43 和图 7-44 所示。

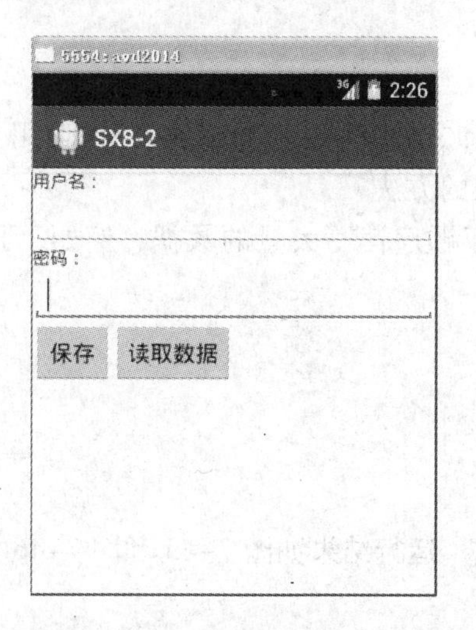

图 7-43　运行界面

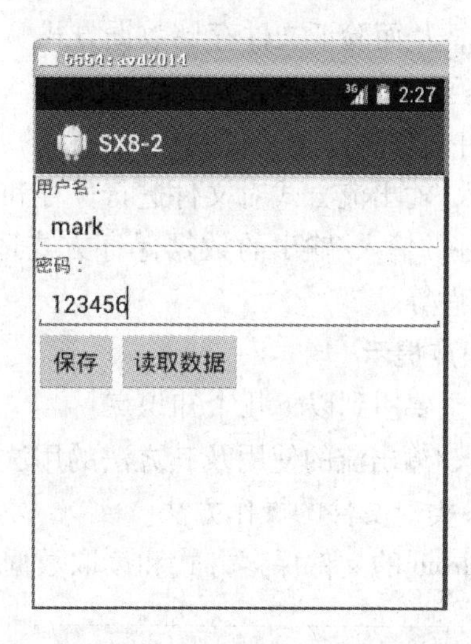

图 7-44　读取数据

2. 任务要求

1）定义一个 . xml 布局文件，用来显示控件，定义两个 EditText、两个按钮和两个 Text-View 控件。

2）单击“保存”按钮，保存数据：在代码中进行 SharedPreferences 定义，并且用 Editor 类对象的 commit( )方法进行值传递和存储。

3）单击“读取数据”按钮，读取保存在 SharedPreferences 中的用户名和密码，并且将值显示在 EditText 上。

4）在 AndroidManifest. xml 中定义 SharedPreferences。

3. 知识点提示

本任务主要用到以下几个知识点。

1）SharedPreferences 的定义方法及获取 SharedPreferences 对象的方法。

2）将数据保存在 SharedPreferences 中的方法。

3）读取 SharedPreferences 数据的方法。

4. 操作步骤提示

实现方式不限，操作步骤如下。

1）新建 Android 项目并命名为 SX7—2。

2）创建 . xml 布局文件。

3）实现手动输入的用户名和密码数据存储在 SharedPreferences 中，并且将 SharedPreferences 读取数据显示在 EditText 控件上。

4）输出测试结果。

7.5.4 题目3 文件存储

1. 任务描述

创建一个 . xml 布局文件，包含两个 Button 按钮和一个 TextView，分别是用来激发事件和显示文件中的信息，实现文件存储和读取代码。当单击相应的按钮时，分别激发保存和读取数据事件，从而验证文件存储数据方式。

2. 任务要求

1）文件对象的创建、得到文件路径的方法和文件流输入/输出等方法的使用。

2）输入/输出流方式对文件进行保存和读取的方法。

3）文件的输入/输出的数据保存方式适用于顺序读写大量的数据，例如，通过网络传输的图像文件等。

3. 知识点提示

本任务主要用到以下几个知识点。

1）输入/输出流的使用及其方法的用法。

2）File 类对文件的操作方法。

3）Android 的文件保存方式和读取数据方式。运行结果如图 7-45 和图 7-46 所示。

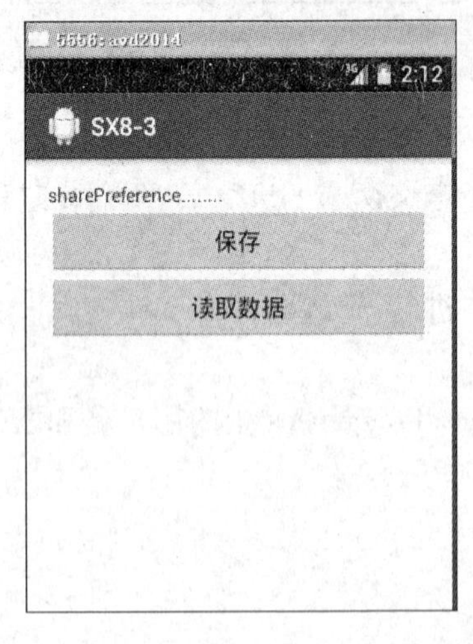

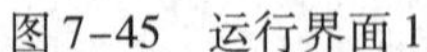

图 7-45 运行界面 1　　图 7-46 运行界面 2

4. 操作步骤提示

实现方式不限，操作步骤如下。

1）创建 Android 项目 SX7-3。

2）创建一个布局文件 . xml，创建两个 Button 控件和一个 TextView 控件。

3）在 MainActivity 类中实现文件的保存和读取。

4）分别用两个按钮来激发保存和读取数据事件。

5）编译并运行程序，查看程序的运行结果。

本章小结

本章主要围绕 Android 数据存储，对 Android 数据的几种存储方式、数据的增删改查操作以及数据存储权限修改等内容进行了全面的阐述，针对每个知识点都举出了相关的实际例题，而且给出了每个案例的详细代码及相应的代码说明。本章是 Android 应用开发的一个非常重要的知识点和环节，学好本章内容对后面知识点的学习具有深刻的意义。

课后练习

一、概念题

1. 简述 SQLite 数据库创建过程。

2. 简述利用控制台对 SQLite 数据库进行操作的过程。

3. 获取 SharedPreferences 对象的 getSharedPreferences(String name, int mode) 方法中的 mode 模式有哪 4 种?

4. 所有 Content provider 都需要实现相同的接口用于查询 Content provider 并返回数据，也包括增加、修改和删除数据。首先需要获得一个 ContentResolver 的实例，可通过 Activity 的成员方法____________________________来实现。

5. 读写 SD 卡时需要修改 AndroidManifest. xml 文件，在 <application> 标签外部添加 MOUNT_UNMOUNT_FILESYSTEMS 和 WRITE_EXTERNAL_STORAGE 分别是____________________________和____________________________。

二、操作题

利用 SQLite 数据库，在手机上实现商品数据的增删改查操作。

第 8 章　Android 多线程

多线程编程是程序开发人员必须掌握的技能之一。在 Android 应用程序开发中，也经常会遇到需要多线程技术的时候，例如用户界面显示和数据处理分开等。如果多线程使用得恰到好处，则应用程序的执行速度会提高很多。因此，研究和使用多线程编程，对深入学习 Android 应用程序开发有着十分重要的作用。本章主要介绍 Android 平台下多线程的开发及常用事件处理机制。

8.1　Android 线程简介

线程是进程中的一个实体，是被系统独立调度和分配的基本单位。在一个进程中，可以创建几个线程来提高程序的执行效率，并且有些程序还采用多线程技术来同时执行多个不同的代码块。同一个进程中的多个线程之间可以并发执行，就像日常工作中由多人同时合作完成一个任务一样。这种特性在很多情况下可以改善程序的相应性能，提高资源的利用效率，在多核 CPU 时代，这项能力显得尤为重要。

与 Java SE、Java ME 和 Java EE 相同，在 Android 平台下也支持多线程，多线程编程为充分利用系统资源提供了便利，同时也为设计复杂用户界面和耗时操作提供了途径，提升了 Android 用户的使用体验。

但是 Android 下的多线程与 Java SE、Java ME、Java EE 的实现方式又有所不同，主要有两种方式，分别为不带消息循环方法实现的多线程和带消息循环的循环者—消息机制实现的多线程。

1. 不带消息循环机制

不带消息循环的线程与开发 Java SE、Java ME、Java EE 中的线程相同，这种线程不参与消息循环，并且不调用参与消息循环的方法，即使调用了也无法正常工作。因此，显示 Toast 的线程就不能使用这种线程。

2. 循环者—消息机制

Android 系统启动某个应用后，将会创建一个线程来运行该应用，这个线程称为“主”线程。主线程非常重要，这是因为它要负责消息的分发，给界面上相应的 UI 组件分发事件，包括绘图事件等。这也是应用程序可以和 UI 组件（为 android. widget 和 android. view 中定义的组件）发生直接交互的线程。因此主线程也通常称为用户界面线程或简称 UI 线程。UI 线程只用一个，因此应用程序一般情况下可以说是单线程（Single - threaded）的。

为了实现“线程安全”，Android 规定只有 UI 线程才能更新用户界面，以及接受用户的按钮及触摸事件。下面为使用 UI 单线程的两个规则。

1）永远不要阻塞 UI 线程。

2）不要在非 UI 线程中操作 UI 组件。

由于 Android 使用单线程工作模式，因此不阻塞 UI 线程对于应用程序的响应性能至关重要。如果在应用程序中包含一些不是一瞬间就能完成的操作，应该使用额外的线程（辅助线程或是后台线程）来执行这些操作。

例如，当用户触摸屏幕上的某个按钮时，应用程序中的 UI 线程将把这个触摸事件发送到对应的 UI 小组件，然后该 UI 小组件设置其按下的状态并给事件队列发送一个刷新的请求，然后由 UI 线程处理事件队列并通知该 UI 小组件重新绘制自身。这样就必须保证 UI 线程不可以被阻塞，所以耗时操作必须要开启一个新的独立的线程（又称辅助线程、后台线程等）来处理，而辅助线程运行时往往需要与 UI 线程的界面进行通信，如更新界面的显示等。

8.2 循环者—消息机制

为了让辅助线程与 UI 线程顺利地进行通信，Android 设计了一个称为消息队列（MessageQueue）的机制。线程间可以通过该消息队列并结合处理者（Handler）和循环者（Looper）组件来进行信息交换，称为循环者—消息（Looper - Message）机制。本节主要从 3 方面进行介绍：Message 和 Handler 简介、MessageQueue 和 Looper 简介，以及循环者—消息机制案例。

8.2.1 Message 和 Handler 简介

1. Message（消息）

Message 是线程间交流的信息。辅助线程如需要更新 UI 界面，则要发送包含一些数据的消息给 UI 线程。

2. Handler（处理者）

Handler 直接继承自 Object，一个 Handler 允许发送和处理 Message 或者 Runnable 对象，并且会关联到主线程的 MessageQueue 中。当实例化一个 Handler 时，这个 Handler 可以把 Message 或 Runnable 压入到消息队列，也可以从消息队列中取出 Message 或 Runnable，进而操作它们。

Handler 主要有以下两个作用。

1）在辅助线程中发送消息。

2）在 UI 线程中获取并处理消息。

上面讲到 Handler 可以把一个 Message 对象或者 Runnable 对象压入到消息队列中，进而在 UI 线程中获取 Message 或者执行 Runnable 对象，有两种方式：Post 和 sendMessage。

- Post：Post 允许把一个 Runnable 对象压入到消息队列中。它的方法有 post(Runnable)、postAtTime(Runnable,long) 和 postDelayed(Runnable,long)。
- sendMessage：sendMessage 允许把一个包含消息数据的 Message 对象压入到消息队列中。它的方法有 sendEmptyMessage(int)、sendMessage(Message)、sendMessageAtTime(Message,long) 和 sendMessageDelayed(Message,long)。

从上面的各种方法可以看出，不管是 post 还是 sendMessage，都具有多种方法，它们可以设定 Runnable 对象和 Message 对象被压入到消息队列中的时机，确定是立即执行还是延迟执行。

需要特殊说明的是，Handler 本身没有去开辟一个新线程。Handler 更像是主线程的秘书，是一个触发器，负责管理从子线程中得到更新的数据，然后在主线程中更新界面。辅助线程通过 Handler 的 sendMessage( )方法发送一个消息后，Handler 就会回调 Handler 的 HandlerMessage( )方法来处理消息。下面通过一个实例来进行说明。

【例 8-1】 Example8 - 1 Handler 消息处理者示例。

1）创建项目文件 Example8 - 1Handler，然后在 resource→layout 中编辑 Activity 的对应布局文件 activity_main. xml。添加 5 个 TextView 控件，在程序运行时分别显示应用程序主线程的线程 id、线程 name 和辅助线程的线程 id、线程 name。

2）编辑 MainActivity. java 文件，启动一个辅助线程，并试图在辅助线程中修改 UI 主界面。当然，这样会出现错误，因为 Android 只允许 UI 线程更新 UI 界面，辅助线程直接操作 UI 控件就会出错。要先利用 Handler 把辅助线程的消息传递到 UI 线程，再在 UI 线程中直接修改 UI 控件，这样就可以实现目的。主要代码如下。

```
01. public class MainActivity extends Activity {
02.     Handler handler = new Handler( );
03.     TextView uid,uname,handlerofthreadid,handlerofthreadname;
04.     public void onCreate(Bundle savedInstanceState) {
05.             super. onCreate(savedInstanceState);
06.             handler. post(runable);
07.             Thread t = new Thread(runable);
08.             t. start( );
09.             setContentView(R. layout. activity_main);
10.             uid = (TextView)findViewById(R. id. uid);
11.             uname = (TextView)findViewById(R. id. uiname);
12.             handlerofthreadid = (TextView)findViewById(R. id. handlerofthreadid);
13.             handlerofthreadname = (TextView)findViewById(R. id. handlerofthreadname);
14.             uid. setText("UI 线程的线程 id:" + Thread. currentThread( ). getId( ));
15.              uname. setText("UI 线程的线程 name:" +
    Thread. currentThread( ). getName( ));
16.             handlerofthreadid. setText("辅助线程的线程 id:" + t. getId( ));
17.             handlerofthreadname. setText("辅助线程的线程 name:" + t. getName( ));
18.     }
19. Runnable runable = new Runnable( ) {
20.     public void run( ) {
21.             //handlerofthreadid. setText("UI 线程的线程 id:"
    + Thread. currentThread( ). getId( ));
22.             //handlerofthreadname. setText("UI 线程的线程 name:"
    + Thread. currentThread( ). getName( ));
23.         try {
24.               Thread. sleep(10000);      //让线程休眠 10 秒
25.               } catch(InterruptedException e) {
```

```
26.            e. printStackTrace();
27.    } } };}
```

【代码说明】

- 第 06 ～ 08 行代码表示在设置布局文件之前先调用 post( )方法，意在执行完线程之后才会显示布局文件中的内容，而线程中又设置了休眠 10 秒（模拟耗时操作），所以最终效果为：先显示应用程序主界面，等待 10 秒之后才显示布局文件中的内容。
- 第 14、15 行代码分别表示显示输出 UI 线程的线程 id 与线程 name。
- 第 16、17 行代码表示辅助线程通过 Handler 传递过来的消息在 UI 线程中设置 UI 界面控件，分别显示辅助线程的线程 id 与线程 name。如果这里输出的线程 id、线程 name 与上面 onCreate( )方法中输出的线程 id、线程 name 相同，则表示它们使用的是同一个线程，否则是在两个线程中。
- 第 21、22 行代码表示直接在辅助线程中改变 UI 控件，本例中这两行代码已经被注释掉，如果注释打开就会出现错误，因为 Android 只允许 UI 线程更新 UI 界面，辅助线程直接操作 UI 控件就会出错。
- 第 24 行代码表示让线程休眠 10 秒，以模拟耗时操作。

程序运行效果如图 8-1 所示。

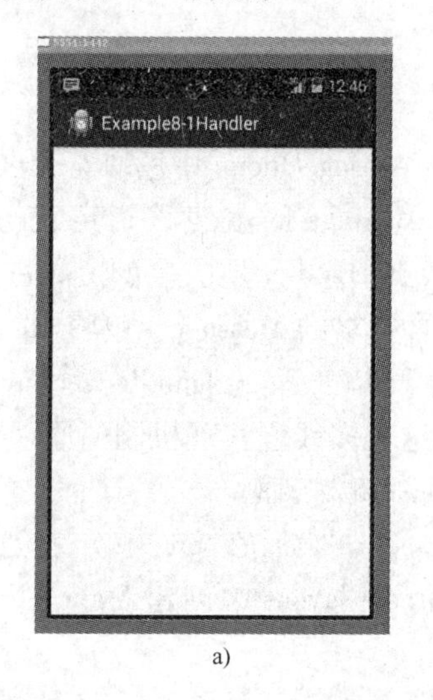

a)

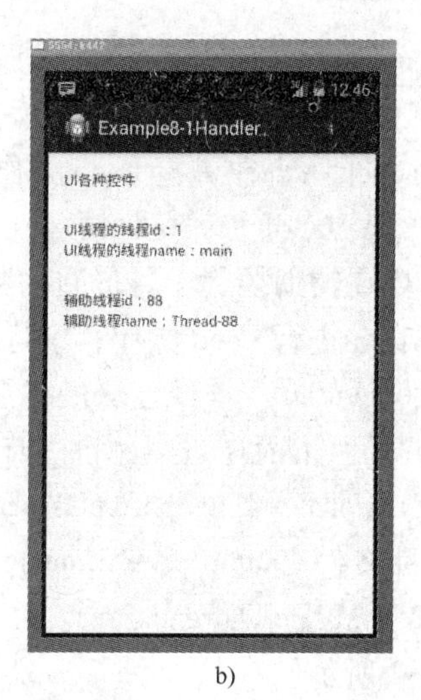

b)

图 8-1　程序运行效果图
a）运行耗时程序　b）显示结果

如图 8-1a 所示，程序在启动 10 秒内没有显示布局文件中的内容，是因为设置布局文件之前先调用 post( )方法，意在执行完线程之后才会显示布局文件中的内容，而线程中又设置了休眠 10 秒（模拟耗时操作）。但是休眠 10 秒是在辅助线程中，并非在 UI 线程中，而 UI 线程的线程 id 与线程 name 应该显示出来。最终效果为：先显示应用程序主界面，等待 10 秒之后才显示所有布局文件中的内容，如图 8-1b 所示。此处说明 handler 与 UI 处于同一个线程中，仅用 handler 的 post( )方法并不能实现真正多线程的同步。

8.2.2 MessageQueue 和 Looper 简介

1. MessageQueue（消息队列）

用来存放通过 Handler 发送的消息，按照先进先出的原则执行。每个消息队列都会有一个对应的 Handler。Handler 会向消息队列通过两种方式发送消息：sendMessage 或 post。

这两种消息都会插在消息队列队尾并按先进先出的原则执行。但通过这两种方法发送的消息执行的方式略有不同：通过 sendMessage 发送的是一个消息队列对象，会被 Handler 的 handleMessage( )方法处理；而通过 post 发送的是一个 runnable 对象，会自己执行。Android 没有全局（Global）的消息队列，而 Android 会自动为 UI 线程建立消息队列，但在子线程里并没有建立消息队列，所以调用 Looper. getMainLooper( )方法得到 UI 线程的循环者。UI 线程的循环者不会为 NULL。

2. Looper（循环者）

Looper 是每条线程里的消息队列的管家，是处理者和消息队列之间的通信桥梁。程序组件首先通过处理者把消息传递给 Looper，Looper 则把消息放入队列。

对于 UI 线程，系统已经给它建立了消息队列和循环者，但想要向 UI 线程发消息和处理消息，用户必须在 UI 线程里建立自己的 Handler 对象，Handler 是属于 UI 线程的，从而它是可以和 UI 线程交互的。

8.2.3 循环者—消息机制案例

UI 线程的 Looper 一直在进行 Loop 操作，在 MessageQueue 中读取符合要求的 Message 给属于它的 target（即 Handler）来处理（在创建 Message 时就应该指定它的 target，即 Handler）。所以，只要在辅助线程中将最新的数据放到 Handler 所关联的 Looper 的 MessageQueue 中，而 Looper 一直在进行 Loop 操作，一旦有符合要求的 Message，就将 Message 交给该 Message 的 target（即 Handler）来处理。最终被从属于 UI 线程的 Handler 的 handleMessag（Message msg）方法调用。下面通过案例进一步说明这种多线程实现机制的原理。

【例 8-2】 Example8 - 2 Looper&message 多线程机制示例。

1）创建项目文件 Example8 - 2Looper&message，然后在 Src 中分别创建两个 Activity：MainActivity. java 和 MyTaskThread. java。在 resource→layout 中创建 MainActivity 的布局文件，布局结构如图 8-2 所示。

2）编辑 MyTaskThread. java 文件。在类 MyTaskThread 中实现辅助线程的主要功能：完成计数器操作，并通过 Message 对象把计数的信息存储到 Message 队列中，等候 Handler 处理。主要代码如下。

```
01. public class MyTaskThread extends Thread {
02.     private static final int stepTime = 500;
03.     private volatile boolean isEnded;
04.     private Handler mainHandler;
05.     public static final int MSG_REFRESHINFO = 1;
06.     public MyTaskThread(Handler mh)
07.     {
```

```
08.         super();
09.         isEnded = false;
10.         mainHandler = mh;
11.     }
12.     @Override
13.     public void run()
14.     {
15.         Message msg;
16.         for (int i = 0;! isEnded;i ++)
17.         {
18.         try {
19.         Thread.sleep(stepTime);
20.         String s = "完成第"  + i  + "步";
21.         msg = new Message();
22.         msg.what = MSG_REFRESHINFO;
23.         msg.obj = s;
24.         mainHandler.sendMessage(msg);
25.         } catch (InterruptedException e) {
26.         e.printStackTrace();
27.         }
28.     }
29. }
30.     public void stopRun()
31.     {
32.         isEnded = true;
33.     }
34. }
```

【代码说明】

- 第 13 行代码表示在辅助线程中实现 run() 方法，以实现辅助线程的主要功能，此方法中主要实现计数功能。
- 第 21 ～ 24 行代码表示定义 Message 对象，并给消息携带附件数据，即计数的信息，然后再使用 Handler 把 Message 对象发送到 UI 线程中。
- 第 30 代码为线程的控制方法，表示停止线程。

3）编辑 MainActivity.java 文件，主要实现在 UI 线程里控制辅助线程的开启与关闭，使用 Handler 可将辅助线程中传递来的数据信息提取出来，并依此来更新 UI 线程界面控件。主要代码如下。

```
01. public class MainActivity extends Activity {
02.         private Button btn_StartTaskThread;
03.         private Button btn_StopTaskThread;
04.         private Button btn_ExitApp;
05.         private TextView threadOutputInfo;
```

```
06.        private MyTaskThread myThread = null;
07.        private Handler mHandler;;
08.        @ Override
09.        public void onCreate( Bundle savedInstanceState) {
10.            super. onCreate( savedInstanceState) ;
11.            setContentView( R. layout. activity_main) ;
12.            threadOutputInfo = ( TextView) findViewById( R. id. taskThreadOuputInfo) ;
13.            threadOutputInfo. setText( "线程未运行") ;
14.            mHandler = new Handler( ) {
15.            public void handleMessage( Message msg) {
16.            switch ( msg. what)
17.            {
18.              case MyTaskThread. MSG_REFRESHINFO:
19.                threadOutputInfo. setText( ( String) ( msg. obj) ) ;
20.                break;
21.              default:
22.                break;
23.                }
24.              }
25.            } ;
26.           btn_ExitApp = ( Button) findViewById( R. id. exitApp) ;
27.           btn_ExitApp. setOnClickListener( new OnClickListener( ) {
28.           public void onClick( View v) {
29.                  finish( ) ;
30.                  Process. killProcess( Process. myPid( ) ) ;
31.                }
32.           } ) ;
33.           btn_StartTaskThread = ( Button) findViewById( R. id. startTaskThread) ;
34.           btn_StartTaskThread. setOnClickListener( new OnClickListener( ) {
35.           public void onClick( View v) {
36.           myThread = new MyTaskThread( mHandler) ;
37.           myThread. start( ) ;
38.           setButtonAvailable( ) ;
39.           }
40.           } ) ;
41.           btn_StopTaskThread = ( Button) findViewById( R. id. stopTaskThread) ;
42.           btn_StopTaskThread. setOnClickListener( new OnClickListener( ) {
43.           public void onClick( View v) {
44.           if ( myThread! = null && myThread. isAlive( ) )
45.               myThread. stopRun( ) ;
46.               try {
47.                   if ( myThread! = null) {
48.                     myThread. join( ) ;
49.                     myThread = null;
50.                 }
```

```
51.                 } catch(InterruptedException e) {
52.                 }
53.                 setButtonAvailable();
54.                 }
55.             });
56.             setButtonAvailable();
57.         }
58.     private void setButtonAvailable()
59.     {
60.             btn_StartTaskThread.setEnabled(myThread == null);
61.             btn_ExitApp.setEnabled(myThread == null);
62.             btn_StopTaskThread.setEnabled(myThread != null);
63.     }
64. }
```

【代码说明】

- 第 14 ～ 23 行代码表示创建 Handler 对象，并用 handleMessage( )方法提取出辅助线程传递过来的辅助线程运行状态信息和计数信息，并根据辅助线程的运行状态用计数信息来改变 UI 线程的界面控件。
- 第 34 ～ 40 行代码表示实现“开始运行线程”按钮事件监听器的内容，在其中实现了辅助线程对象的创建与启动。并设置“中止线程运行”和“退出应用”按钮的可用状态。
- 第 42 ～ 55 代码表示实现“中止线程运行”按钮的事件监听器，并设置其他按钮的可用状态。其中第 48 行代码表示等待线程运行结束。
- 第 58 ～ 63 行代码表示改变各按钮可用状态的方法。

程序运行效果如图 8-2 所示。

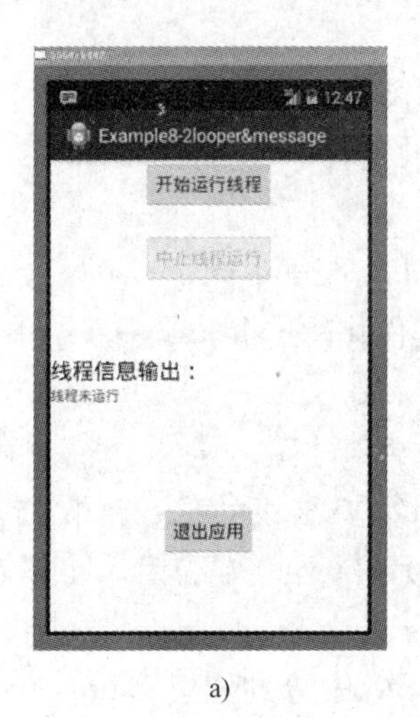

a)

b)

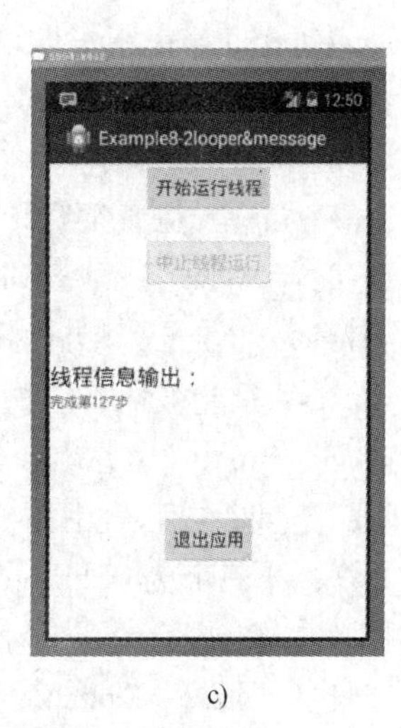

c)

图 8-2　程序运行效果图

a）开始运行线程　b）运行线程　c）线程运行结束

8.3 AsyncTask 类

除了使用循环者—消息（Looper - Message）机制来实现辅助线程与 UI 线程的通信外，还可以使用一种称为异步任务（AsyncTask）的类来实现通信。Android 的 AsyncTask 比 Handler 更轻量级一些，适用于简单的异步处理。AsyncTask 的一般使用框架如下。

AsyncTask 是抽象类，定义了三种泛型类型 Params、Progress 和 Result。

- Params 启动任务执行的输入参数，比如 HTTP 请求的 URL。
- Progress 后台任务执行的百分比。
- Result 后台执行任务最终返回的结果，比如 String、Integer 等。

AsyncTask 的执行分为四个步骤，每一步都对应一个回调方法，开发者需要实现这些方法。

1）继承 AsyncTask。

2）实现 AsyncTask 中定义的下面一个或几个方法。

onPreExecute( )，该方法将在执行实际的后台操作前被 UI 线程调用。可以在该方法中做一些准备工作，如在界面上显示一个进度条，或者一些控件的实例化，这个方法也可以不用实现。

doInBackground(Params...)，将在 onPreExecute( )方法执行后立即执行，该方法运行在后台线程中。将主要负责执行那些很耗时的后台处理工作。可以调用 publishProgress( )方法来更新实时的任务进度。该方法是抽象方法，子类必须实现。

onProgressUpdate(Progress...)，在 publishProgress( )方法被调用后，UI 线程将调用这个方法在界面上展示任务的进展情况，例如通过一个进度条进行显示。

onPostExecute(Result)，在 doInBackground( )方法执行后，onPostExecute( )方法将被 UI 线程调用，后台的计算结果将通过该方法传递到 UI 线程，并且在界面上显示给用户。

onCancelled( )，在用户取消线程操作的时候调用。

为了正确地使用 AsyncTask 类，以下是几条必须遵守的准则：

1）Task 的实例必须在 UI 线程中创建。

2）execute( )方法必须在 UI 线程中调用。

3）不要手动调用 onPreExecute( )、onPostExecute(Result)、doInBackground(Pa - ra...)、onProgressUpdate(Progress...)这几个方法，需要在 UI 线程中实例化的这个 task 中来调用。

4）该 task 只能被执行一次，多次调用时将会出现异常。

doInBackground( )方法和 onPostExecute( )方法的参数必须对应，这两个参数在 AsyncTask 声明的泛型参数列表中指定，第一个为 doInBackground( )方法接受参数，第二个为显示进度的参数，第三个为 doInBackground( )方法返回和 onPostExecute( )方法传入的参数。

【例 8-3】 AsyncTask 异步任务实现多线程示例。

1）创建项目文件 Example8-3Looper&message，然后再 Src 中分别创建 MainActivity. java。在 resource→layout 中创建 MainActivity 的布局文件，添加一个图形控件 ImageView 和一个按钮。ImageView 用来显示从网络中下载的图片。

2）编辑 MainActivity. java 文件。在类 MainActivity. java 中首先添加一个进度条：

```
01. progressDialog = new ProgressDialog(MainActivity.this);
02. progressDialog.setTitle("提示信息");
03. progressDialog.setMessage("正在下载中,请稍后......");
04. progressDialog.setCancelable(false);
05. progressDialog.setProgressStyle(ProgressDialog.STYLE_HORIZONTAL);
```

【代码说明】

- 第 04 行代码表示不能取消这个弹出框，等下载完成之后再让弹出框消失。
- 第 05 行代码表示设置 ProgressDialog 样式为水平样式。

接下来实现按钮监听器，在监听器中创建 AsyncTask 对象并调用 execute()方法实现图片下载，实现代码如下：

```
01. button.setOnClickListener(new View.OnClickListener()
02. {
03.   public void onClick(View v)
04.   {
05.    new MyAsyncTask().execute(IMAGE_PATH);
06.   }
07. });
```

最后，也是最主要的工作就是创建一个 MyAsyncTask 让其继承 AsyncTask 这个类，定义了三种泛型类型 Params、Progress 和 Result。

- Params：String 类型，表示传递给异步任务的参数类型是 String，从指定的 URL 路径下载图片。
- Progress：Integer 类型，进度条的单位通常都是 Integer 类型。
- Result：byte[]类型，表示下载好的图片以字节数组返回。

主要代码如下：

```
01. public class MyAsyncTask extends AsyncTask<String,Integer,byte[]>
02. {
03.   protected void onPreExecute()
04.   {
05.   super.onPreExecute();
06.   progressDialog.show();
07.   }
08.   protected byte[] doInBackground(String... params)
09.   {
10.   HttpClient httpClient = new DefaultHttpClient();
11.   HttpGet httpGet = new HttpGet(params[0]);
12.   byte[] image = new byte[]{};
13.   try
14.   {
15.   HttpResponse httpResponse = httpClient.execute(httpGet);
```

```
16.   HttpEntity httpEntity = httpResponse. getEntity( ) ;
17.   InputStream inputStream = null;
18.   ByteArrayOutputStream byteArrayOutputStream = new ByteArrayOutputStream( ) ;
19.   if( httpEntity ! = null && httpResponse. getStatusLine( ). getStatusCode( )  ==  HttpStatus. SC_OK)
20.       {
21.       long file_length = httpEntity. getContentLength( ) ;
22.       long total_length = 0;
23.     int length = 0;
24.       byte[ ] data = new byte[1024] ;
25.     inputStream = httpEntity. getContent( ) ;
26.     while( -1 ! = (length = inputStream. read( data) ) )
27.     {
28.     total_length  += length;
29.     byteArrayOutputStream. write( data,0,length) ;
30.       int progress = ( ( int) ( total_length/( float) file_length)  *  100) ;
31.       publishProgress( progress) ;
32. }
33. }
34.       image = byteArrayOutputStream. toByteArray( ) ;
35.       inputStream. close( ) ;
36.       byteArrayOutputStream. close( ) ;
37. }
38.   catch (Exception e)
39.   {
40.    e. printStackTrace( ) ;
41.   }
42.   finally
43.   {
44.       httpClient. getConnectionManager( ). shutdown( ) ;
45.   }
46.       return image;
47.   }
48.   protected void onProgressUpdate( Integer. . .  values)
49.     {
50.       super. onProgressUpdate( values) ;
51.       progressDialog. setProgress( values[0] ) ;
52.     }
53.   protected void onPostExecute( byte[ ] result)
54.     {
55.       super. onPostExecute( result) ;
56.       Bitmap bitmap = BitmapFactory. decodeByteArray( result,0,result. length) ;
57.       imageView. setImageBitmap( bitmap) ;
58.       progressDialog. dismiss( ) ;
59.     }
60. }
```

【代码说明】

- 第 06 行代码表示在 onPreExecute( )方法中让 ProgressDialog 显示出来。
- 第 10 ～ 11 行表示通过 Apache 的 HttpClient 来访问请求网络中一张图片。
- 第 21 行代码表示得到文件的总长度。
- 第 22 行代码表示每次读取后累加的长度。
- 第 24 行代码表示每次读取 1024 个字节。
- 第 29 行代码表示边读边写到 ByteArrayOutputStream 当中。
- 第 30 行代码表示得到当前图片下载的进度。
- 第 31 行代码表示时刻将当前进度更新给 onProgressUpdate( )方法。
- 第 51 行代码表示在 onProgressUpdate( )方法中实现更新 ProgressDialog 的进度条。
- 第 56 行代码表示将 doInBackground( )方法返回的 byte[ ]赋值给 Bitmap 对象。
- 第 57 行代码表示更新的 ImageView 控件。
- 第 58 行代码表示当图片下载完成后使 ProgressDialog 框消失。

程序运行效果如图 8-3 所示。

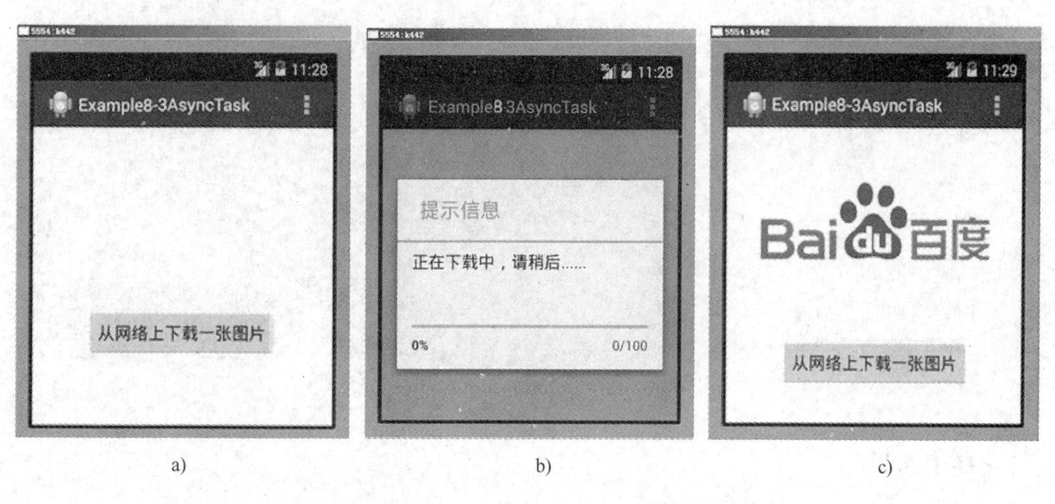

a)　　b)　　c)

图 8-3　AsyncTask 示例结果

a）下载图片　b）正在下载图片　c）完成图片下载

8.4　Android 其他创建多线程的方法

除了循环者 - 消息机制与 AsyncTask 机制外，还有一些方法可以帮助辅助线程与 UI 线程的界面控件进行通信。

1. Activity. runOnUiThread(Runnable)方法

利用 Activity. runOnUiThread(Runnable)方法实现多线程，实现时把更新 UI 界面的代码创建在 Runnable 中，然后在需要更新 UI 界面时，把这个 Runnable 对象传给 Activity. runOnUiThread(Runnable)。Runnable 对象就能在 UI 线程中被调用。如果当前线程为 UI 线程，则立即执行；否则，将参数中的线程操作放入到 UI 线程的事件队列中，等待执行。代码示例如下。

```
01. public class TestActivity extends Activity {
02.   Button btn;
03.   protected void onCreate(Bundle savedInstanceState) {
04.     super.onCreate(savedInstanceState);
05.     setContentView(R.layout.handler_msg);
06.     btn = (Button) findViewById(R.id.button1);
07.     btn.setOnClickListener(new OnClickListener() {
08.   public void onClick(View view) {
09.       new Thread(new Runnable() {
10.         public void run() {
11.         try {
12.             Thread.sleep(10000);
13.           } catch (InterruptedException e) {
14.             e.printStackTrace();
15.           }
16.           TestActivity.this.runOnUiThread(new Runnable() {
17.           public void run() {
18.             btn.setText("更新完毕!");
19.           }
20.   });
21.   }
22.   }).start();
23.   }
24.   });
25. }
26. }
```

【代码说明】

- 第 12 行代码表示模拟耗时的操作。
- 第 16 ～ 19 行代码表示更新 UI 线程的界面控件。

2. View. post(Runnable)与 View. postDelayed(Runnable, long)方法

利用 View. post(Runnable)方法实现多线程将操作放入到 message 队列中，如果放入成功，该操作将会在 UI 线程中执行，并返回 true，否则返回 false。

View. postDelayed(Runnable,long)和 View. post(Runnable)基本一样，只是多添加了一个延迟时间。

下面代码实现从一个辅助线程中下载图片，并在一个 ImageView 对象中显示它。

```
01. public void onClick(View v) {
02.     new Thread(new Runnable() {
03.         public void run() {
04.             Bitmap b = loadImageFromNetwork("http://example.com/image.png");
05.         mImageView.setImageBitmap(b);
```

```
06.         }
07.     }). start();
08. }
```

这段代码似乎能够很好地工作，因为它为处理网络操作创建了一个新的线程。然而它违反了上面提出的使用 UI 线程的第二个规则：不要在非 UI 线程中操作 UI 组件。在这段代码中，由于辅助线程而不是 UI 线程直接修改了 ImageView，这将导致一些不可以预见的后果，而发现此类错误是异常困难和费时的。

接下来使用 View. post(Runnable)修改上面的代码，示例如下。

```
01. public void onClick( View v) {
02.     new Thread( new Runnable() {
03.         public void run() {
04.         final Bitmap bitmap = loadImageFromNetwork( "http://example. com/image. png" );
05.             mImageView. post( new Runnable() {
06.                 public void run() {
07.                 mImageView. setImageBitmap( bitmap);
08.                 }
09.             });
10.         }
11.     }). start();
12. }
```

这样实现就符合了“线程安全”原则：在额外的线程中完成网络操作并且在 UI 线程中完成对 ImageView 的操作。

然而，随着操作复杂性的增加，上述代码可能会变得非常复杂而导致维护困难。为了解决工作线程中处理此类复杂操作，最好使用 Looper - Message 机制或 AsyncTask 机制来处理由 UI 线程发送过来的消息。

8.5 实验：Android 多线程

本章主要介绍了 Android 平台下多线程的开发及常用事件处理机制。为了加深读者对 Android 系统中多线程知识的理解，下面介绍几个典型的实验：多线程实现计时器、多线程实现进度条，以及用多线程改变按钮名称。

8.5.1 实验目的和要求

- 通过实验深入理解 Android 多线程实现机制。
- 掌握 Looper&Message 机制实现多线程。
- 掌握用 AsyncTask 类实现多线程。
- 掌握用 Activity. runOnUiThread(Runnable)方法实现多线程。

8.5.2 题目1 用Looper&Message机制实现计时器

1. 任务描述

本实验通过Looper&Message机制实现一个计时器来深入理解Android多线程的实现机制。Looper&Message机制是最常用的Android多线程实现方法，可实现在辅助线程中把信息封装到Message对象中，再通过Handler把Message对象传递到UI线程中，以达到修改UI主界面控件的目的。

项目界面及运行结果如图8-4所示。

图8-4 项目界面及运行结果

2. 任务要求

1）完成Android开发平台的搭建及相关配置。

2）创建项目并熟悉文件目录结构。

3）实现以秒为单位计时，并即时更新UI界面的显示时间的控件。

4）用Looper&Message来实现多线程。

3. 知识点提示

本任务主要用到以下几个知识点。

1）Android中Mesage、MessageQueue、Handler及Looper概念的理解与使用。

2）用线程休眠的方法模拟辅助线程的耗时操作。

3）用Handler处理辅助线程与UI线程之间传递的Message。

4. 操作步骤提示

1）创建项目，新建一个Android工程并命名为Testloop&message。

2）根据项目界面添加布局文件。

3）编辑MainActivity.java，主要实现创建Handler对象与多线程对象，在多线程中主要实现计时器代码，并把信息封装到Message对象中。使用Handler把Message对象从辅助线程中传递到UI线程中并进行处理，实现对UI界面控件的更新。

8.5.3 题目2 用 AsyncTask 类实现计时器与进度条

1. 任务描述

本实验的目的是用 AsyncTask 类来实现计时器和进度条。AsyncTask 类也是 Android 系统中常用的多线程实现方法。在 AsyncTask 对象中实现计时器与进度条的计算过程，是通过 onPostExecute()方法把辅助线程的计时及进度条信息传递到 UI 线程中，从而改变 UI 界面控件。

项目界面及运行结果如图 8-5 所示。

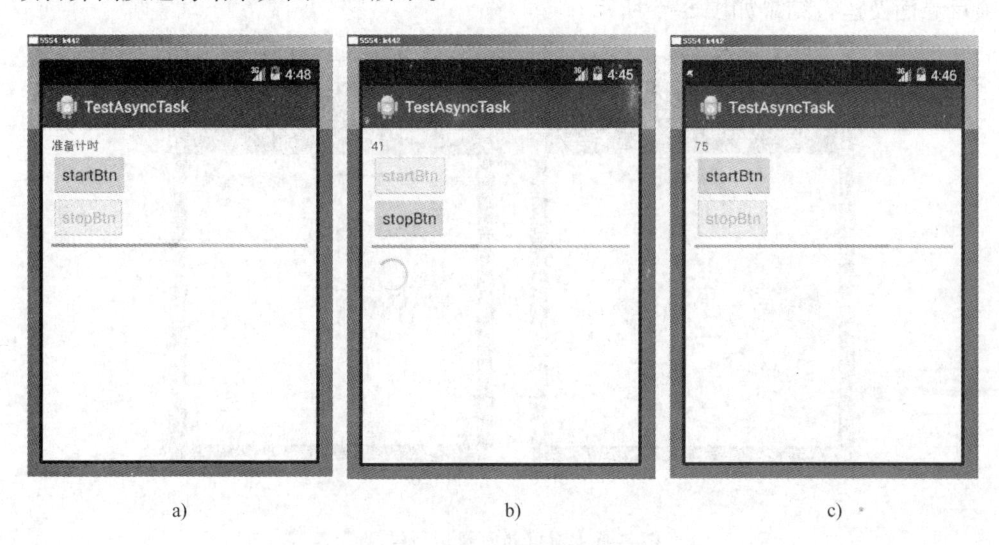

图 8-5 项目界面及运行结果
a）开始计时 b）正在计时 c）结束计时

2. 任务要求

1）完成 Android 开发平台的搭建及相关配置。

2）创建项目并熟悉文件目录结构。

3）程序中有“startBtn”和“stopBtn”按钮，如图 8-4a 所示。当单击“startBtn”按钮时，程序开始计时并实时改变 UI 界面控件，如图 8-4b 所示。当单击“stopBtn”按钮时，停止计时和进度条的更新，如图 8-4c 所示。当再次单击“startBtn”按钮时，继续计时器和进度条的更新。

3. 知识点提示

本任务主要用到以下几个知识点。

1）AsyncTask 对象的创建与使用。

2）进度条 ProgressBar 的创建与使用。

3）在辅助线程中用休眠的方法模拟耗时操作。

4. 操作步骤提示

1）创建项目，新建一个 Android 工程并命名为 TestAsyncTask。

2）根据项目界面添加布局文件。

3）编辑 MainActivity. java，主要实现 AsyncTask 对象的创建与使用，在 AsyncTask 对象

中实现计时器与进度条的计算，并通过 onPostExecute( )方法把辅助线程的计时及进度条信息传递到 UI 线程中，从而改变 UI 界面控件。

8.5.4 题目 3 用 runOnUiThread( )方法改变按钮名称

1. 任务描述

本实验的目的是用 Activity. runOnUiThread(Runnable)方法来实现多线程。在辅助线程中通过 runOnUiThread(Runnable)方法改变 UI 界面控件。

项目界面及运行结果如图 8-6 所示。

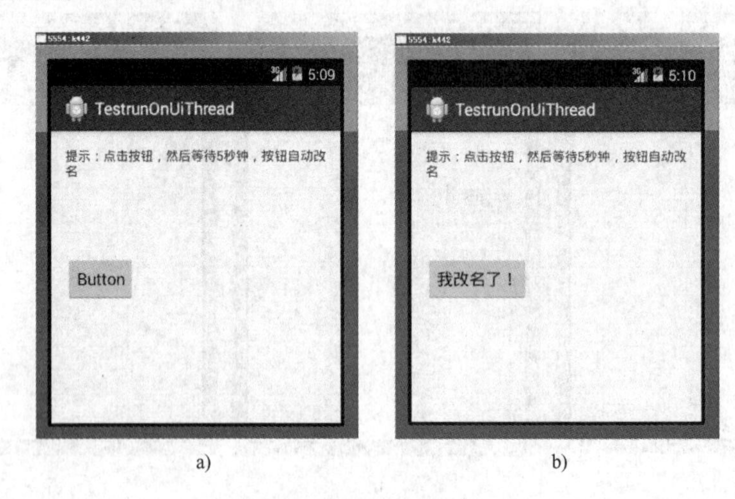

a) b)

图 8-6 项目界面及运行结果

a) 改变按钮名称 b) 改变效果

2. 任务要求

1) 完成 Android 开发平台的搭建及相关配置。

2) 创建项目并熟悉文件目录结构。

3) 在辅助线程中模拟耗时操作，然后改变 UI 界面中按钮的名称。

3. 知识点提示

本任务主要用到以下几个知识点。

1) 利用 Activity. runOnUiThread (Runnable) 方法实现多线程，实现时把更新 UI 的代码创建在 Runnable 中，然后在需要更新 UI 时，把这个 Runnable 对象传给 Activity. runOnUiThread (Runnable)。

2) 在辅助线程中用线程休眠的方法模拟耗时操作。

4. 操作步骤提示

1) 创建项目，新建一个 Android 工程并命名为 BroadcastReceiver_battery_test。

2) 根据项目界面添加布局文件。

3) 编辑 MainActivity. java，在按钮监听器中创建辅助线程，并在辅助线程中调用 runOnUiThread (Runnable) 方法改变 UI 界面中按钮的名称。

本章小结

本章介绍了在 Android 平台下创建多线程应用程序的机制与方法。详细介绍循环者 - 消息机制与多线程同步。这些对于 Android 多线程应用开发者来说非常重要。为了让读者更深刻地理解这些内容，本章附加了多线程编程的项目示例，并对项目运行的过程与结果进行了分析与总结。

课后练习

一、选择题

1. Hanlder 是线程与 Activity 通信的桥梁，如果线程处理不当，机器就会变得越来越慢，那么线程销毁的方法是（　　）。

A. onDestroy( )　　B. onClear( )　　C. onFinish( )　　D. onStop( )

2. 为了让辅助线程与 UI 线程进行很好的通信，Android 设计了一个称为消息队列(MessageQueue）的机制来实现多线程。下列组件中，实现该机制时用（　　）（多选）。

A. Looper　　B. Handler　　C. Message　　D. Activity

3. 下面关于 Handler 的说法不正确的是（　　）。

A. 在辅助线程中发送消息

B. 在 UI 线程中获取并处理消息

C. Hander 不从属于 UI 线程

D. Handler 从属于 UI 线程

4. AsyncTask 是一个抽象类，可以实现辅助线程与 UI 线程的通信，定义了 3 个泛型类型，分别是（　　）（多选）。

A. Params　　B. Progress　　C. Result　　D. condition

5. 关于 AsyncTask 类的使用，下列说法中哪一项不正确（　　）。

A. Task 的实例必须在 UI 线程中创建

B. execute( )方法必须在 UI 线程中调用

C. 可以手动调用 onPreExecute( )、onPostExecute(Result)、doInBackground(Params...)、onProgressUpdate(Progress...)这几个方法

D. 该 Task 只能被执行一次，否则多次调用时将会出现异常

二、简答题

1. Android 规定使用 UI 单线程的两个规则是什么?

2. 简述 Handler 机制原理。

3. 请解释 Android 系统多线程模型中 Message、Handler、Message Queue 和 Looper 之间的关系。

4. 简述多线程使用原则。

5. 除了 Looper - Message 机制或 AsyncTask 机制外，还有哪些方法可以实现多线程?

第9章 Android网络通信开发

在移动互联网时代，单机应用会越来越少。如果开发的应用缺少与服务器的交互，在内容上就不会丰富，甚至客户端无法控制应用，服务器也得不到用户反馈。Android平台有3种网络接口可以使用，分别是：java. net. *（标准Java接口）、Org. apache接口和Android. net. *（Android网络接口）。java. net. *提供与联网有关的类，包括流、数据包套接字（Socket）、Internet协议和常见Http处理等，如创建URL及URLConnection/HttpURLConnection对象、向服务器写数据，以及从服务器读取数据等通信。Apache接口提供HttpClient，它是一个开源项目，功能更加完善，为客户端的HTTP编程提供高效、最新、功能丰富的工具包支持。Android网络接口也提供了特有的网络编程，如访问Wi-Fi、访问Android联网信息和邮件等功能。

网络连接中用得最多的协议就是HTTP和TCP。本章将介绍这两种通信方式，TCP通信方式主要是通过传入IP地址和端口号来完成客户端与服务器之间的通信，如使用URL和Socket通信方式；而HTTP通信方式是基于HTTP协议进行通信，如使用HttpClient。

9.1 URL通信方式

URL方式是通过URLConnection对象请求服务器资源，从而进行客户端与服务器之间的通信。URL通信方式可以使用URLConnection或HttpURLConnection类（URLConnection的子类），这两个类都是java. net接口中的标准Java类，但HttpURLConnection类可以使用更多的HTTP属性和方法，如setRequestProperty( )方法等。

下面是数据库创建的示例，单击按钮进行客户端和服务器之间的通信，客户端从服务器上请求文本资源和图片资源，显示在客户端上，示例如下。

1）Tomcat服务器环境搭建：安装Tomcat和Myeclipse 10. 6，并且配置Tomcat服务器环境变量，可参考http://jingyan. baidu. com/article/8065f87fcc0f182330249841. html。

2）打开Myeclipse，选择“File”→“New”→“Web project”命令，新建一个Web项目，命名为myapp，单击“确认”按钮，将新建的Web项目myapp部署到tomcat服务器中，如图9-1所示。

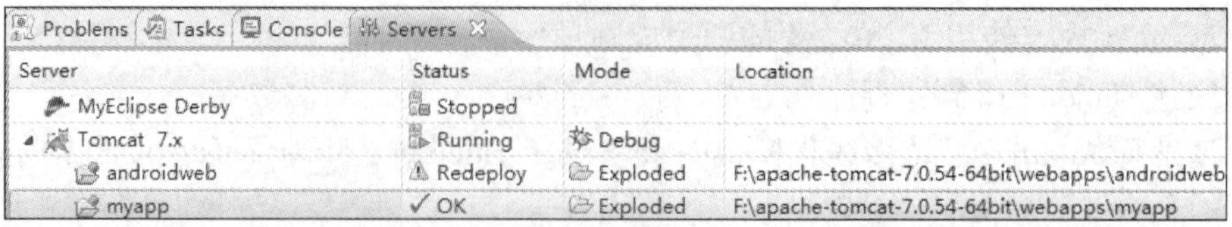

Problems | Tasks | Console | Servers

Server	Status	Mode	Location
MyEclipse Derby	Stopped		
Tomcat 7.x	Running	Debug	
androidweb	Redeploy	Exploded	F:\apache-tomcat-7.0.54-64bit\webapps\androidweb
myapp	✓ OK	Exploded	F:\apache-tomcat-7.0.54-64bit\webapps\myapp

图9-1　Web项目部署到Tomcat服务器

3）启动Tomcat服务器。成功启动Tomcat服务器后，在浏览器地址栏中输入“http://localhost:8080/myapp/index. jsp”。若看到一句话：“This is my JSP page. ”就说明完成了

Tomcat 的部署。

4）在 Tomcat 安装文件的 webapps 目录下新建一个文件夹，命名为 URLResouce，这个文件夹用来存放客户端将要获取的资源，将名为 info_url. txt 和 info_http. txt 的两个文本文件和一个名为 p1. jpg 的图片文件放入 URLResouce 文件夹下。

以上 4 步就完成了 Tomcat 服务器部署，接下来就可以创建 Android 客户端了。

5）在 eclipse 中新建一个 Android 项目并命名为 Example 9 - 1 URLClient，将包名命名为 org. synu. URLClient。在布局文件中创建两个 TextView 和一个 ImageView 控件，用于存放文本和图片，再加入一个按钮，用于激发获取服务器资源事件。主要代码如下。

```
01. <LinearLayout xmlns:android="http://schemas.android.com/apk/res/android"
02.     xmlns:tools="http://schemas.android.com/tools"
03.     android:id="@+id/container"
04.     android:layout_width="match_parent"
05.     android:layout_height="match_parent"
06.     android:orientation="vertical"
07.     tools:context="com.example.androidwebconnection.MainActivity" >
08.
09.     <TextView
10.         android:id="@+id/tvUrl"
11.         android:layout_width="wrap_content"
12.         android:layout_height="wrap_content"
13.         android:textSize="30sp" />
14.
15.     <TextView
16.         android:id="@+id/tvHttp"
17.         android:layout_width="wrap_content"
18.         android:layout_height="wrap_content"
19.         android:textSize="30sp" />
20.
21.     <ImageView
22.         android:id="@+id/iv"
23.         android:layout_width="wrap_content"
24.         android:layout_height="wrap_content" />
25.
26.     <Button
27.         android:id="@+id/btn"
28.         android:layout_width="fill_parent"
29.         android:layout_height="wrap_content"
30.         android:text="获取服务器资源" />
31. </LinearLayout>
```

6）在 MainActivity 中加入连接服务器和获取服务器资源代码，如下所示。

```
01. public class MainActivity extends Activity {
02.     protected static final String TAG = null;
03.     String txturl = "http://192.168.100.100:8080/URLResouce/info_url.txt";
```

```
04.  String txthttp = "http://192.168.100.100:8080/URLResouce/info_http.txt";
05.  String bitmapurl = "http://192.168.100.100:8080/URLResouce/p1.jpg";
06.  @TargetApi(Build.VERSION_CODES.GINGERBREAD)
07.  @SuppressLint("NewApi")
08.  protected void onCreate(Bundle savedInstanceState) {
09.         super.onCreate(savedInstanceState);
10.       setContentView(R.layout.activity_main);
11.       if (android.os.Build.VERSION.SDK_INT > 9) {
12.              StrictMode.ThreadPolicy policy = new StrictMode.ThreadPolicy.Builder()
13.                                    .permitAll().build();
14.              StrictMode.setThreadPolicy(policy);
15.       }
16.       Button btn = (Button) findViewById(R.id.btn);
17.       btn.setOnClickListener(new View.OnClickListener() {
18.              public void onClick(View v) {
19.                     getUrlTXTResources();
20.                     getUrlPICResources();
21.                     getHttpTXTResources();
22.              }
23.       });
24.  }
25.  public void getUrlTXTResources() {
26.       URL myUrl;
27.       try {
28.              myUrl = new URL(txturl);
29.              URLConnection MyCon = myUrl.openConnection();
30.              MyCon.setDoOutput(false);
31.              InputStream in = MyCon.getInputStream();
32.              BufferedInputStream bis = new BufferedInputStream(in);
33.              ByteArrayBuffer baf = new ByteArrayBuffer(bis.available());
34.              int data = 0;
35.              while ((data = bis.read()) != -1) {
36.                     baf.append((byte) data);
37.              }
38.              String msg = EncodingUtils.getString(baf.toByteArray(), "UTF-8");
39.              TextView tv = (TextView) findViewById(R.id.tvUrl);
40.              tv.setText(msg);
41.       } catch (MalformedURLException e) {
42.              e.printStackTrace();
43.       } catch (IOException e) {
44.              e.printStackTrace();
45.       }
46.  }
47.  public void getUrlPICResources() {
48.       URL myUrl;
49.       try {
50.              myUrl = new URL(bitmapurl);
51.              URLConnection myCon = myUrl.openConnection();
```

```
52.                     InputStream in = myCon. getInputStream( ) ;
53.                     Bitmap bmp = BitmapFactory. decodeStream( in) ;
54.                     ImageView im = ( ImageView) findViewById( R. id. iv) ;
55.                     im. setImageBitmap( bmp) ;
56.             } catch (Exception e) {
57.                     e. printStackTrace( ) ;
58.             }
59.     }
60.     public void getHttpTXTResources( ) {
61.             StringBuffer sb = new StringBuffer( ) ;
62.             String line = null;
63.             URL myUrl;
64.                 try {
65.             myUrl = new URL( txthttp) ;
66.         HttpURLConnection MyCon = ( HttpURLConnection) myUrl. openConnection( ) ;
67.                 InputStream in = MyCon. getInputStream( ) ;
68.                 InputStreamReader isr = new InputStreamReader( in, "UTF - 8" ) ;
69.                 BufferedReader br = new BufferedReader( isr) ;
70.                 while( ( line = br. readLine( ) ) ! = null)
71.                 {
72.                 sb. append( line) ;
73.                 }
74.             } catch (MalformedURLException e) {
75.                     e. printStackTrace( ) ;
76.             } catch (IOException e) {
77.                     e. printStackTrace( ) ;
78.             }
79.             TextView tv = ( TextView) findViewById( R. id. tvHttp) ;
80.             tv. setText( sb. toString( ) ) ;
81.     }
82. }
```

7）在 AndroidManifest. xml 添加网络访问权限，代码如下。

```
<uses - permission android:name = " android. permission. INTERNET" / >
```

【代码说明】

- 第 03 ～ 05 行代码是需要传入的 url，这 3 个字符串分别使用 URLConnection 和 HttpURLConnection 获取文本资源和图片资源的地址。字符串中的 IP 地址是服务器地址，这里是用本机作为服务器，因此 IP 地址即为本机 IP 地址。这 3 个资源文件都位于 webapps 下面的 URLResouce 文件下。
- 第 11 ～ 15 行代码是采用强制方法防止网络线程阻塞，如果不用第 11 ～ 15 行代码，系统将抛出 NetworkOnMainThreadException 的异常，这是由于在主线程中请求网络操作，会阻塞主线程而抛出此异常。Android 的这个设计是为了防止网络请求时间过长而导致界面假死的情况发生，但不推荐使用这种简单暴力方法，后面两个网络连接实例将使用推荐的方法——多线程方式。

- 第25～46行代码的getUrlTXTResources()方法，是通过URLConnection类获取服务器的文本资源，并且显示在第一个TextView中。URL通信方式需要创建URL对象，然后打开这个URL连接，获取其输入流，并将读出的输入流转化成指定格式的字符串显示在TextView中。
- 第47～59行代码的getUrlPICResources()方法，是使用URL通信方式获取图片资源，URL获取图片资源建立URL连接的方式与获取文本方式相同，只需要将获取到的输入流对象传到BitmapFactory的静态方法decodeStream()中，得到Bitmap对象，最后将得到的Bitmap对象放入到ImageView中即可。
- 第60～81行代码的getHttpTXTResources()方法，类似于getUrlTXTResources()方法，获得HttpURLConnection对象后，需要通过这个HttpURLConnection连接对象获得输入流对象，然后使用读入缓存流将输入流对象读出，并且显示在TextView中。

📖 EncodingUtils的静态方法getString()可将收到的字节数组转化成字符串。

单击运行Android Application，其结果如图9-2所示，单击“获取服务器资源”按钮后，运行结果如图9-3所示。

图9-2　运行结果

图9-3　单击按钮后的运行结果

9.2　Socket通信方式

网络上的两个程序通过一个双向的通信连接实现数据的交换，这个双向链路的一端称为一个Socket。Socket通常用来实现客户方和服务方的连接。Socket是TCP/IP协议中一个十分流行的编程界面，一个Socket由一个IP地址和一个端口号唯一确定。

在Java中，Socket和ServerSocket类库位于java.net包中。ServerSocket用于服务器端，

Socket 是建立网络连接时使用的。在连接成功时，应用程序两端都会产生一个 Socket 实例，操作这个实例，完成所需的会话。下面通过一个极为简单的客户端和服务器端的连接实例来演示最基本的 Android Socket 通信。

服务端的代码，在服务端特定的端口 55566 监听客户端请求，一旦有请求，便会执行，而后继续监听。使用 accept( )这个阻塞函数，就是该方法被调用后一直等待客户端的请求，直到有请求且连接到同一个端口，accept( )返回一个对应于客户端的 Socket。具体操作步骤如下。

1）服务器侧代码：在 eclipse 中新建一个 Java 项目，命名为 Server。在这个项目下新建一个类，命名为 ServerConn，代码如下。

```
01. public class ServerConn implements Runnable {
02. public void run() {
03.         try {
04.                 System.out.println("connected...");
05.                 ServerSocket serverSocket = new ServerSocket(55566);
06.                 while (true) {
07.                         Socket client = serverSocket.accept();
08.                         System.out.println("receiving...");
09.                         String clientip = client.getInetAddress().toString();
10.                        System.out.println("accept:" + clientip);
11.                        try {
12.                                // 服务器读取客户端发过来的消息
13.                 BufferedReader in = new BufferedReader(
14.         new InputStreamReader(client.getInputStream()));
15.                                String str = in.readLine();
16.                                System.out.println("read:" + str);
17.                                // 服务器写给客户端的消息
18.         PrintWriter out = new PrintWriter(new BufferedWriter(
19.                 new OutputStreamWriter(client.getOutputStream())),true);
20.                                out.println("连接 OK!");
21.                                out.close();
22.                                in.close();
23.                        } catch(Exception e) {
24.                                System.out.println(e.getMessage());
25.                                e.printStackTrace();
26.                        } finally {
27.                                client.close();
28.                                System.out.println("close");
29.                        }
30.                 }
31.         } catch(Exception e) {
32.                 System.out.println(e.getMessage());
33.         }
34.  }
35.  public static void main(String a[]) {
36.         Thread desktopServerThread = new Thread(new ServerConn());
```

```
37.             desktopServerThread. start( ) ;
38. }
39. }
```

单击运行 Java 程序，此时将启动服务器，控制台运行结果如图 9-4 所示。

```
Problems  @ Javadoc  Declaration  Search  Console  LogCat
ServerConn (4) [Java Application] E:\jdk1.7\bin\javaw.exe (2014年10月23日 下午3:29:44)
connected....
```

图 9-4　服务器启动运行结果

当运行完服务器端，在控制台上出现“connected…. ”后，说明服务器连接线程已经成功开启。

2）客户侧代码：在布局文件中添加一个 TextView、两个 EditText 和一个 Button 控件，第一个 EditText 用来输入客户端发送给服务器的信息，第二个 EditText 用来接收服务器返回给客户端的信息。单击按钮，激发客户端与服务器端之间的交互，具体代码如下。

```
01. public class MainActivity extends Activity {
02.     EditText et, etSERVER;
03.     private Thread thread = null;
04.     protected void onCreate( Bundle savedInstanceState) {
05.             super. onCreate( savedInstanceState) ;
06.             setContentView( R. layout. activity_main) ;
07.             et = ( EditText) findViewById( R. id. et) ;
08.             etSERVER = ( EditText) findViewById( R. id. et1) ;
09.             Button btn = ( Button) findViewById( R. id. btn) ;
10.         btn. setOnClickListener( new OnClickListener( ) {
11.                 public void onClick( View arg0) {
12.                         thread = new Thread( new Runnable( ) {
13.                                 public void run( ) {
14.                                         String ip = "192. 168. 100. 100" ;
15.                                         int port = 55566;
16.                                         Socket so = null;
17.                                         try {
18.                                                 so = new Socket( ip, port) ;
19.                                                 String msg = et. getText( ). toString( ) ;
20.         PrintWriter out = new PrintWriter(
21.         new BufferedWriter( new OutputStreamWriter( so. getOutputStream( ) ) ), true) ;
22.                                                 out. println( msg) ;
23.                                                 out. flush( ) ;
24.                                                 BufferedReader in = new BufferedReader(
25.                         new InputStreamReader( so. getInputStream( ) ) ) ;
26.                                                 String str = in. readLine( ) ;
27.                                                 Message message = new Message( ) ;
28.                                                 Bundle bundle = new Bundle( ) ;
29.                                                 bundle. putString( "msg", str) ;
30.                                                 message. setData( bundle) ;
```

```
31.                                     handler.sendMessage(message);
32.                             } catch (Exception e) {
33.                                     e.printStackTrace();
34.                             }
35.                         }
36.                     });
37.                     thread.start();
38.             }
39.     });
40. }
41. Handler handler = new Handler() {
42.         public void handleMessage(Message msg) {
43.                 Bundle bundle = msg.getData();
44.                 String returnMsg = bundle.get("msg").toString();
45.                 etSERVER.setText(returnMsg);
46.         };
47. };
48. }
```

【代码说明】

- 为防止主线程阻塞，需要新开辟一个网络连接线程，采用 Socket 方式通信只需确定服务器端 IP 地址和端口号即可。客户端端口号要与服务器端端口号保持一致。
- 第 18 ～ 22 行代码将 IP 地址和端口号传给 Socket 对象，然后将创建的 Socket 对象传给输出流对象 out，利用 out.println(msg)，就可以将客户端的 msg 信息写到输出流对象中，服务器端只要用输入流 BufferedReader 对象就可以读出客户端传过来的信息。
- 第 24 ～ 26 行代码表示客户端读取服务器的输出流，第 28 ～ 31 行代码是将服务器端传过来的字符串放入一个 Bundle 对象，将 Bundle 放入 Message 对象，然后利用 handler.sendMessage(Message msg)方法将 Message 对象传出去，第 41 ～ 47 行代码利用 Handler 类中的 handleMessage 获取刚才的 msg，最后让这个 msg 显示在第二个 EditText 上。

3）在 AndroidManifest.xml 中添加网络访问权限，如下代码。

```
<uses-permission android:name="android.permission.INTERNET"/>
```

单击运行 Android Application，其结果如图 9-5 所示。在第一个 EditText 中输入文字，单击“客户端传递信息”按钮后，可以看到在客户端侧的运行结果如图 9-6 所示，在服务器端控制台运行结果如图 9-7 所示。

从运行结果可以看出，在第一个文本框中输入的文字，在服务器端被成功读出，服务器端给客户端传的字符串“连接 OK”，在客户端也被成功读出，并且显示在第二个 EditText 中。

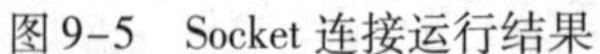

图 9-5　Socket 连接运行结果

图 9-6　单击按钮后的运行结果

```
Problems  @ Javadoc  Declaration  Search  Console  LogCat
ServerConn (4) [Java Application] E:\jdk1.7\bin\javaw.exe (2014年10月23日 下午2:25:00)
connected....
receiving......
accept:/192.168.100.100
read:I am from client!
close
```

图 9-7　服务器端运行结果

9.3　HTTP 通信方式

HTTP 协议是 Internet 上使用最多、最重要的协议，越来越多的 Java 应用程序需要直接通过 HTTP 协议来访问网络资源。在 JDK 的 java. net 包中已经提供了访问 HTTP 协议的基本功能——HttpURLConnection。但是对于大部分应用程序来说，JDK 库本身提供的功能还不够丰富和灵活。

除此之外，在 Android 中，android SDK 中集成了 Apache 的 HttpClient 模块，用来提供高效的、最新的、功能丰富的支持 HTTP 协议的工具包，并且它支持 HTTP 协议最新的版本和建议。使用 HttpClient 可以快速开发出功能强大的 HTTP 程序。HttpClient 可以分为 HttpGet 和 HttpPost 两种方式。

下面列举一个具体示例。示例中客户端通过两个按钮模拟 HttpGet 和 HttpPost 两种方式来与 Web 服务器进行通信。

1）服务器侧代码：在 Myeclipse 中新建一个 Web Project，命名为 androidweb，在 MyEclipse 的 workspace 下的 androidweb 文件夹的 WebRoot 文件下新建一个 jsp 文件，命名为 test. jsp，代码如下。

```
01. <%@ page contentType="text/html;charset=GBK" %>
02. <%
03.     request.setCharacterEncoding("GBK");
04.     String str = (String)request.getParameter("str");
05.     if(str != null)
06.     {
07.       out.print("您好," + str + ",欢迎使用 http 连接");
08.     }
09. %>
```

2）将项目部署到 Tomcat 服务器上，部署成功后会显示成功界面，如图 9-8 所示，然后启动 Tomcat 服务器。

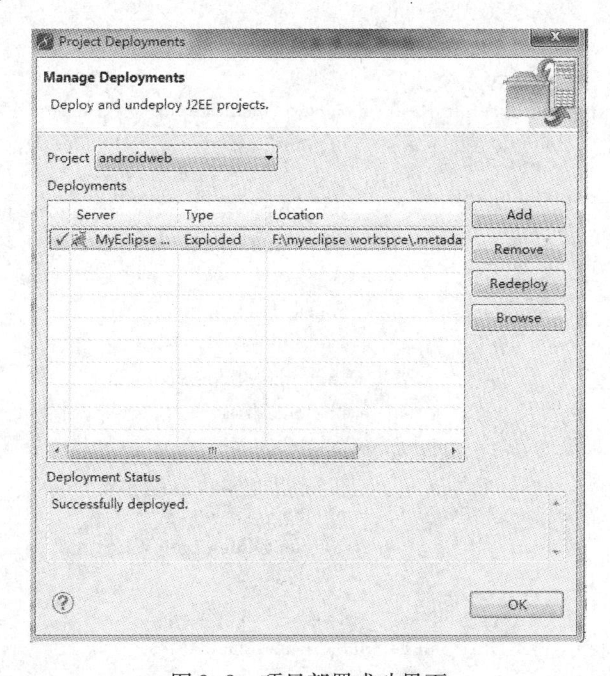

图 9-8　项目部署成功界面

3）客户端侧布局文件：创建两个 TextView（用来显示 get 和 post 两种方式服务器返回信息）和两个 Button。

4）在 MainActivity.java 中添加实现 get 和 post 方式的 HTTP 连接，代码如下。

```
01. public class MainActivity extends Activity{
02.     Button btnGet,btnPost;
03.     TextView tvGet,tvPost;
04.     private Thread thread = null;
05.     String reGet = "";
06.     String returnMsg = "";
07.     String result = "";
08.     String uriGet = "http://192.168.100.102:8080/androidweb/test.jsp? str = I + am + get +
    String";
```

```
09.  String uriPost = "http://192.168.100.102:8080/androidweb/test.jsp";
10.  String rePost = "";
11.  protected void onCreate(Bundle savedInstanceState) {
12.          super.onCreate(savedInstanceState);
13.          setContentView(R.layout.activity_main);
14.          btnGet = (Button) findViewById(R.id.btnGet);
15.          btnPost = (Button) findViewById(R.id.btnPost);
16.          tvGet = (TextView) findViewById(R.id.tvGet);
17.          tvPost = (TextView) findViewById(R.id.tvPost);
18.  }
19.  public void clickGet(View view) {
20.          thread = new Thread(new Runnable() {
21.                  public void run() {
22.                          HttpGet httpRequst = new HttpGet(uriGet);
23.                          try {
24.          HttpResponse httpResponse = new DefaultHttpClient().execute(httpRequst);
25.                                          if (httpResponse.getStatusLine().getStatusCode()
   ==200) {
26.                                                  HttpEntity httpEntity = httpResponse.getEntity();
27.                                                  result = EntityUtils.toString(httpEntity);
28.                                                  result.replaceAll("\r","");
29.                                          } else
30.                                                  httpRequst.abort();
31.                          } catch (ClientProtocolException e) {
32.                                  e.printStackTrace();
33.                                  result = e.getMessage().toString();
34.                          } catch (IOException e) {
35.                                  e.printStackTrace();
36.                                  result = e.getMessage().toString();
37.                          }
38.                          Message message = new Message();
39.                          Bundle bundle = new Bundle();
40.                          bundle.putString("msg",result);
41.                          message.setData(bundle);
42.                          handler.sendMessage(message);
43.                  }
44.          });
45.          thread.start();
46.  };
47.  Handler handler = new Handler() {
48.          public void handleMessage(Message msg) {
49.                  Bundle bundle = msg.getData();
50.                  returnMsg = bundle.get("msg").toString();
51.                  tvGet.setText(returnMsg);
52.          };
53.  };
54.  public void clickPost(View view) {
55.          thread = new Thread(new Runnable() {
```

```
56.                    public void run() {
57.                            HttpPost httpRequst = new HttpPost(uriPost);// 创建 HttpPost 对象
58.                            List < NameValuePair >  params = new ArrayList < NameValuePair > ();
59.                             params. add(new BasicNameValuePair
    ("str","I am Post String"));
60.                            try {
61.                    httpRequst. setEntity(new UrlEncodedFormEntity(params,HTTP. UTF_8));
62.                    HttpResponse httpResponse = new DefaultHttpClient(). execute(httpRequst);
63.                                   if (httpResponse. getStatusLine(). getStatusCode() ==200) {
64.                                   HttpEntity httpEntity = httpResponse. getEntity();
65.                                   result = EntityUtils. toString(httpEntity);
66.                                   }
67.                            } catch (UnsupportedEncodingException e) {
68.                                        e. printStackTrace();
69.                                        result = e. getMessage(). toString();
70.                            } catch (ClientProtocolException e) {
71.                                        e. printStackTrace();
72.                                        result = e. getMessage(). toString();
73.                            } catch (IOException e) {
74.                                        e. printStackTrace();
75.                                        result = e. getMessage(). toString();
76.                            }
77.                             Message message = new Message();
78.                             Bundle bundle = new Bundle();
79.                             bundle. putString("msg",result);
80.                             message. setData(bundle);
81.                             handler1. sendMessage(message);
82.                    }
83.            });
84.            thread. start();
85.    };
86.    Handler handler1 = new Handler() {
87.            public void handleMessage(Message msg) {
88.                    Bundle bundle = msg. getData();
89.                    rePost = bundl e. get("msg"). toString();
90.                    tvPost. setText(rePost);
91.            };
92.    };
93. }
```

【代码说明】

- 第 08、09 行代码分别是 get 和 post 方式的 url，使用 get 方式进行通信时需要向 url 中传入参数，而 post 方式不需要在 url 中传入参数。
- 为防止主线程阻塞，网络连接单独开一个线程 thread 来进行网络连接。由于 Android 页面更新必须在 UI 线程中进行，而 Handler 就是用来更新 UI 线程的，Thread 线程发出 Handler 消息，通知更新 UI，Handler 根据接收的消息处理 UI 更新。
- 第 22 行中 HttpGet 是 HttpUriRequst 的子类，第 24 行代码是使用 DefaultHttpClient 类的

execute 方法发送 HttpGet 请求，并返回 HttpResponse 对象；第 25 行中 httpResponse. getStatusLine( ). getStatusCode( )是页面请求的状态值，分别有：200 请求成功、303 重定向、400 请求错误、401 未授权、403 禁止访问、404 文件未找到和 500 服务器错误等。

- 第 27 行代码通过 EntityUtils. toString（httpEntity）方法，取出返回值的字符串；第 28 行代码是去掉多余字符，如“\r”字符。
- 第 38 ～42 行代码是通过 Message 类将更新 UI 线程的消息发送出去，而第 47 ～53 行的 handler 对象就是用来接收线程对象发送的更新 UI 线程的消息，并且执行 UI 线程更新。
- 第 54 ～93 行代码是进行 post 方式的 HTTP 的通信，此方式也采用多线程方式进行 UI 界面更新，但 post 方式不在 URL 中传入参数，而要用像第 58、59 行代码那样，将所需参数以键值对形式添加进 List < NameValuePair > 对象中。第 61 行代码是发送 HTTP 的请求，同时需要将 List < NameValuePair > 对象传入，并且设置编码方式为 UTF -8。

5）在 AndroidManifest. xml 中添加网络访问权限，代码如下。

```
<uses - permission android:name = " android. permission. INTERNET"/ >
```

单击运行 Android Application，其结果如图 9-9 所示。分别单击图中的两个按钮，运行结果如图 9-10 所示。

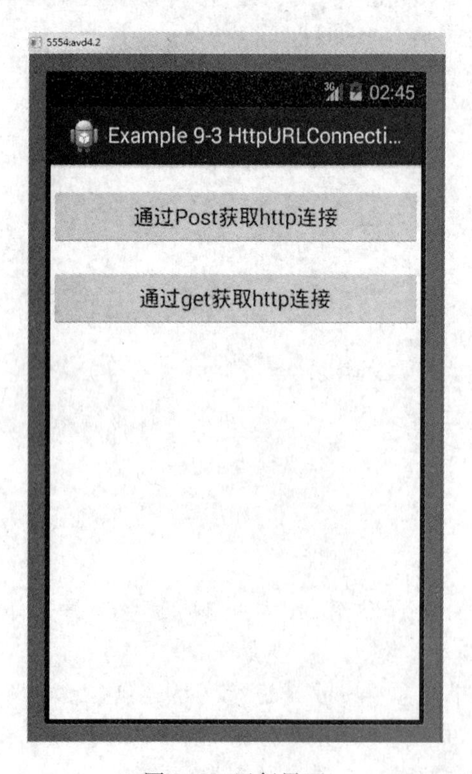

图 9-9　运行界面

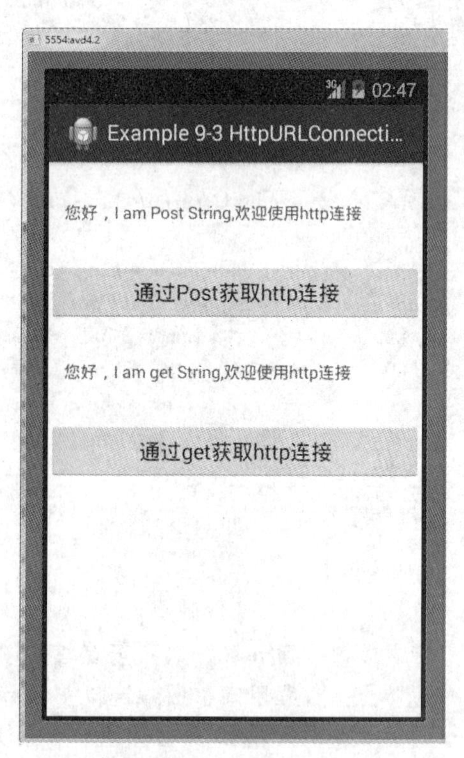

图 9-10　单击按钮后的运行结果

9.4 实验：Android 网络通信

9.4.1 实验目的和要求

- 理解 Android 网络通信的几种方式。
- 掌握 Android HTTP 通信方式及其应用。
- 掌握 Android Socket 通信方式及其应用。
- 理解几种通信方式使用的场合和特点。
- 掌握文件输入/输出流方式进行网络通信编码。

9.4.2 题目 1 实现 HTTP 方式通信

1. 任务描述

通过单击布局按钮，使用 Android 的 HTTP 方式，在网络下载一个图片（图片 url：http://att.bbs.duowan.com/month_0905/20090518_2645c4d1ed98112b66eaLd3SzIN4zPky.jpg），利用图片更新 UI 界面。运行结果如图 9-11 所示，单击“Http 通信”按钮后的运行结果如图 9-12 所示。

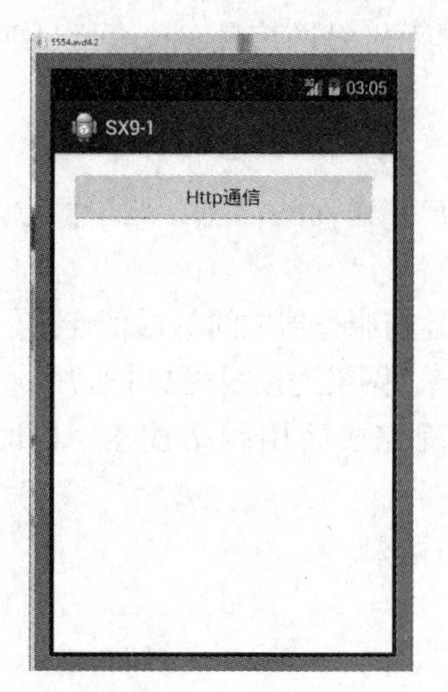

图 9-11 运行结果

图 9-12 单击按钮后的界面

2. 任务要求

1）实现布局页面如图 9-11 所示。其中包括一个 Button 按钮和一个 ImageView 控件，ImageView 用于显示下载的图片。

2）单击按钮利用 HTTP 方式进行网络连接，并且开始下载图片，同时显示进度条。

3）当下载完成后，进度条消失，并且图片更新 UI 界面，如图 9-12 所示。

3. 知识点提示

本任务主要用到以下几个知识点。

1）Android 的 HTTP 网络通信方式。

2）Android 的网络通信线程和 UI 线程定义方式。

3）Handler 和 Message 类在 Android 多线程中的用法。

4. 操作步骤提示

实现方式不限，操作步骤如下。

1）新建项目 SX9－1。

2）创建 .xml 布局文件。

3）在 MainActivity 中定义一个线程，用来作为 HTTP 下载网络资源，并且使用 handler. sendMessage(msg)方法，将下载网络资源传递给 Handler 对象。

4）定义 Hadler 类对象 handler 的 handleMessage( )方法来接收 Message 对象传递过来的消息，用来更新 UI 界面（这样就保证了网络通信线程和 UI 线程不在同一个线程中，从而避免网络线程阻塞 UI 线程的现象）。

5）在 AndroidManifest. xml 中添加网络访问权限。

6）编译并运行程序，检查程序的运行情况。

9.4.3　题目 2　Socket 网络通信

1. 任务描述

利用 Java 中的 Socket 与 ServerSocket 构建 Socket 通信。构建 PC 和手机之间的通信。PC 端：作为服务器，已经设置有域名（通过动态域名软件设置），在 12345 端口进行监听。Android 手机客户端：Android 4.2.2 设备。使得手机发送信息，PC 可以接收到，并且返回给客户端信息。

2. 任务要求

1）定义一个 .xml 布局文件，用来定义客户端输入的信息，这个信息是要发送给服务器端的信息。

2）PC 服务器端需要创建一个线程，用来创建与服务器之间的通信连接，即定义一个 SeverSocket 对象连接，用来接收客户端发送过来的信息，网络连接线程要求使用 post 方式进行传递。

3）客户端定义一个 Socket 对象，创建线程完成后用网络连接，同时需要完成发送信息，以及接收服务器的信息。

4）在 AndroidManifest. xml 中定义网络访问权限。

3. 知识点提示

本任务主要用到以下几个知识点。

1）Socket 通信方式的客户端和服务器端通信方式。

2）网络连接创建线程的方法。

3）Socket 方式网络连接的方法和原理。

4. 操作步骤提示

实现方式不限，操作步骤如下。

1）新建 Android 项目 SX9－2。

2）创建 .xml 的布局文件。

3）创建服务器的 Socket 连接代码。

4）创建客户端网络连接。

5）添加网络权限。

本章小结

本章主要讲解了 Android 的两种通信方式：Socket 通信方式和 HTTP 通信方式，这两种通信方式在实际项目开发中使用得最为频繁，因此掌握好这两种通信方式非常重要。这两种通信方式需要启动和激活服务器，本章讲解的案例都是使用免费开源的 Apache 公司的 Tomcat 服务器，只有当服务器端启动后，客户端才能去连接服务器端。因此，学习本章内容后，在对客户端进行开发时，也要兼顾服务器端开发的学习。

课后练习

一、概念题

1. 简述 Android 的 3 种网络通信方式及区别。

2. Socket 通信方式需要确定服务器____________和____________，就可以建立客户端和服务器端之间的通信。

3. Android 提供了 Apache HttpClient 方式，它使用 HTTP 通信协议，HttpClient 通信方式有____________和____________两种方式。

4. 不管采用 HTTP 方式通信还是套接字 Socket 方式进行通信，都要在____________添加网络访问权限。

5. 在 Android 网络通信编程时，由于网络通信后需要更新 UI 界面，经常会有阻塞 main 方法所在的主线程而导致程序中断错误的情况，解决这一问题最好的方法是____________。

二、操作题

创建 Socket 通信，使用一台主机作为服务器、一台手机作为客户端进行数据收发终端，同时完成客户端 UI 界面更新。

第 10 章　移动通信功能开发

手机最主要的功能就是通信，而最简单而常用的通信功能就是收发短信或者接打电话。在本章将详细介绍基于 Android 系统开发手机的短信应用程序及拨号程序。其中短信操作主要介绍发送和接收短信息、群发短信等功能；而电话操作主要介绍拨打电话、查询电话和过滤电话等功能。

10.1　短信业务开发

短信（Short Message Service）简称 SMS，是用户通过手机或其他电信终端直接发送或接收的文字或数字信息。短信属于一种非实时的、非语音的数据通信业务。本节主要从两个方面进行介绍：发送和接收短信，以及群发短信。

10.1.1　发送和接收短信

1. 发送短信

实现 SMS 主要用到 SmsManager 类，该类继承自 java. lang. Object 类。下面介绍该类的主要成员。

（1）SmsManager 类中的公有方法

1）ArrayList divideMessage（String text）：当短信超过 SMS 消息的最大长度时，将短信分割为几块。

- 返回值：有序的 ArrayList，可以重新组合为初始的消息。
- 参数：text，初始的消息，不能为空 。

2）static SmsManager getDefault( )：获取 SmsManager 的默认实例。

返回值：SmsManager 的默认实例。

3）SendDataMessage(String destinationAddress,String scAddress,short destination – Port,byte [ ] data,PendingIntent sentIntent,PendingIntent deliveryIntent)：发送一个基于 SMS 的数据到指定的应用程序端口。

- 参数如下。

  destinationAddress——消息的目标地址。

  scAddress——服务中心的地址或为空而使用当前默认的 SMSC。

  destinationPort——消息的目标端口号。

  data——消息的主体，即消息要发送的数据。

  sentIntent——如果不为空，当消息发送成功或失败时 PendingIntent 就广播。结果代码是 Activity. RESULT_OK 时表示成功，结果代码是 RESULT_ERROR_ GENERIC_FAILURE 或 RESULT_ERROR_RADIO_O – FF 或 RESULT_ERR – OR_NULL_PDU 时表示失

败。对应 RESULT_ERROR_GENERIC_FAILURE，sentIntent 可能包括额外的“错误代码”，包含一个无线电广播技术特定的值，通常只在修复故障时有用。每一个基于 SMS 的应用程序控制检测 sentIntent，如果 sentIntent 是空，调用者将检测所有未知的应用程序，这将导致在检测的时候发送较小数量的 SMS。

deliveryIntent——如果不为空，当消息成功传送到接收者时 PendingIntent 就广播。

- 调用 SendDataMessage 方法产生的异常：如果 destinationAddress 或 data 是空时，抛出 IllegalArgumentException 异常。

4）sendMultipartTextMessage(String destinationAddress,String scAddress, ArrayList parts,ArrayList sentIntents,ArrayList deliverIntents)：发送一个基于 SMS 的多部分文本，调用者已经通过调用 divideMessage（String text）将消息分割成正确的大小。

- 参数如下。

  destinationAddress——消息的目标地址。

  scAddress——服务中心的地址或为空而使用当前默认的 SMSC。

  parts——有序的 ArrayList，可以重新组合为初始的消息。

  sentIntents——与 SendDataMessage 一样，只不过是一组 PendingIntent。

  deliverIntents——与 SendDataMessage 一样，只不过是一组 PendingIntent。

- 调用 sendMultipartTextMessage 方法产生的异常：如果 destinationAddress 或 data 是空，则抛出 IllegalArgumentException 异常。

5）sendTextMessage（String destinationAddress,String scAddress,String text, PendingIntent sentIntent, PendingIntent deliveryIntent)：发送一个基于 SMS 的文本，参数的意义与 SendDataMessage( )方法相同。

（2）SmsManager 类中的常量

- public static final int RESULT_ERROR_GENERIC_FAILURE
  表示普通错误，值为 1（0x00000001)。
- public static final int RESULT_ERROR_NO_SERVICE
  表示服务当前不可用，值为 4（0x00000004)。
- public static final int RESULT_ERROR_NULL_PDU
  表示没有提供 pdu，值为 3（0x00000003)。
- public static final int RESULT_ERROR_RADIO_OFF
  表示无线广播被明确地关闭，值为 2（0x00000002)。
- public static final int STATUS_ON_ICC_FREE
  表示自由空间，值为 0（0x00000000)。
- public static final int STATUS_ON_ICC_READ
  表示接收且已读，值为 1（0x00000001)。
- public static final int STATUS_ON_ICC_SENT
  表示存储且已发送，值为 5（0x00000005)。
- public static final int STATUS_ON_ICC_UNREAD
  表示接收但未读，值为 3（0x00000003)。
- public static final int STATUS_ON_ICC_UNSENT

表示存储但未发送，值为 7（0x00000007）。

下面通过一个简单的 SMS 发送程序示例来进一步说明 SmsManager 类的用法。

【例 10-1】 Example10-1 SMS 发送程序示例。

1）创建一个新的 Android 项目 Example10-1sendSMS，然后在 resource→layout 中编辑 Activity 的对应布局文件 activity_main. xml。分别添加一个 TextView 控件、一个 EditText 控件与一个按钮控件，布局结构如图 10-1 所示。

2）编辑 MainActivity. java 文件，使用 SmsManager 类实现短信息的发送，程序主要代码如下。

```
01. public class MainActivity extends Activity {
02.     Button button;
03.     EditText etTel;
04.     EditText etContent;
05.     public void onCreate( Bundle savedInstanceState)
06.       {
07.       super. onCreate( savedInstanceState) ;
08.       setContentView( R. layout. activity_main) ;
09.       button = ( Button) findViewById( R. id. button) ;
10.       etTel = ( EditText) findViewById( R. id. etext) ;
11.       etContent = ( EditText) findViewById( R. id. edittext) ;
12.       button. setOnClickListener
13.       (
14.       new OnClickListener( )
15.       {
16.       public void onClick( View v)
17.       {
18.       String strTel = etTel. getText( ). toString( ) ;
19.       String strContent = etContent. getText( ). toString( ) ;
20.       if( PhoneNumberUtils. isGlobalPhoneNumber( strTel) )
21.       {
22.          button. setEnabled( false) ;
23.          sendSMS( strTel, strContent, v) ;
24.       }
25.       else
26.     {
27.     Toast. makeText( MainActivity. this, "您输入的电话号码不符合格式!", Toast. LENGTH_
        SHORT). show( ) ;
28.                     }
29.                 }
30.             }
31.         ) ;
32.     }
33.     public void sendSMS( String telephoneNo, String smsContent, View v)
34.     {
35.     PendingIntent pIntent = PendingIntent. getActivity( this, 0, newIntent( this, MainActivity. class), 0) ;
36.         SmsManager sms = SmsManager. getDefault( ) ;
```

```
37.            sms.sendTextMessage(telephoneNo, null, smsContent, pIntent, null);
38.            Toast.makeText(MainActivity.this,"恭喜,短信发送成功!",Toast.LENGTH_LONG)
               .show();
39.            v.setEnabled(true);
40.        }
41.    }
```

【代码说明】

- 第 09 ～ 11 行代码表示绑定设置布局文件中的一个按钮和两个输入文本框控件，两个文本框分别表示得到发送短信目的电话号码和短信要发送的内容。
- 第 12 ～ 31 行代码表示实现“发送短信”按钮的监听器。其中第 20 ～ 28 行代码表示对输入的电话号码进行验证：如果符合电话号码格式则调用 sendSMS（strTel,strContent,v）方法发送短信息，否则使用消息框提示用户“您输入的电话号码不符合格式”。
- 第 33 ～ 40 行代码表示自定义的发送消息的方法。第 36 行表示建立一个 SmsManager 对象。第 37 行通过 SmsManager 对象的 sendTextMessage()方法发送短信息。第 38 行代码表示短信发送成功给予提示。第 39 行代码表示成功发送信息后，按钮恢复可用状态。

3）编辑 MainActivity.java 文件，设置短信发送权限。主要代码如下。

```
01. <manifest xmlns:android="http://schemas.android.com/apk/res/android"
02.     package="com.example.example10_1sendsms"
03.     android:versionCode="1"
04.     android:versionName="1.0" >
05.     <uses-sdk
06.         android:minSdkVersion="16"
07.         android:targetSdkVersion="21" />
08.     <application
09.         android:allowBackup="true"
10.         android:icon="@drawable/ic_launcher"
11.         android:label="@string/app_name"
12.         android:theme="@style/AppTheme" >
13.         <activity
14.             android:name=".MainActivity"
15.             android:label="@string/app_name" >
16.             <intent-filter>
17.                 <action android:name="android.intent.action.MAIN" />
18.                 <category android:name="android.intent.category.LAUNCHER" />
19.             </intent-filter>
20.         </activity>
21.     </application>
22.     <uses-permission android:name="android.permission.SEND_SMS" />
23. </manifest>
```

通过 AVD manager 启动另一个 AVD，系统默认编号为 5556，即为该模拟器的电话号码。在自开发的短信发送程序中就是通过 5554 这个电话号码向编号为 5556 的模拟器发送短信息。

发送短信息程序运行效果如图 10-1 所示。

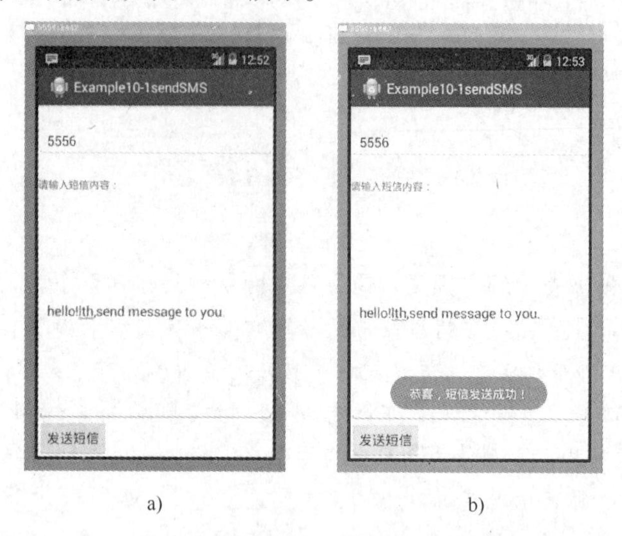

a) b)

图 10-1 程序运行效果图

a）发送短信 b）短信发送成功

如图 10-2a 所示，5556 号模拟器接收来自 5554 号模拟器发送来的短信息（电话号码自动补全为 15555215554）。单击信息，显示信息的详细内容，如图 10-2b 所示。

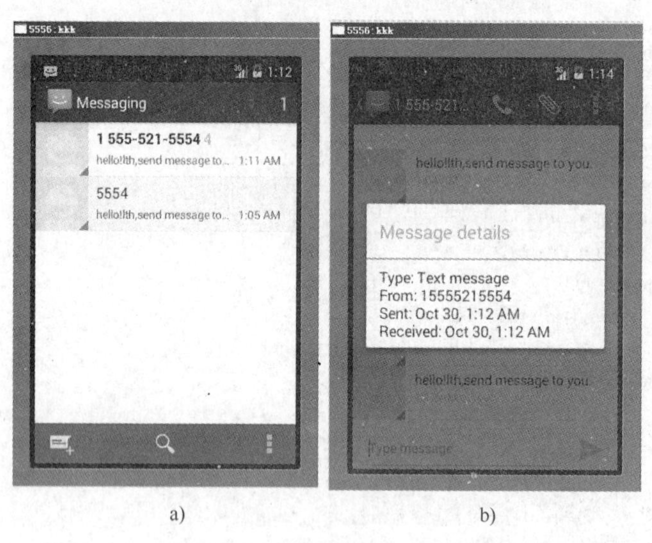

a) b)

图 10-2 程序运行效果图

a）接收信息 b）信息详细内容

2. 使用 Intent 发送短信

上面使用 SmsManager 类实现了发送 SMS 的功能，且并没有用到内置的客户端。但是实际应用中很少在应用程序中去完全实现一个完整的 SMS 客户端，相反可以利用系统内置的 SMS 客户端，将需要发送的内容和目的手机号传递给内置的 SMS 客户端，然后再通过 SMS 客户端发送短信。

下面介绍如何利用 Intent 组件实现将要发送的信息内容和目的手机号码传递给内置 SMS 客户端来实现 SMS 的发送。为了实现这个功能，就要用到 startActivity（“指定一个 Intent”）

方法，且指定 Intent 的动作为 Intent. ACTION_SENDTO，用 sms:指定目的手机号，用 sms_body 指定信息内容。下面通过具体的实例来进一步说明。

【例 10-2】 Example10-2 IntentSMS 示例。

1）创建一个新的 Android 项目 Example10-2IntentSMS，然后在 resource→layout 中编辑 Activity 的对应布局文件 activity_main. xml。分别添加两个 TextView 与两个 EditText 标签，两个 TextView 标签中的一个用于提示用户“请输入手机号码:”，另一个用于提示用户“请输入短信内容:”。两个 EditText 标签中的一个用于输入电话号码，而另一个用于输入要发送的信息内容。布局结构如图 10-3 所示。

2）编辑 MainActivity. java 文件，通过向内置的短信发送程序发送含有电话号码和短信息的 Intent，实现短信息的发送。程序主要代码如下。

```
01. public class MainActivity extends Activity {
02.   private Button Send;
03.   private EditText PhoneNo;
04.   private EditText Content;
05.   public void onCreate(Bundle savedInstanceState) {
06.          super. onCreate(savedInstanceState);
07.         setContentView(R. layout. activity_main);
08.         Send = (Button)findViewById(R. id. Send);
09.         PhoneNo = (EditText)findViewById(R. id. PhoneNo);
10.          Content = (EditText)findViewById(R. id. Content);
11.          Send. setOnClickListener(new View. OnClickListener() {
12.                public void onClick(View v) {
13.                      String phoneNo = PhoneNo. getText(). toString();
14.                      String message = Content. getText(). toString();
15.                      if (phoneNo. length() > 0 && message. length() > 0) {
16.                         Intent smsIntent = new Intent(Intent. ACTION_SENDTO,
17.                         Uri. parse("sms:" + PhoneNo. getText(). toString()));
18.                         smsIntent. putExtra("sms_body", Content. getText(). toString());
19.                         MainActivity. this. startActivity(smsIntent);
20.                      } else
21.                      Toast. makeText(getBaseContext(),
22.                      "Please enter both phone number and message. ",
23.                      Toast. LENGTH_SHORT). show();
24.                }
25.          });
26.   }
27. }
```

【代码说明】

- 第 16 ～ 19 行代码是实现本例功能的核心代码，其中第 16 行代码表示创建一个 Intent 并设置动作为发送信息，第 2 个参数表示发送信息的目的电话号码；第 18 行代码表示向 Intent 中添加附件信息（即短信息的内容）；第 19 行代码表示发送此 Intent。
- 第 21 行代码表示当用户输入的电话号码和短信息内容不符合条件时，向用户提示。

单击“发送短信”按钮后，转到内置的 SMS 客户端并且将输入的短信息传入到 SMS 客户端，如图 10-3 所示。

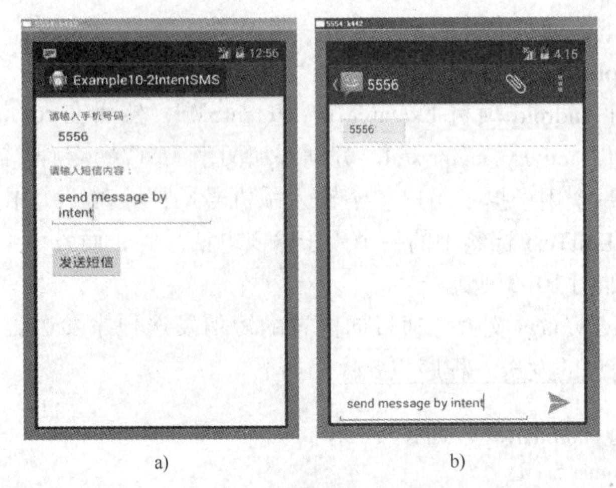

a)　　　　　　　　b)

图 10-3　程序运行效果图 1

a）发送短信　b）调用内置客户端

发送之后，5556 号 Android 模拟器会收到发送的短信息，如图 10-4 所示。

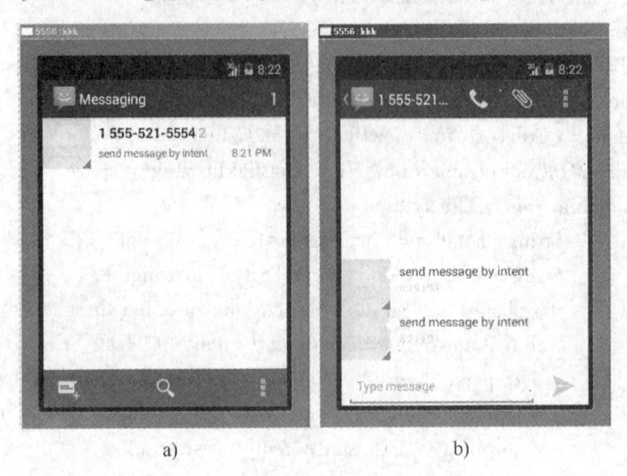

a)　　　　　　　　b)

图 10-4　程序运行效果图 2

a）接收信息　b）信息列表

3. 接收短信

当一个 SMS 消息被接收时，一个新的广播意图由 android. provider. Telepony. SMS_R - ECEIVED 动作触发。注意，这是一个字符串字面量（String Literal），但是 SDK 当前并没有包括这个字符串的引用，因此当要在应用程序中使用它时必须显示地指定它。构建一个 SMS 接收程序的操作步骤如下。

1）与 SMS 发送程序类似，要在清单文件 AndroidManifest. xml 中指定权限允许接收 SMS：<uses - permission android:name = " android. permission. RECEIVER_SMS"/>。为了能够回发短信，还应该加上发送的权限。

2）应用程序监听 SMS 广播意图，SMS 广播意图包含了到来的 SMS 细节。要从其中提取出 SmsMessage 对象，就要用到 pdu 键提取一个 SMS PDUs 数组（Protocol Description Units——封装了一个 SMS 消息和它的元数据），每个元素表示一个 SMS 消息。为了将每个

PDU byte 数组转化为一个 SMS 消息对象，需要调用 SmsMessage. createFromPdu( )方法。

每个 SmsMessage 包含 SMS 消息的详细信息，包括起始地址（电话号码）、时间戳和消息体。下面通过编写一个接收短信的类 SMSBR 来实现短信接收程序示例。

【例 10-3】 Example10-3 ReceiverSMS 接收程序示例。

1）创建一个新 Android 项目 Example10-3ReceiverSMS，然后在 resource→layout 中编辑 Activity 的对应布局文件 activity_main. xml。分别添加一个 LinearLayout 布局嵌套和一个 TextView 控件，布局结构如图 10-6 所示。

2）编辑一个继承 BroadcastReceiver 用于接收短信息的 SMSBR 类文件，通过 SMSBR 类实现接收广播意图，并从中提取出电话号码和信息内容，然后将短信加上@ echo 头部回发给来电号码，并在屏幕上显示一个 Toast 消息提示成功。程序主要代码如下。

```
01. public class SMSBR extends BroadcastReceiver{
02.     public static final String ACTION = "android. provider. Telephony. SMS_RECEIVED";
03.     public void onReceive(Context context, Intent intent) {
04.         if (ACTION. equals(intent. getAction())) {
05.             Intent i = new Intent(context, MainActivity. class);
06.             i. setFlags(Intent. FLAG_ACTIVITY_NEW_TASK);
07.             SmsMessage[] msgs = getMessageFromIntent(intent);
08.             StringBuilder sBuilder = new StringBuilder();
09.             if (msgs != null && msgs. length > 0) {
10.                 for (SmsMessage msg : msgs) {
11.                     sBuilder. append("接收到了短信:\n 发件人是:");
12.                     sBuilder. append(msg. getDisplayOriginatingAddress());
13.                     sBuilder. append("\n------短信内容-------\n");
14.                     sBuilder. append(msg. getDisplayMessageBody());
15.                     i. putExtra("sms_address", msg. getDisplayOriginatingAddress());
16.                     i. putExtra("sms_body", msg. getDisplayMessageBody());
17.                 }
18.             }
19.             Toast. makeText(context, sBuilder. toString(), 1000). show();
20.             context. startActivity(i);
21.         }
22.     }
23.     public static SmsMessage[] getMessageFromIntent(Intent intent) {
24.         SmsMessage retmeMessage[] = null;
25.         Bundle bundle = intent. getExtras();
26.         Object pdus[] = (Object[]) bundle. get("pdus");
27.         retmeMessage = new SmsMessage[pdus. length];
28.         for (int i = 0; i < pdus. length; i++) {
29.             byte[] bytedata = (byte[]) pdus[i];
30.             retmeMessage[i] = SmsMessage. createFromPdu(bytedata);
31.         }
32.         return retmeMessage;
33.     }
34. }
```

【代码说明】

- 第 01 行代码表示此类继承 BroadcastReceiver，实现一个广播接收者，本例用于接收其他设备发过来的短信息。
- 第 02 行代码表示定义一个广播意图——android. provider. Telepony. SMS_REC - EIVED。由于 SDK 当前并没有包括这个字符串的引用，因此当要在应用程序中使用它时，必须显示地指定它。
- 第 04 行代码表示如果接收到的 Intent 中的 Action 与本程序中设定的广播意图相同，则进行信息接收。
- 第 07 行代码是创建一个 SmsMessage 类型的数组，并且将自定义的 getMessageFromIntent()方法获取的短信息内容存储到数组中。
- 第 09 ～ 18 行代码用于解析接收短信息的发送者和内容，其中第 09 行用于判断短信息是否非空；第 12 行是获取短信息发送者的地址，即发送者的电话号码；第 14 行是获取短信息的内容。
- 第 19 行代码表示通过 Toast 提醒用户收到的短信息发送者和信息内容。
- 第 23 ～ 33 行代码表示实现获取短信息地址和内容的自定义方法 getMessageFromIntent()。其中，第 26 行代码用到 pdu 键提取一个 SMS PDUs 数组，每个元素表示一个 SMS 消息。第 32 行代码表示返回一个含有起始地址（电话号码）、时间戳和消息体的数组。

3）编辑 MainActivity 文件，本 Activity 负责接收由 SMSBR 接收器发送的含有短信信息的 Intent，并把短信息的发送者的电话号码及信息内容显示在 UI 主界面上。程序主要代码如下。

```
01. public class MainActivity extends Activity {
02. private TextView textView;
03.         protected void onCreate(Bundle savedInstanceState) {
04.                 super. onCreate(savedInstanceState);
05.                 setContentView(R. layout. activity_main);
06.                 textView = (TextView) findViewById(R. id. textView1);
07.                 Intent intent = getIntent();
08.                 if (intent ! = null) {
09.                         String address = intent. getStringExtra("sms_address");
10.                         if (address ! = null) {
11.                                 textView. append("\n\n 发件人:\n" + address);
12.                                 String bodyString = intent. getStringExtra("sms_body");
13.                                 if (bodyString ! = null) {
14.                                         textView. append("\n 短信内容:\n"  + bodyString);
15.                         }
16. } } } }
```

【代码说明】

- 第 07 行代码表示接收从 SMSBR 广播接收器发送来的 Intent。
- 第 10 ～ 14 行代码表示在 UI 主界面上显示短信息发送者的电话号码和信息内容。

4）最后需要编辑 AndroidManifest. xml 文件，在该文件中声明 SMSBR 广播接收器接收短信息所需要的权限及本程序允许接收 SMS 的权限 。程序主要代码如下。

```
01. < manifest xmlns:android = "http://schemas.android.com/apk/res/android"
02.       package = "com.example.example10_3receiversms"
03.       android:versionCode = "1"
04.       android:versionName = "1.0" >
05.       < uses - sdk
06.           android:minSdkVersion = "16"
07.           android:targetSdkVersion = "21" / >
08.       < application
09.           ...
10.           < activity
11.             ...
12.           < /activity >
13.           < receiver android:name = ".SMSBR" >
14.               < intent - filter >
15.                   < action android:name = "android.provider.Telephony.SMS_RECEIVED"/ >
16.               < /intent - filter >
17.           < /receiver >
18.       < /application >
19.       < uses - permission android:name = "android.permission.RECEIVE_SMS"/ >
20. < /manifest >
```

本实例用另一种方法模拟给指定的 Android 手机模拟器发送短信息。在 Android 的开发环境 eclipse 中单击右上角的“DBMS”按钮，打开 DBMS 窗口。然后在 DBMS 中找到左上角的“Devices”子窗口，选择正在运行的 5554 号 Android 模拟器设备。然后再查看右边的“Emulator”子窗口，在“Incoming number”文本框中输入表示发送信息端的电话号码，在“Message”文本框中输入要发送的短信息内容，如图 10-5 所示。

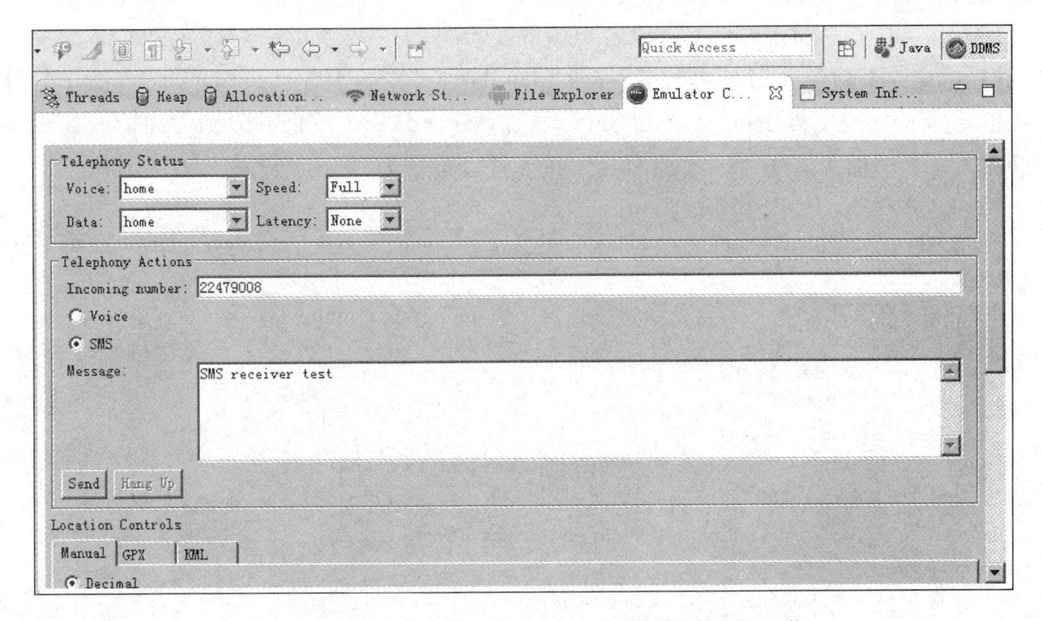

图 10-5　通过“Emulator”子窗口向指定设备发送短信

短信接收程序接收到短信，并显示在界面上，如图 10-6 所示。

图 10-6　短信接收程序接收并显示短信内容

10.1.2　群发短信

在收到祝福短信时，有时会转发给其他人。这时如果没有群发短信功能，那么只能一条一条地耐心转发。所以短信应用程序的另一个必不可少的功能就是群发短信。下面通过一个程序示例来说明怎样开发一个短信群发程序。

【例 10-4】 Example10-4 groupSMS 短信群发示例。

1）创建一个新的 Android 项目 Example10-4groupSMS，然后在 resource→layout 中编辑 Activity 的对应布局文件 activity_main. xml。添加两个 EditText 控件，分别为短信内容输入框及联系人姓名添加文本框。再添加两个按钮控件，分别为“添加联系人”按钮和“发送信息”按钮，布局结构如图 10-8a 所示。

2）编辑 MainActivity 文件，实现多个联系人的添加、自定义的信息发送方法等。程序主要代码如下。

```
01. public class MainActivity extends Activity {
02.     EditText smsContent;
03.     EditText person;
04.     HashMap < String,String >  peoples = new HashMap < String,String > ( );
05.       @ Override
06.       public void onCreate( Bundle savedInstanceState)
07.       {
08.             super. onCreate( savedInstanceState) ;
09.             setContentView( R. layout. activity_main) ;
10.             smsContent = ( EditText) findViewById( R. id. et0) ;
```

```
11.             person = (EditText)findViewById(R.id.et1);
12.             Button selectButton = (Button)findViewById(R.id.button0);
13.             selectButton.setOnClickListener
14.             (
15.                 new OnClickListener()
16.                 {
17.                     public void onClick(View v)
18.                     {
19.                         Uri uri = Uri.parse("content://contacts/people");
20.                         Intent intent = new Intent(Intent.ACTION_PICK,uri);
21.                         startActivityForResult(intent,1);
22.                     }
23.                 }
24.             );
25.             Button sendButton = (Button)findViewById(R.id.button1);
26.             sendButton.setOnClickListener
27.             (
28.             new OnClickListener()
29.             {
30.                 public void onClick(View v)
31.                 {
32.                     v.setEnabled(false);
33.                     EditText etSms = (EditText)findViewById(R.id.et1);
34.                     String smsStr = etSms.getText().toString();
35.                     Set<String> keySet = peoples.keySet();
36.                     Iterator<String> ii = keySet.iterator();
37.                     smsContent.setText("");
38.                     person.setText("");
39.                     while(ii.hasNext())
40.                     {
41.                     Object key = ii.next();
42.                     String tempPhone = peoples.get(key);
    if(PhoneNumberUtils.isGlobalPhoneNumber(tempPhone))
43.                     {
44.                         sendSMS(tempPhone,smsStr,v);
45.                     }
46.                   }
47.               }
48.           }
49.         );
50.         }
51.         public void sendSMS(String telephoneNo,String smsContent,View v)
52.         {
53.             PendingIntent pIntent = PendingIntent.getActivity(this,0,new Intent(this,MainActivity.class), 0);
54.             SmsManager sms = SmsManager.getDefault();
55.             sms.sendTextMessage(telephoneNo, null, smsContent, pIntent, null);
```

```
56.         //短信发送成功给予提示
57.          Toast. makeText(MainActivity. this,"恭喜,短信发送成功!",Toast. LENGTH_SHORT)
. show();
58.         v. setEnabled(true);
59.     }
        }
60.     ...
61. //省略了重写的 onActivityResult()方法,将在下面重点介绍
```

【代码说明】

- 第 02 ～ 04 行代码为本类的成员变量的声明，主要有 smsContent（声明 EditText 的应用）、person（声明 EditText 的引用）和 peoples（创建 HashMap 集合）。
- 第 09 ～ 12 行代码表示首先跳转界面，然后获得短信内容输入框对象、人名输入框对象及添加联系人按钮对象。
- 第 13 ～ 24 行代码表示为添加联系人按钮添加监听器，单击该按钮之后获得 Uri 对象，并调用 startActivityForResult()方法。
- 第 25 ～ 49 行代码表示获取发送信息按钮的对象，单击该按钮后，设置该按钮为不可用状态。然后获得短信输入框的对象并获得内容，同时清空短信输入框内容及联系人输入框内容。最后判断输入电话号码是否符合格式，如果符合格式，则调用 sendSMS()方法发送短信。
- 第 51 ～ 59 行代码表示自定义的发送信息的方法，在该方法中首先获得 PendingIntent 对象及 SmsManager 对象，然后通过 SmsManager 对象调用 sentTextMessage()方法发送短信息。发送短信息后将弹出 Toast 提示发送成功。

为了获取显示姓名的数据需要实现重写 onActivityResult()方法，并将该方法插入到 MainActivity 中的第 60 行。下面重点进行说明，主要代码如下。

```
01. protected void onActivityResult(int requestCode,int resultCode,Intent data)
02. {
03.     super. onActivityResult(requestCode, resultCode, data);
04.     if(requestCode == 1)
05.     {
06.         Uri uri = data. getData();
07.         if(uri! = null)
08.         {
09.         try
10.         {
11.         ContentResolver cResolver = this. getContentResolver();  //获取 ContentResolver 对象
12.         Cursor cursor = this. managedQuery(uri,null,null,null,null);
13.         cursor. moveToFirst();                                   //移动到第一个位置
14.         int nameFieldColumnIndex = cursor. getColumnIndex(PhoneLookup. DISPLAY_NAME);
15.         String sName = cursor. getString(nameFieldColumnIndex);//获取相应索引值对应的名称
16.         String contactId = cursor. getString(cursor. getColumnIndex(ContactsContract. Contacts. _ID));
17.         Cursor phone = cResolver. query                          //获取数据
18.         (
19.         ContactsContract. CommonDataKinds. Phone. CONTENT_URI, null,
```

```
20.            ContactsContract. CommonDataKinds. Phone. CONTACT_ID + " = " + contactId,
21.            null,null
22.            );
23.            String strPhoneNumber = "";
24.            if(phone. moveToNext())
25.            {
26.            strPhoneNumber = phone. getString
27.            (
28.  phone. getColumnIndex(ContactsContract. CommonDataKinds. Phone. NUMBER)
29.            );
30.            }
31.            peoples. put(sName, strPhoneNumber);
32.            Set<String> keySet = peoples. keySet();
33.            Iterator<String> ii = keySet. iterator();
34.            person. setText("");
35.            while(ii. hasNext())
36.            {
37.            Object key = ii. next();
38.            String tempName = (String)key;
39.            String tempPhone = peoples. get(key);
40.            person. setText(person. getText() + tempName + ":" + tempPhone + "\n");
41.            }
42.            }
43.            catch(Exception e)
44.            {e. printStackTrace();
45.            }
46.            }
47.      }
48.  }
```

【代码说明】

- 第06、07行代码表示获取Uri对象，并判断该对象是否为空，如果不为空，则继续向下执行。
- 第11～23行代码表示获取ContentResolver对象和Cursor对象，通过Cursor对象跳转到第一个位置。然后获取相应索引值对应的名称，并通过ContentResolver对象获取Cursor对象。
- 第35～39行代码表示循环变量数据集合，并将获取的数据添加到HashMap集合中。
- 第43～45行代码表示捕获异常。如果发送异常，则打印相关的堆栈信息。

3）在本示例中需要设置读取联系人的权限及发送短信息的权限，所以需要在AndroidManifest.xml文件中进行声明，主要代码如下。

```
01. <manifest xmlns:android = "http://schemas. android. com/apk/res/android"
02.     ...
03.       <application
04.           ...
```

```
05.         </application>
06.         <uses-permission android:name="android.permission.READ_CONTACTS"/>
07.         <uses-permission android:name="android.permission.SEND_SMS"/>
08. </manifest>
```

在 Android 模拟器中想要群发信息，首先要在模拟器中添加多个联系人，这里以添加两个联系人为例。首先单击 Android 模拟器系统主界面中的“联系人”图标，然后进入“联系人”窗口，如图 10-7a 所示。再单击“Create a new contact”按钮，进入“添加联系人”窗口，然后添加联系人，如图 10-7b 所示。本例按此方法分别添加了两个联系人：“Jack”和“Tom”，如图 10-7c 所示。

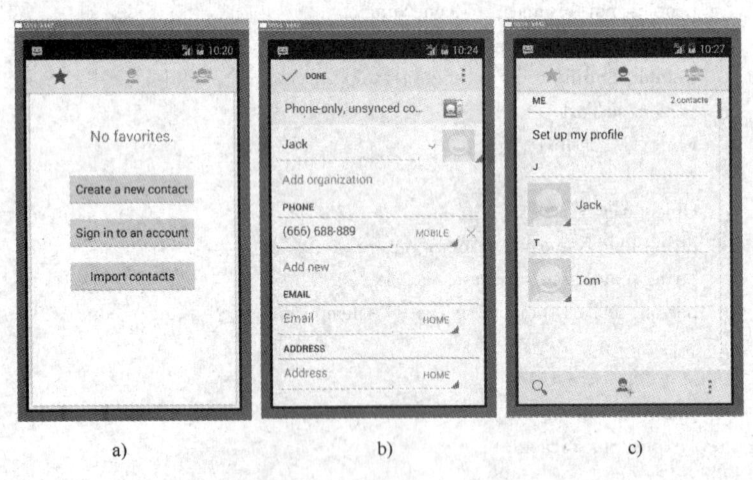

a) b) c)

图 10-7 联系人运行效果图

a）联系人窗口 b）添加联系人 c）联系人列表

添加完联系人后，即可测试本示例的群发程序。启动群发程序，首先进入群发程序的主界面，如图 10-8a 所示。然后单击“添加联系人”按钮，进入“选择联系人”窗口，选择“Jack”和“Tom”两个联系人，如图 10-8b 所示。选完后进入信息群发窗口，如图 10-8c 所示。单击“发送信息”按钮，进行群发。

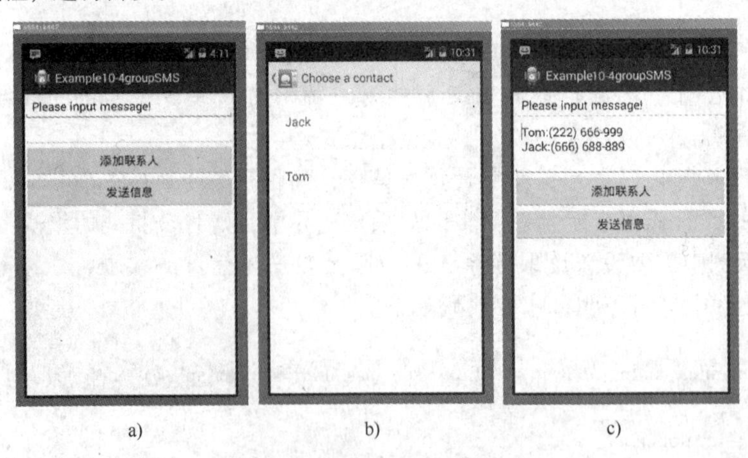

a) b) c)

图 10-8 群发运行效果图

a）群发主界面 b）多选联系人 c）群发短信

10.2 拨打电话业务开发

拨打电话业务是手机最基本也是最重要的业务，不管是智能手机还是非智能手机，首先都必须支持良好的拨打电话功能。本节主要从3方面进行介绍：拨打电话、查询电话和过滤电话。

10.2.1 拨打电话

拨打电话是手机最常用、最本质的功能，本节将介绍如何编写一个拨号程序替换系统自带拨号程序。

【例10-5】 Example10-5 TelePhone 拨打电话例。

1）创建一个新的 Android 项目 Example10-5TelePhone，然后在 resource→layout 中编辑 Activity 的对应布局文件 activity_main.xml。由于要编写一个拨号程序替换系统自带的拨号程序，所以主界面的设计与布局非常重要。本示例在主界面布局中分别添加了1个 EditText 控件与13个 Button 控件。EditText 控件用于输入电话号码，13个按钮控件中的1个用于退格按钮，1个用于拨号按钮，1个用于挂断按钮，其他10个是0～9的数字按键。布局文件主要代码如下。

```
01. <?xml version="1.0" encoding="utf-8"?>
02. <LinearLayout xmlns:android="http://schemas.android.com/apk/res/android"
03.     android:orientation="vertical"
04.     android:layout_width="fill_parent"
05.     android:layout_height="fill_parent">
06.    <LinearLayout
07.     android:id="@+id/LinearLayout06"
08.     android:orientation="horizontal"
09.     android:layout_width="fill_parent"
10.     android:layout_height="wrap_content">
11.     <EditText
12.     android:text=""
13.     android:id="@+id/EditText01"
14.     android:layout_width="260dip"
15.     android:textSize="24dip"
16.     android:layout_height="wrap_content">
17.    </EditText>
18.    <Button
19.     android:text=" "
20.     android:id="@+id/Button_del"
21.     android:textSize="24dip"
22.     android:layout_width="wrap_content"
23.     android:layout_height="wrap_content"
24.     android:background="@drawable/myselector_del">
25.    </Button>
26.    </LinearLayout>
```

```
27.        <LinearLayout
28.          android:id = "@ +id/LinearLayout01"
29.          android:orientation = "vertical"
30.          android:layout_width = "fill_parent"
31.          android:layout_height = "wrap_content" >
32.        <LinearLayout
33.          android:id = "@ +id/LinearLayout02"
34.          android:orientation = "horizontal"
35.          android:gravity = "center_horizontal"
36.          android:layout_width = "fill_parent"
37.          android:layout_height = "wrap_content" >
38.    <Button
39.          android:text = "1"
40.          android:id = "@ +id/Button01"
41.          android:textSize = "54dip"
42.          android:textStyle = "bold"
43.          android:typeface = "serif"
44.          android:layout_width = "wrap_content"
45.          android:layout_height = "wrap_content"
46.          android:background = "@ drawable/myselector_num" >
47.    </Button>
48.          ...//此处省略了其他数字按钮标签,详细可参考源码文件
49.        </LinearLayout>
50.        <LinearLayout
51.          android:id = "@ +id/LinearLayout05"
52.          android:orientation = "horizontal"
53.          android:gravity = "center_horizontal"
54.          android:layout_width = "fill_parent"
55.          android:layout_height = "wrap_content"
56.          android:layout_marginTop = "19dip"
57.        >
58.    <Button
59.          android:text = "  "
60.          android:id = "@ +id/Button_dial"
61.          android:textSize = "54dip"
62.          android:textStyle = "bold"
63.          android:typeface = "serif"
64.          android:layout_width = "wrap_content"
65.          android:layout_height = "wrap_content"
66.          android:background = "@ drawable/myselector_dial" >
67.        </Button>
68.        <Button
69.          android:text = "0"
70.          android:id = "@ +id/Button00"
71.          android:textSize = "54dip"
72.          android:textStyle = "bold"
73.          android:typeface = "serif"
```

```
74.         android:layout_width = "wrap_content"
75.         android:layout_height = "wrap_content"
76.         android:layout_marginLeft = "20dip"
77.         android:layout_marginRight = "20dip"
78.         android:background = "@drawable/myselector_num" >
79.   </Button>
80.   <Button
81.         android:text = "  "
82.         android:id = "@+id/Button_cancel"
83.         android:textSize = "54dip"
84.         android:textStyle = "bold"
85.         android:typeface = "serif"
86.         android:layout_width = "wrap_content"
87.         android:layout_height = "wrap_content"
88.         android:background = "@drawable/myselector_cancel" >
89.      </Button>
90.      </LinearLayout>
91.      </LinearLayout>
92.   </LinearLayout>
```

【代码说明】

- 第 02 ～ 57 行代码表示界面布局，主要是设置布局方式为线性布局。
- 第 06 ～ 47 行代码表示嵌套的线性布局，在该布局中添加了输入文本框、退格按钮，以及 1 ～ 9 的数字按钮，还有字体的大小和颜色，以及按键按下与弹起的外观变化等。
- 第 58 ～ 90 行代码也是嵌套的线性布局，在该布局中添加了拨号按钮、数字 0 按钮、挂断电话按钮，以及按钮按下及弹起的外观变化。

2）编辑 MainActivity 文件，在该类中主要是对各个按钮设置监听，之后重写 onClick( ) 方法，并在该方法中执行不同的单击事件。主要代码如下。

```
01.    public class MainActivity extends Activity {
02.         int[ ] numId = new int[ ]
03.         {
04.              R.id.Button00,R.id.Button01,R.id.Button02,R.id.Button03,
05.              R.id.Button04,R.id.Button05,R.id.Button06,R.id.Button07,
06.              R.id.Button08,R.id.Button09,
07.         };
08.       public void onCreate(Bundle savedInstanceState)
09.            {
10.                  super.onCreate(savedInstanceState);
11.                  setContentView(R.layout.activity_main);
12.                  Button delButton = (Button)findViewById(R.id.Button_del);
13.                  delButton.setOnClickListener
14.                  (
15.                  new OnClickListener( )
16.                  {
17.                  @Override
```

```
18.            public void onClick( View v)
19.            {
20.            EditText et = ( EditText) findViewById( R. id. EditText01) ;
21.            String tempStr = et. getText( ). toString( ) ;
22.             tempStr = ( tempStr. length( ) - 1 > = 0)? tempStr. substring(0, tempStr. length( ) -
               1) :"";
23.            et. setText( tempStr) ;
24.            }
25.            }) ;
26.            Button bcButton = ( Button) findViewById( R. id. Button_dial) ;
27.            bcButton. setOnClickListener
28.            (
29.                 new OnClickListener( )
30.                 {
31.                 @ Override
32.                 public void onClick( View v)
33.                 {
34.                 EditText et = ( EditText) findViewById( R. id. EditText01) ;
35.                 String tempStr = et. getText( ). toString( ) ;
36.                 if( PhoneNumberUtils. isGlobalPhoneNumber( tempStr) )
37.                 {
38.                 Intent dial = new Intent( ) ;
39.                 dial. setAction( " android. intent. action. CALL" ) ;
40.                 dial. setData( Uri. parse( " tel://" + tempStr) ) ;
41.                 startActivity( dial) ;
42.                 }
43.                 else
44.                 {
45.                      Toast. makeText ( MainActivity. this, " 电话号码格式不符合要求",
                         Toast. LENGTH_SHORT). show( ) ;
46.                 }
47.                 }
48.                 }
49.            ) ;
50.            Button cancelButton = ( Button) findViewById( R. id. Button_cancel) ;
51.            cancelButton. setOnClickListener
52.            (
53.              new OnClickListener( )
54.              {
55.                   public void onClick( View v)
56.                   {
57.                        MainActivity. this. finish( ) ;
58.                   }
59.            }) ;
60.            View. OnClickListener numListener = new    View. OnClickListener( )
61.            {
62.            public void onClick( View v)
```

```
63.             {
64.                 Button tempb = (Button)v;
65.                 EditText et = (EditText)findViewById(R.id.EditText01);
66.                 et.append(tempb.getText());
67.             }};
68.             for(int id:numId)
69.             {
70.                 Button tempb = (Button)this.findViewById(id);
71.                 tempb.setOnClickListener(numListener);
72.     }}}
```

【代码说明】

- 第 02 ～ 07 行代码表示获得各个按钮的 id，并添加到数组中。
- 第 11 ～ 25 行代码表示切换到用户主界面，再获得删除按钮对象，并对该按钮添加监听器，单击删除按钮逐步删除输入的电话号码。其中第 12 行表示获取删除按钮。
- 第 26 ～ 49 行代码表示获取拨出电话按钮对象并设置监听器，单击该按钮后获得电话号码输入框中的内容。判断此电话号码是否符合规定的格式，如果符合，则根据获得的电话号码创建 Intent 拨号，否则弹出 Toast，提示用户所输入的电话号码格式不正确。其中第 26 行为获取拨出按钮对象。
- 第 50 ～ 59 行代码表示获取挂断电话按钮对象并添加监听器，单击该按钮则调用 finish()方法结束该 Activity。其中第 34 行获取输入的电话号码，第 38 行根据获取的电话号码创建 Intent 拨号。
- 第 60 ～ 71 行代码表示为 0 ～ 9 数字按钮创建监听器，循环遍历按钮集合对各个数字按钮添加监听。

3）编辑 Androidmanifest.xml 文件，由于是拨号程序，所以在该文件中需要设置 intent - filter 过滤，并且需要声明允许拨号权限，程序主要代码如下。

```
01. <?xml version="1.0" encoding="utf-8"?>
02. <manifest xmlns:android="http://schemas.android.com/apk/res/android"
03.     package="com.example.example10_5teliphone"
04.     android:versionCode="1"
05.     android:versionName="1.0">
06.       ...
07.     <application
08.       ...>
09.     <activity
10.     android:name=".MainActivity"
11.     android:label="@string/app_name">
12.     <intent-filter>
13.     <action android:name="android.intent.action.MAIN" />
14.     <category android:name="android.intent.category.LAUNCHER" />
15.         </intent-filter>
16.             <intent-filter><!-- 设置此应用程序也为系统拨号程序 -->
17.                 <action android:name="android.intent.action.CALL_BUTTON" />
```

```
18.                    <category android:name="android.intent.category.DEFAULT" />
19.                </intent-filter>
20.        </activity>
21.        </application>
22.        <uses-permission android:name="android.permission.CALL_PHONE" />
23. </manifest>
```

【代码说明】

- 第 16 ～ 19 行代码表示设置此应用程序为系统拨号程序。
- 第 22 行代码表示声明允许一个程序初始化一个电话拨号，而不需要通过系统默认的拨号程序的权限。

启动拨号程序，如图 10-9a 所示，可以看到一个与系统默认拨号程序不一样的界面，然后单击拨号按钮进行拨号。在另一个模拟器中显示来电，如图 10-9b 所示。然后接通电话，如图 10-9c 所示。

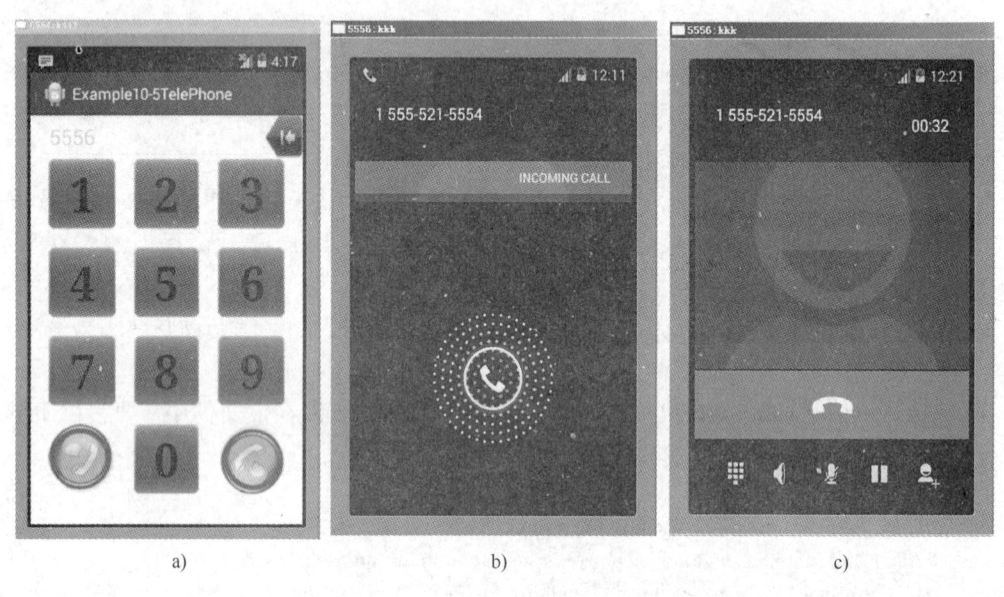

a)　　b)　　c)

图 10-9　系统拨号程序运行效果图

a）自定义拨号程序　b）来电显示　c）接通电话

10.2.2　查询电话

有时需要通过查询联系人姓名或电话号码返回联系人的完整信息。实现这种功能可以在程序中把数据库中的联系人读取出来，然后显示，但是需要时间加载，效率并不高。常用的方法可以通过调用系统联系人的方式进行选择，然后返回联系人的其他信息，例如电话号码、邮件地址和家庭住址等。

【例 10-6】 Example10-6 QueryPhone 查询电话示例。

1）创建一个新的 Android 项目 Example10-6QueryPhone，然后在 resource→layout 中编辑 Activity 的对应布局文件 activity_main.xml。分别添加一个 TextView 控件、两个 EditText 控件与一个按钮控件。其中一个 EditText 控件用于输入联系人姓名，另一个 EditText 控件用于输入电话号码。布局结构如图 10-10a 所示。

2）编辑 MainActivity 文件，在本示例的 MainActivity 文件中主要实现了用户 UI 主界面的加载、按钮的监听程序，以及在按钮监听程序中调用系统内置的联系人程序。当在系统内置的联系人中选择了一项后，程序返回 UI 主界面并把从联系人程序中返回的数据显示在 UI 主界面上。程序主要代码如下。

```
01. public class MainActivity extends Activity {
02.        private TextView mTextView01;
03.        private Button mButton01;
04.        private EditText mEditText01;
05.        private EditText mEditText02;
06.        private static final int PICK_CONTACT_SUBACTIVITY = 2;
07.        public void onCreate(Bundle savedInstanceState)
08.        {
09.            super.onCreate(savedInstanceState);
10.            setContentView(R.layout.activity_main);
11.            mTextView01 = (TextView)findViewById(R.id.myTextView1);
12.            mEditText01 = (EditText)findViewById(R.id.myEditText01);
13.            mEditText02 = (EditText)findViewById(R.id.myEditText02);
14.            mButton01 = (Button)findViewById(R.id.myButton1);
15.            mButton01.setOnClickListener(new Button.OnClickListener()
16.            {
17.            public void onClick(View v)
18.            {
19.                startActivityForResult
20.                (
21.                      new Intent(Intent.ACTION_PICK,
22.                      android.provider.ContactsContract.Contacts.CONTENT_URI),
23.                      PICK_CONTACT_SUBACTIVITY);
24.                }});
25.            }
26.                ...
27.            //此处省略回调函数 onActivityResult()的实现,将在下面进行重点讲解
28. }
```

【代码说明】

- 第 11 ～ 14 行代码表示通过 findViewById()方法构建一个 TextView、两个 EditText 和一个 Button 对象。
- 第 15 行代码表示设定 onClickListener，让使用者单击 Button 时搜寻联系人。
- 第 19 行代码表示开启新的 Activity 并期望该 Activity 回传值。

3）编辑回调函数 onActivityResult()，在 UI 主界面上能连接许多不同子功能模块（子 Activity），当子模块的事情做完之后就回到主界面，或者还同时返回一些子模块完成的数据交给主Activity处理。此时就要用到回调函数 onActivityResult(int requestCode, int resultCode, Intent data)。

- 参数 1：整数 requestCode 提供给 onActivityResult()方法，以便确认返回数据是从哪个

Activity 返回的。requestCode 与 startActivityForResult()方法中的 requestCode 相对应。

- 参数 2：整数 resultCode 由子 Activity 通过其 setResult()方法返回。
- 参数 3：一个 Intent 对象，带有返回的数据。

在本示例中，当在系统内置的联系人中选择了一项后，通过 onActivityResult()方法把联系人程序中的数据返回并显示在 UI 主界面上。函数的主要实现代码如下。

```
01. protected void onActivityResult(int requestCode, int resultCode, Intent data) {
02.    try{switch (requestCode) {
03.       case PICK_CONTACT_SUBACTIVITY:
04.          final Uri uriRet = data.getData();
05.          if(uriRet != null) { try
06.          { Cursor c = managedQuery(uriRet, null, null, null, null);
07.             c.moveToFirst();
08.             String strName = c.getString(c.getColumnIndexOrThrow(ContactsContract.Contacts.DISPLAY
_NAME));
09.             mEditText01.setText(strName);
10.             int contactId = c.getInt(c.getColumnIndex(ContactsContract.Contacts._ID));
11.             Cursor phones = getContentResolver().query (ContactsContract.CommonDataKinds.
                Phone.CONTENT_URI, null,ContactsContract.CommonDataKinds.Phone.CONTACT_ID
                 +" = " +contactId, null, null);
12.             StringBuffer sb = new StringBuffer();
13.             int typePhone, resType;
14.             String numPhone;
15.             if (phones.getCount() > 0) {
16.                phones.moveToFirst();
17.                typePhone = phones.getInt (phones.getColumnIndex(ContactsContract.CommonData-
                   Kinds.Phone.TYPE));
18.                numPhone = phones.getString (phones.getColumnIndex(ContactsContract.Common-
                   DataKinds.Phone.NUMBER));
19.                resType = ContactsContract.CommonDataKinds.Phone.getTypeLabelResource(typeP-
                   hone);
20.                sb.append(getString(resType) +": " +numPhone +"\n");
21.                mEditText02.setText(numPhone);}
22.                else{
23.                sb.append("no Phone number found"); }
24.                Toast.makeText(this, sb.toString(), Toast.LENGTH_SHORT).show();
25.                }
26.                catch(Exception e) {
27.                mTextView01.setText(e.toString());
28.                e.printStackTrace();
29.                   }
30.                   }
31.                break;
32.                default: break;
33.                   }
34.                   }
35.                catch(Exception e) {
```

```
36.            e. printStackTrace( ); }
37.            super. onActivityResult( requestCode, resultCode, data);
38. }
```

【代码说明】

- 第 07 行代码表示将 Cursor 移到资料最前端。
- 第 08 行代码表示取得联系人的姓名。
- 第 09 行代码表示将姓名写入 EditText01 中。
- 第 10 行代码表示取得联系人的电话。
- 第 21 行代码表示将电话写入 EditText02 中。
- 第 24 行代码表示用 Toast 提示是否读取到完整的电话种类与电话号码。
- 第 27 行代码表示将错误信息显示在 TextView 中。

程序运行效果如图 10-10 所示。

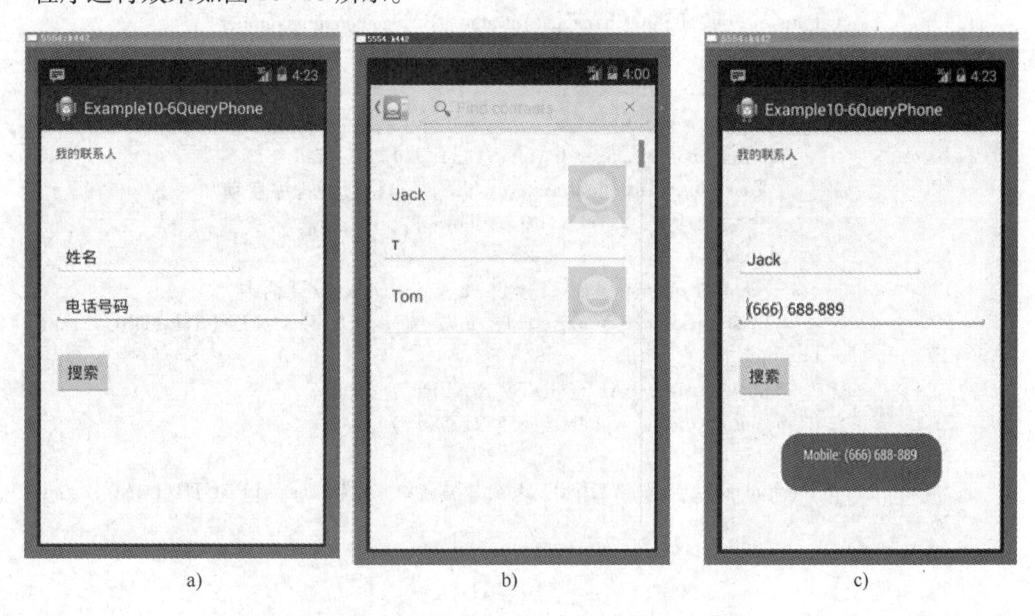

a)　　b)　　c)

图 10-10　系统查询程序运行效果图

a）查询对话框　b）查询列表　c）查询结果

10.2.3　过滤电话

手机有时会接到一些和自己无关的骚扰电话或者不希望接到某个人的电话，这时可以采取措施，即将其添加到黑名单中。要实现这个功能，主要是检查来电号码是否在黑名单中，如果在，则采取直接挂断或者静音的方式。

【例 10-7】 Example10-7 FilterPhone 拨打电话例。

1）创建一个新的 Android 项目 Example10-7FilterPhone，然后在 resource→layout 中编辑 Activity 的对应布局文件 activity_main. xml。由于本示例是电话过滤程序，所以在用户主界面中可以不放置任何标签。

2）编辑 MainActivity 文件，主要实现根据手机状态的不同弹出不同的 Toast 提示，程序主要代码如下。

```
01. public class MainActivity extends Activity {
02.     public void onCreate(Bundle savedInstanceState)
03.     {
04.         super.onCreate(savedInstanceState);
05.         setContentView(R.layout.activity_main);
06.         MyPhoneStateListener myPSListener = new MyPhoneStateListener();
07.         TelephonyManager   tmanager = (TelephonyManager)this. getSystemService(TELEPHO-
            NY_SERVICE);
08.         tmanager.listen(myPSListener, MyPhoneStateListener.LISTEN_CALL_STATE);
09.     }
10.     public class MyPhoneStateListener extends PhoneStateListener
11.     {
12.       public void onCallStateChanged (int state, String incomingNumber)
13.       {
14.           switch(state)
15.           {
16.           case TelephonyManager.CALL_STATE_IDLE://待机
17.               Toast.makeText(MainActivity.this, "电话过滤程序启动",
                      Toast.LENGTH_LONG).show();
18.               break;
19.         case TelephonyManager.CALL_STATE_OFFHOOK://通话中
20.               Toast.makeText(MainActivity.this, "通话中",Toast.LENGTH_LONG).show();
21.         break;
22.     case TelephonyManager.CALL_STATE_RINGING://来电
23.         if(incomingNumber.equals("15555215556"))
24.         {
25.         Toast.makeText(MainActivity.this, "黑名单来电",Toast.LENGTH_LONG).show();
26.         }
27.         else
28.         {
29.         Toast.makeText(MainActivity.this, "当前手机为来电状态",Toast.LENGTH_LONG)
            .show();
30.         }
31.         break;
32.       }
33.     }
34.   }
35. }
```

【代码说明】

- 第 05 ～09 行代码表示获取自定义的 PhoneStateListener 对象及 TelephonyManager 对象，并通过 TelephonyManager 对象调用 listen()方法添加电话状态的监听。
- 第 10 ～34 行代码表示继承 PhoneStateListener 的内部类，在该内部类中重写了 onCallStateChanged()方法，并实时监测 state 的值，根据其值的不同，弹出不同的 Toast 提示。如果 state 值为 CALL_STATE_RINGING，则判断打入的电话号码是否为黑名单中的号码，如果是，则弹出“黑名单来电”的提示，否则弹出“当前手机为来电状态”的提示。

3）编辑 Androidmanifest. xml 文件，由于是电话过滤程序需要监测 state 值，所以需要声明 READ_PHONE_STATE 权限，主要代码如下。

```
01. <? xml version = "1.0" encoding = "utf - 8"?>
02. <manifest xmlns:android = "http://schemas.android.com/apk/res/android"
03.       ...
04.       android:versionName = "1.0" >
05.       ...
06.        <application
07.           ... >
08.        </application>
09.        <uses - permission android:name = "android.permission.READ_PHONE_STATE" />
10. </manifest>
```

程序运行效果如图 10-11 所示。

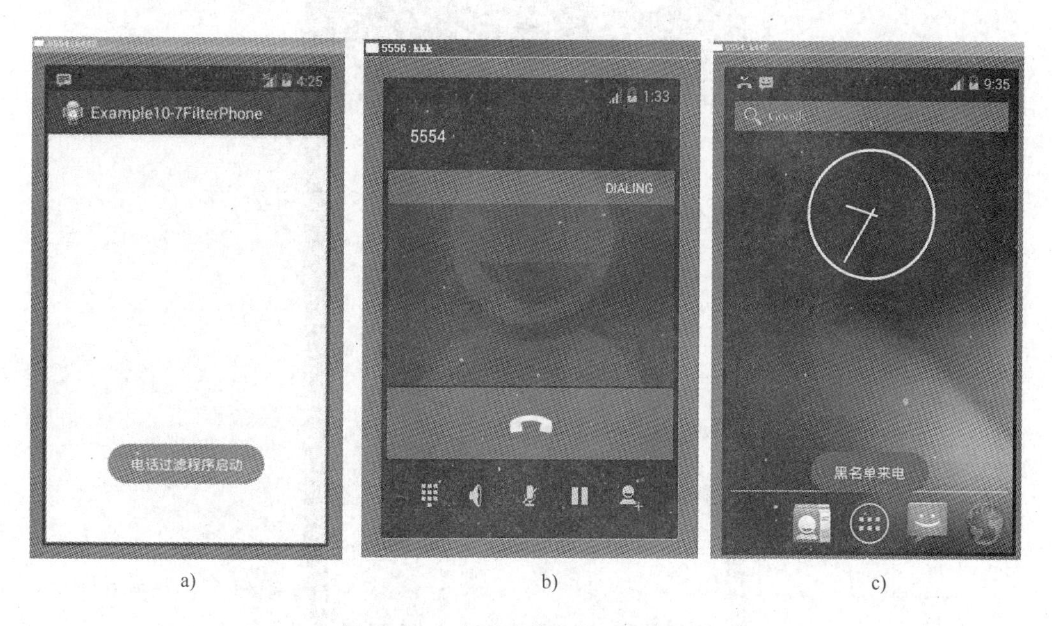

a)　　b)　　c)

图 10-11　电话过滤程序运行效果图
a）启动电话过滤程序　b）拨号　c）未接电话提示

10.3　实验：移动通信功能开发

本章主要介绍了 Android 平台下短信应用程序及拨号程序的开发。为了加强对移动通信功能的理解，下面介绍几个典型的实验：使用 Intent 组件发送信息、自定义短信接收程序和自定义带背景的拨号程序。

10.3.1 实验目的和要求

- 通过实验深入理解 Android 移动通信功能的开发机制。
- 掌握 SmsManager 类实现短信的收发。
- 掌握用 Intent 组件发送短信。
- 掌握拨打电话应用程序开发与电话过滤应用。

10.3.2 题目1 使用 Intent 组件发送信息

1. 任务描述

本实验通过 Intent 组件实现一个自定义的短信发送程序。使用 Intent 组件实现将要发送的信息内容和目的手机号码传递给内置 SMS 客户端来实现 SMS 的发送。为了实现这个功能，就要用到 startActivity（指定一个 Intent）方法，且指定 Intent 的动作为 Intent. ACTION_SENDTO，用 sms:指定目的手机号，用 sms_body:指定信息内容。

项目界面及运行结果如图 10-12 所示。

图 10-12 项目界面及运行结果

2. 任务要求

1）完成 Android 开发平台的搭建及相关配置。

2）创建项目并熟悉文件目录结构。

3）使用 Intent 组件实现发送短信程序。

4）自定义程序主界面，用来输入短信接收的电话号码和短信内容，如图 10-1 所示。

3. 知识点提示

本任务主要用到以下几个知识点。

1）Android 中 Intent 组件的进一步理解与使用。

2）通过设置 Intent 的动作标识，使其能够发送短信息。

3）编辑 MainActivity. java 文件，设置短信发送权限。

4. 操作步骤提示

1）创建项目，新建一个 Android 工程并命名为 Test_IntentSendSMS。

2）根据项目界面编辑布局文件。

3）通过向内置的短信发送程序发送含有电话号码和短信息的 Intent 实现短信息的发送。

10.3.3 题目 2 自定义短信接收程序

1. 任务描述

自定义 SMS 信息接收程序，应用程序监听 SMS 意图广播。SMS 广播意图包含了接收到的 SMS 细节。要求从其中提取出 SmsMessage 对象，每个 SmsMessage 对象包含 SMS 消息的详细信息，包括起始地址（电话号码）、时间戳和消息体。再从 SmsMessage 对象中提取出上述信息显示在主界面上。

项目界面及运行结果如图 10-13 所示。

图 10-13 项目界面及运行结果

2. 任务要求

1）完成 Android 开发平台的搭建及相关配置。

2）创建项目并熟悉文件目录结构。

3）把从 SmsMessage 对象中提取出的短信信息内容显示到程序主界面上。

4）在 AVD 模拟器上启动自定义的短信接收程序，然后从另一个 AVD 模拟器上发送测试短信息，短信接收程序能够接收短信并将其正确地显示出来。

3. 知识点提示

本任务主要用到以下几个知识点。

1）显示地指定 android. provider. Telepony. SMS_RECEIVED 动作触发广播意图。

2）在清单文件 AndroidManifest. xml 中指定权限允许接收 SMS。

3）要掌握 SmsMessage 类的用法，能够从 SmsMessage 对象中提取 SMS 消息的详细信息，包括起始地址（电话号码）、时间戳和消息体。

4. 操作步骤提示

1）创建项目，新建一个 Android 工程并命名为 Test_ReceiverSMS。

2）根据项目界面添加布局文件。

3）编辑 SMSBR 短信接收器类，该类继承 BroadcastReceiver。

4）编辑 MainActivity. java 文件，本 Activity 负责接收由 SMSBR 接收器发送的含有短信息的 Intent，并把短信息的发送者电话号码及信息内容显示在 UI 主界面上。

5）编辑 AndroidManifest. xml 文件，在该文件中声明 SMSBR 广播接收器接收短信息所需要的权限及本程序允许接收 SMS 的权限。

10. 3. 4　题目 3　自定义带背景的拨号程序

1. 任务描述

本实验的目的是编写一个拨号程序替换系统自带的拨号程序，所以要自定义拨号程序主界面。在主布局界面中分别添加了 1 个 EditText 控件与 13 个 Button 控件。EditText 控件用于输入电话号码，13 个按钮控件中的 1 个用于退格按钮，1 个用于拨号按钮，1 个用于挂断按钮，其他 10 个是 0 ～ 9 的数字按键。

重点实现拨号按钮的事件监听程序。在按钮监听程序中获取输入的电话号码，并判断电话号码格式是否符合要求。然后根据获取的电话号码创建 Intent 拨号。

项目界面及运行结果如图 10-14 所示。

2. 任务要求

1）完成 Android 开发平台的搭建及相关配置。

2）创建项目并熟悉文件目录结构。

3）编写一个拨号程序替换系统自带的拨号程序。

4）自定义拨号程序主界面。

5）拨号程序能够检查电话号码格式是否符合要求。

3. 知识点提示

本任务主要用到以下几个知识点。

1）Android 中各种图形界面控件的使用，以及对这些可视控件如何进行布局。由于电话拨号界面比较复杂，在组织控件时还要用到布局的嵌套。

2）Intent 组件附件及发送消息的应用，根据获取的电话号码创建 Intent 拨号。

图 10-14　项目界面及运行结果

3）PhoneNumberUtils. isGlobalPhoneNumber( )方法的应用，判断电话号码是否符合要求。

4. 操作步骤提示

1）创建项目，新建一个 Android 工程并命名为 Test_TelPhone。

2）根据项目界面添加布局文件。

3）编辑 MainActivity. java，在该类中主要是对各个按钮设置监听，然后重写 onClick( )方法，并在该方法中执行不同的单击事件。

4）编辑 Androidmanifest. xml 文件，由于是实现拨号程序，所以在该文件中需要设置 intent - filter 过滤，并且需要声明允许拨号权限。

本章小结

本章介绍了在 Android 平台下开发短信应用程序和拨打电话应用程序的开发。为了让读者更深刻地理解这些内容，本章附加了短信应用程序及拨打电话应用程序的项目示例。通过本章的学习，读者应该对如何开发短信应用程序及拨打电话应用程序有一定的认识，并且掌握在这些应用开发中，如何在 AndroidManifest. xml 中进行权限注册。

课后练习

一、填空题

1. 实现 SMS 主要用到________类。

2. 利用 Intent 实现将信息传递给内置 SMS 客户端发送 SMS，就要用到 startActivity ("指定一个 Intent") 方法，且指定 Intent 的动作为________。

3. 群发信息程序需要在 AndroidManifest. xml 文件中设置________与权限。

4. 自己开发的拨号程序主要是对拨号主界面的设计及对用户输入的电话号码的接收，如果电话号码符合要求，则创建________组件进行拨号。

5. 在 PhoneStateListener 的内部子类中重写了________方法，并实时监测 state 的值，根据其值的不同，弹出不同的 Toast 提示。如果 state 值为 CALL_STATE_RING - ING，则判断打入的电话号码是否为黑名单中的电话号码。

二、简答题

1. 实现 SMS 主要用到 SmsManager 类，简述该类有哪些主要成员？

2. 简述构建一个 SMS 接收程序的步骤。

3. 每个 SmsMessage 对象包含 SMS 消息的详细信息，主要由哪几部分构成？

第 11 章　新闻移动客户端开发

数字技术和网络技术的快速发展使得传媒原有的生态环境被深刻改变，传统报业正面临着巨大挑战。在移动互联网时代，传统的信息传播方式已经不能满足人们日益增长的多样化需求，特别是随着智能手机、平板电脑和电子阅读器的广泛普及，人们对信息的接受方式有了更多选择，获取信息的渠道也更宽广，移动终端的新闻客户端也越来越被人们所喜爱，成为下载最多的 App 之一。Android 是专为移动设备设计的软件开发平台，相比于当前 iPhone 等其他手机操作平台，Android 具有更好的系统开放性、丰富的应用软件和良好的性能，得到众多手机设备商和移动运营商的支持，因此，Android 平台在未来的移动终端领域具有广阔的前景。

11.1　需求分析

现代生活的快节奏使得人们只能忙里偷闲。在公交车上、地铁上或是排队等候时，随处可见拿着手机埋头阅读的人群。中国新闻出版研究院公布的“第十次全国国民阅读调查”报告显示，人均每天手机阅读时长为 16.52 分钟，通过手机阅读的国民比率为 31.2%。新媒体环境下，读者阅读时间的减少和碎片化趋势，预示着手机阅读的影响范围将会越来越广。手机阅读不仅能快速获取新闻信息，同时契合了碎片化时代读者的便捷性、片段化和主动性的需求。因此客户定制个性化、操作简单、快捷的新闻客户端就成为了现代人们最喜爱的移动 App 之一。

11.2　系统设计

1. 系统设计目标

从上一节内容可知，现在人们对新闻客户端的需求主要有三个方面：一是设计简洁、容易操作；二是响应速度快，网络连接稳定；三是页面设计美观、大方和个性化。根据客户需求定制简易便捷型的新闻客户端，具体系统设计目标如下。

- UI 界面主体采用主流 List 流线型显示新闻内容风格。
- UI 界面中采用经典标题显示方式：标题 + 主题图片方式。
- UI 界面中包含用户评论模块，客户可以对感兴趣的新闻进行评论和发帖。
- 界面中增加下滑滚动条和缓存机制进行临时数据保存来保证数据通信速度，以提升用户的体验。
- 服务器端采用 HTTP 方式通信，客户端解析 XML 文件获取数据。

2. 系统文件组织结构

在编写项目代码之前，需要制定好项目的系统文件组织结构，如不同的 Java 包存放不同的窗体、公共类、工具类、图片资源和布局文件等，这样不仅可以保证团队开发的一致性，也可以规范系统的整体架构。创建完系统中可能用到的文件夹或者 Java 包之后，在进行系统开发时，只需将创建的类文件或者资源文件保存到相应的文件夹即可。本项目的系统文件架构如图 11-1 所示。

图 11-1　系统文件组织结构

11.3　服务器端设计

任何通信系统都离不开服务器的支撑，服务器通过一定的通信协议将数据发送到客户端，客户端负责将数据显示在移动终端，因此服务器设计的好坏直接影响着系统最终使用的体验度。因为只有通信顺畅，才能保证服务器端与客户端之间的交互顺畅，客户才能有好的用户体验，因此服务器的设计尤为重要。

1. 系统服务器介绍

本系统服务器采用 Tomcat 7.0 服务器，Tomcat 是一个免费的开源的 Web 应用服务器，属于轻量级应用服务器，在中小型系统或并发访问用户不是很多的场合下被普遍使用，是开发和调试 JSP 程序的首选。Tomcat 是 Apache 软件基金会（Apache Software Foundation）的 Jakarta 项目中的一个核心项目，由 Apache、Sun 和其他一些公司及个人共同开发而成。由于有了 Sun 的参与和支持，最新的 Servlet 和 JSP 规范总是能在 Tomcat 中得到体现。Tomcat 5 支持最新的 Servlet 2.4 和 JSP 2.0 规范。

2. 服务器设计

本系统服务器开发平台采用 Myeclipse 10，JDK 采用 JDK 1.7 版本，服务器部署的主要操作步骤如下。

1）下载并安装 JDK1.7、Myeclipse 10 和 Tomcat 7。

2）设定环境变量，设置 JDK 和 Tomcat 环境变量。

3）设置 MyEclipse 的服务器为下载的 Tomcat 服务器，设置 JDK 为安装的 JDK。

4）启动 Tomcat 服务器，服务器正常运行后在浏览器中输入“http://localhost:8080”，如果在页面中显示 Tomcat 的主页面，则说明 Tomcat 服务器环境配置成功。

5）新建 Java Web 项目，新建项目名称为 EasyNewsClient，在 WebRoot 文件夹下添加 news. xml 文件，该文件为服务器资源文件。

6）在 WebRoot 文件夹下添加 images 文件夹，该文件夹用于存放服务器图片资源。

7）将服务器项目 EasyNewsClient 部署到 Tomcat 服务器中，单击确定。

8）在浏览器中输入“http://localhost:8080/EasyNewsClient/news. xml”，如果在浏览器页面中服务器资源以 XML 文件形式显示出来，则说明服务器资源部署成功。

📖 下载 JDK 和 Tomcat 时，要注意机器是 32 位还是 64 位，要下载对应的版本，否则后续开发会出现很多 Bug；Tomcat 最好使用免安装版本，下载免安装版的压缩文件后解压缩即可使用；由于 MyEclipse 自带服务器和 JDK 版本较低，不推荐使用，因此第 3 步中设置 MyEclipse 使用的 JDK 和服务器为安装的 JDK 和 Tomcat。

服务器项目文件夹结构如图 11-2 所示。

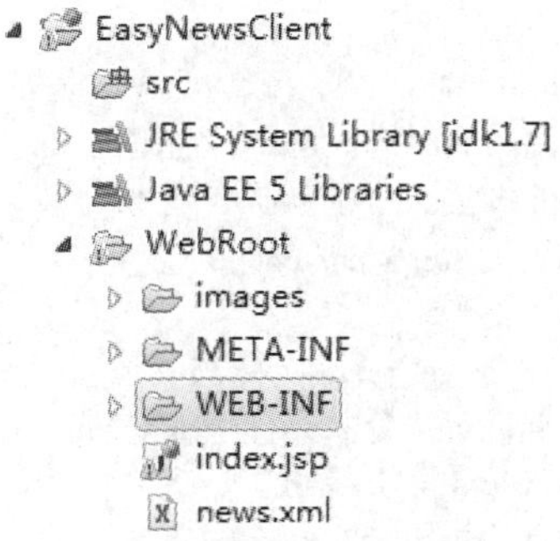

```
EasyNewsClient
    src
    JRE System Library [jdk1.7]
    Java EE 5 Libraries
    WebRoot
        images
        META-INF
        WEB-INF
        index.jsp
        news.xml
```

图 11-2　服务器项目文件夹结构

11.4　UI 界面设计

Android 任何系统设计首先就是要规划好 UI 界面，UI 界面设计也是本系统成功与否，以及用户体验最重要的一部分。本系统的主界面设计为 List 新闻显示风格，每条 List 新闻包括以下 4 个主题元素。

- 新闻小图片：每张图片要反映出该新闻的主题，图片必须为清晰的 .jpg 格式，图片大小统一为：121 ×81。
- 新闻主题：字体为大号粗体，醒目直观。
- 新闻内容概要：显示部分内容，多余内容使用……。
- 客户发帖统计：统计发帖数量。

本新闻客户端项目主界面采用一个整体 ListView，将这个 ListView 作为新闻客户端的容器来存放新闻元素，然后在界面中添加新闻，因此 UI 界面主要包括两部分。

1. 主页面布局文件

UI 界面设计在本项目中的布局文件如下。

```
01. <RelativeLayout xmlns:android="http://schemas.android.com/apk/res/android"
02.     xmlns:tools="http://schemas.android.com/tools"
03.     android:layout_width="match_parent"
04.     android:layout_height="match_parent"
05.     tools:context=".MainActivity" >
06.     <ListView
07.         android:id="@+id/lv_news"
08.         android:layout_width="match_parent"
09.         android:layout_height="match_parent" />
10. </RelativeLayout>
```

2. 单条新闻布局

新闻 ListView 控件需要定义每个 item 中的新闻图片、新闻标题、新闻内容和新闻跟帖显示的样式，在项目 resource→layout 文件下定义一个布局文件 listview_item.xml，该布局文件用来定义新闻的每个元素显示样式，具体代码如下。

```
01. <?xml version="1.0" encoding="utf-8"?>
02. <RelativeLayout xmlns:android="http://schemas.android.com/apk/res/android"
03.     android:layout_width="match_parent"
04.     android:layout_height="wrap_content"
05.     android:padding="5dip" >
06.     <com.loopj.android.image.SmartImageView
07.         android:id="@+id/siv_listview_item_icon"
08.         android:layout_width="100dip"
09.         android:layout_height="60dip"
10.         android:src="@drawable/a" />
11.     <TextView
12.         android:id="@+id/tv_listview_item_title"
13.         android:layout_width="wrap_content"
14.         android:layout_height="wrap_content"
15.         android:layout_marginLeft="3dip"
16.         android:layout_toRightOf="@id/siv_listview_item_icon"
17.         android:singleLine="true"
18.         android:textColor="@android:color/black"
19.         android:textSize="17sp" />
20.     <TextView
21.         android:id="@+id/tv_listview_item_detail"
22.         android:layout_width="wrap_content"
23.         android:layout_height="wrap_content"
24.         android:layout_alignLeft="@id/tv_listview_item_title"
25.         android:layout_below="@id/tv_listview_item_title"
```

```
26.             android:layout_marginTop = "3dip"
27.             android:textColor = "@android:color/darker_gray"
28.             android:textSize = "14sp" />
29.         <TextView
30.             android:id = "@+id/tv_listview_item_comment"
31.             android:layout_width = "wrap_content"
32.             android:layout_height = "wrap_content"
33.             android:layout_alignParentBottom = "true"
34.             android:layout_alignParentRight = "true"
35.             android:textColor = "#FF0000"
36.             android:textSize = "12sp" />
37.     </RelativeLayout>
```

【代码说明】

- 第 06 ～ 10 行代码定义一个自定义控件，此控件用来显示新闻小图片，控件代码将在后面的代码中进行说明。
- 第 11 ～ 19 行代码定义新闻标题样式，其中第 17 行的 singleLine 属性为“true”代表单行显示，如果显示不完，后面将使用省略号，第 19 行的 textSize 属性值单位为 sp，Android 中的文字大小单位一般使用 sp。
- 第 20 ～ 28 行代码的 TextView 用来显示新闻内容。
- 第 29 ～ 36 行代码的 TextView 用来显示客户跟帖数量。

注意：在布局文件中引入自定义控件时，一定要将其全部路径（包括包名）一起加入，如第 06 行将自定义的控件全路径加入，其他属性赋值同普通的 ImageView 控件一样。

本例实现的主体界面如图 11-3 所示。

3. 自定义控件

本项目中的新闻小图片采用自定义控件进行设计，由于图片从服务器端取得，因此需要采用多线程思路，主要思路如下。

1）开辟一个子线程，通过 HTTP 通信方式，从客户端请求服务器数据。

2）子线程采用 Handler 传递消息方式来将图片信息传递出来。

3）主线程接收子线程传递过来的图片信息。

4）更新 UI 界面。

本项目中新闻小图片的显示，采用自定义一个新的智能图片显示控件，该控件支持 URL 加载图片，支持异步加载图片；支持图片缓存机制，以便下次加速显示；SmartImageView 类可以被容易地扩展成其他资源调用。主要包文件结构如图 11-4 所示。

SmartImageView 类设计思想也是基于 ImageView 设计，因此继承 ImageView 类。SmartImageView 类主要完成主线程（UI 线程）更新，其主要实现代码如下。

图 11-3　系统运行主体界面

src
com.loopj.android.image
BitmapImage.java
ContactImage.java
SmartImage.java
SmartImageTask.java
SmartImageView.java
WebImage.java
WebImageCache.java

图 11-4　SmartImageView 包文件结构

```
01. public class SmartImageView extends ImageView {
02.     private static final int LOADING_THREADS = 4;
03.     private static ExecutorService threadPool = Executors.newFixedThreadPool(LOADING_
        THREADS);
04.     private SmartImageTask currentTask;
05.     public SmartImageView(Context context) {
06.         super(context);
07.     }

08.     public SmartImageView(Context context, AttributeSet attrs) {
09.         super(context, attrs);
10.     }

11.     public SmartImageView(Context context, AttributeSet attrs, int defStyle) {
12.         super(context, attrs, defStyle);
13.     }
14.     // Helpers to set image by URL
```

```
15.     public void setImageUrl(String url) {
16.         setImage(new WebImage(url));
17.     }

18.     public void setImageUrl(String url, SmartImageTask.OnCompleteListener completeListener) {
19.         setImage(new WebImage(url), completeListener);
20.     }

21.     public void setImageUrl(String url, final Integer fallbackResource) {
22.         setImage(new WebImage(url), fallbackResource);
23.     }

24.         public void setImageUrl(String url, final Integer fallbackResource, SmartImageTask.OnCompleteListener completeListener) {
25.         setImage(new WebImage(url), fallbackResource, completeListener);
26.     }

27.     public void setImageUrl(String url, final Integer fallbackResource, final Integer loadingResource) {
28.         setImage(new WebImage(url), fallbackResource, loadingResource);
29.     }

30.     public void setImageUrl(String url, final Integer fallbackResource, final Integer loadingResource, SmartImageTask.OnCompleteListener completeListener) {
31.         setImage(new WebImage(url), fallbackResource, loadingResource, completeListener);
32.     }
33.     // Helpers to set image by contact address book id
34.     public void setImageContact(long contactId) {
35.         setImage(new ContactImage(contactId));
36.     }
37.     public void setImageContact(long contactId, final Integer fallbackResource) {
38.         setImage(new ContactImage(contactId), fallbackResource);
39.     }

40.     public void setImageContact(long contactId, final Integer fallbackResource, final Integer loadingResource) {
41.         setImage(new ContactImage(contactId), fallbackResource, fallbackResource);
42.     }
43.     public void setImage(final SmartImage image) {
44.         setImage(image, null, null, null);
45.     }
46.     public void setImage(final SmartImage image, final SmartImageTask.OnCompleteListener completeListener) {
47.         setImage(image, null, null, completeListener);
48.     }
49.     public void setImage(final SmartImage image, final Integer fallbackResource) {
50.         setImage(image, fallbackResource, fallbackResource, null);
```

```
51.     }
52.     public void setImage(final SmartImage image, final Integer fallbackResource, SmartImageTask.OnCompleteListener completeListener) {
53.         setImage(image, fallbackResource, fallbackResource, completeListener);
54.     }
55.     public void setImage(final SmartImage image, final Integer fallbackResource, final Integer loadingResource) {
56.         setImage(image, fallbackResource, loadingResource, null);
57.     }
58.     public void setImage(final SmartImage image, final Integer fallbackResource, final Integer loadingResource, final SmartImageTask.OnCompleteListener completeListener) {
59.         // Set a loading resource
60.         if(loadingResource != null){
61.             setImageResource(loadingResource);
62.         }
63.         if(currentTask != null) {
64.             currentTask.cancel();
65.             currentTask = null;
66.         }

67.         // Set up the new task
68.         currentTask = new SmartImageTask(getContext(), image);
69.         currentTask.setOnCompleteHandler(new SmartImageTask.OnCompleteHandler() {
70.             @Override
71.             public void onComplete(Bitmap bitmap) {
72.                 if(bitmap != null) {
73.                     setImageBitmap(bitmap);
74.                 } else {
75.                     // Set fallback resource
76.                     if(fallbackResource != null) {
77.                         setImageResource(fallbackResource);
78.                     }
79.                 }
80.                 if(completeListener != null){
81.                     completeListener.onComplete();
82.                 }
83.             }
84.         });

85.         // Run the task in a threadpool
86.         threadPool.execute(currentTask);
87.     }
88.     public static void cancelAllTasks() {
89.         threadPool.shutdownNow();
90.         threadPool = Executors.newFixedThreadPool(LOADING_THREADS);
91.     }
92. }
```

📖 注意：SmartImageView 使用 CSDN 论坛上开源项目，现在大部分的项目网络获取图片都采用这个自定义控件，它比 ImageView 使用起来更方便，调用它时只需要一两行代码，其来源是 http://download.csdn.net/download/xj55646/7099539。

【代码说明】

- 第 04 行代码定义一个任务，完成子线程的网络请求数据。
- 第 05 ～ 13 行代码定义 SmartImageView 的重载构造方法，以方便后面使用。
- 第 15 ～ 32 行代码，通过传递图片 URL 显示图片，相当于 ImageView 中的 set 方法，利用方法的重载得到不同形式的传递参数方式，从而使得用户可以灵活地使用该方法。
- 第 34 至 42 行代码，是为设置通讯录图片的，可通过通讯录 ID 来设置通讯录图片。
- 第 43 至 92 行代码，是通过 SmartImage 对象设置 Image。

前面已经提到 SmartImageView 控件可实现异步通信更新 UI 界面，实现的主要代码如下。

```
01. public class SmartImageTask implements Runnable {
02.     private static final int BITMAP_READY = 0;

03.     private boolean cancelled = false;
04.     private OnCompleteHandler onCompleteHandler;
05.     private SmartImage image;
06.     private Context context;

07.     public static class OnCompleteHandler extends Handler {
08.         @ Override
09.         public void handleMessage( Message msg) {
10.             Bitmap bitmap = ( Bitmap) msg. obj;
11.             onComplete( bitmap) ;
12.         }

13.         public void onComplete( Bitmap bitmap) { } ;
14.     }

15.     public abstract static class OnCompleteListener {
16.         public abstract void onComplete( ) ;
17.     }

18.     public SmartImageTask( Context context, SmartImage image) {
19.         this. image = image;
20.         this. context = context;
21.     }

22.     @ Override
23.     public void run( ) {
24.         if( image ! = null) {
25.             complete( image. getBitmap( context) ) ;
```

```
26.                context = null;
27.            }
28.        }

29.        public void setOnCompleteHandler(OnCompleteHandler handler) {
30.            this.onCompleteHandler = handler;
31.        }

32.        public void cancel() {
33.            cancelled = true;
34.        }

35.        public void complete(Bitmap bitmap) {
36.            if(onCompleteHandler != null && ! cancelled) {
37.                onCompleteHandler.sendMessage(onCompleteHandler.obtainMessage(BITMAP_
READY, bitmap));
38.            }
39.        }
40. }
```

实现 Web 图像的缓存机制的主要代码如下。

```
01. public class WebImageCache {
02.        private static final String DISK_CACHE_PATH = "/web_image_cache/";
03.        private ConcurrentHashMap<String, SoftReference<Bitmap>> memoryCache;
04.        private String diskCachePath;
05.        private boolean diskCacheEnabled = false;
06.        private ExecutorService writeThread;

07.        public WebImageCache(Context context) {
08.            // Set up in-memory cache store
09.            memoryCache = new ConcurrentHashMap<String, SoftReference<Bitmap>>();
10.            // Set up disk cache store
11.            Context appContext = context.getApplicationContext();
12.            diskCachePath = appContext.getCacheDir().getAbsolutePath() + DISK_CACHE_PATH;

13.            File outFile = new File(diskCachePath);
14.            outFile.mkdirs();

15.            diskCacheEnabled = outFile.exists();

16.            // Set up threadpool for image fetching tasks
17.            writeThread = Executors.newSingleThreadExecutor();
18.        }

19.        public Bitmap get(final String url) {
20.            Bitmap bitmap = null;
```

```
21.         // Check for image in memory
22.         bitmap = getBitmapFromMemory(url);

23.         // Check for image on disk cache
24.         if(bitmap == null) {
25.             bitmap = getBitmapFromDisk(url);

26.             // Write bitmap back into memory cache
27.             if(bitmap != null) {
28.                 cacheBitmapToMemory(url, bitmap);
29.             }
30.         }

31.         return bitmap;
32.     }

33.     public void put(String url, Bitmap bitmap) {
34.         cacheBitmapToMemory(url, bitmap);
35.         cacheBitmapToDisk(url, bitmap);
36.     }

37.     public void remove(String url) {
38.         if(url == null) {
39.             return;
40.         }

41.         // Remove from memory cache
42.         memoryCache.remove(getCacheKey(url));

43.         // Remove from file cache
44.         File f = new File(diskCachePath, getCacheKey(url));
45.         if(f.exists() && f.isFile()) {
46.             f.delete();
47.         }
48.     }

49.     public void clear() {
50.         // Remove everything from memory cache
51.         memoryCache.clear();

52.         // Remove everything from file cache
53.         File cachedFileDir = new File(diskCachePath);
54.         if(cachedFileDir.exists() && cachedFileDir.isDirectory()) {
55.             File[] cachedFiles = cachedFileDir.listFiles();
56.             for(File f : cachedFiles) {
57.                 if(f.exists() && f.isFile()) {
58.                     f.delete();
```

```
59.                 }
60.             }
61.         }
62.     }

63.     private void cacheBitmapToMemory( final String url, final Bitmap bitmap) {
64.         memoryCache. put( getCacheKey( url) , new SoftReference < Bitmap > ( bitmap) ) ;
65.     }

66.     private void cacheBitmapToDisk( final String url, final Bitmap bitmap) {
67.         writeThread. execute( new Runnable( ) {
68.             @ Override
69.             public void run( ) {
70.                 if( diskCacheEnabled) {
71.                     BufferedOutputStream ostream = null;
72.                     try {
73.                         ostream = new BufferedOutputStream( new FileOutputStream( new File
   ( diskCachePath, getCacheKey( url) ) ) , 2 * 1024) ;
74.                         bitmap. compress( CompressFormat. PNG, 100, ostream) ;
75.                     } catch ( FileNotFoundException e) {
76.                         e. printStackTrace( ) ;
77.                     } finally {
78.                         try {
79.                             if( ostream ! = null) {
80.                                 ostream. flush( ) ;
81.                                 ostream. close( ) ;
82.                             }
83.                         } catch ( IOException e) { }
84.                     }
85.                 }
86.             }
87.         } ) ;
88.     }

89.     private Bitmap getBitmapFromMemory( String url) {
90.         Bitmap bitmap = null;
91.         SoftReference < Bitmap >  softRef = memoryCache. get( getCacheKey( url) ) ;
92.         if( softRef ! = null) {
93.             bitmap = softRef. get( ) ;
94.         }

95.         return bitmap;
96.     }

97.     private Bitmap getBitmapFromDisk( String url) {
98.         Bitmap bitmap = null;
99.         if( diskCacheEnabled) {
```

```
100.                String filePath = getFilePath( url) ;
101.                File file = new File( filePath) ;
102.                if( file. exists( ) ) {
103.                    bitmap = BitmapFactory. decodeFile( filePath) ;
104.                }
105.            }
106.            return bitmap;
107.        }
108.        private String getFilePath( String url) {
109.            return diskCachePath + getCacheKey( url) ;
120.        }

121.        private String getCacheKey( String url) {
122.            if( url == null) {
123.                throw new RuntimeException( "Null url passed in") ;
124.            } else {
125.                return url. replaceAll( "[. :/,%? & = ]", " + "). replaceAll( "[ + ] + ", "
    +") ;
126.            }
127.        }
128. }
```

SmartImageView 控件的另一个重要优点就是可以实现缓存机制，它将 List 中显示过的item进行缓存，下次再显示时只需显示缓存，这样可以大大减少通信量。那么本项目获取 Web 缓存图像和清除缓存的主要代码如下。

```
01. public class WebImage implements SmartImage {
02.     private static final int CONNECT_TIMEOUT = 5000;
03.     private static final int READ_TIMEOUT = 10000;
04.     private static WebImageCache webImageCache;
05.     private String url;
06.     public WebImage( String url) {
07.         this. url = url;
08.     }

09.     public Bitmap getBitmap( Context context) {
10.         // Dont leak context
11.         if( webImageCache == null) {
12.             webImageCache = new WebImageCache( context) ;
13.         }

14.         // Try getting bitmap from cache first
15.         Bitmap bitmap = null;
16.         if( url ! = null) {
17.             bitmap = webImageCache. get( url) ;
18.             if( bitmap == null) {
19.                 bitmap = getBitmapFromUrl( url) ;
```

```
20.                 if(bitmap ! = null){
21.                     webImageCache. put(url, bitmap);
22.                 }
23.             }
24.         }
25.         return bitmap;
26.     }
27.     private Bitmap getBitmapFromUrl(String url) {
28.         Bitmap bitmap = null;

29.         try {
30.             URLConnection conn = new URL(url). openConnection();
31.             conn. setConnectTimeout(CONNECT_TIMEOUT);
32.             conn. setReadTimeout(READ_TIMEOUT);
33.             bitmap = BitmapFactory. decodeStream((InputStream) conn. getContent());
34.         } catch(Exception e) {
35.             e. printStackTrace();
36.         }
37.         return bitmap;
38.     }
39.     public static void removeFromCache(String url) {
40.         if(webImageCache ! = null) {
41.             webImageCache. remove(url);
42.         }
43.     }
44. }
```

11.5 通信模块设计

Android 与服务器通信通常采用 HTTP 通信方式和 Socket 通信方式，而 HTTP 通信方式又分为 get 和 post 两种方式。post 请求可以向服务器传送数据，而且数据放在 HTML HEADER 内一起传送到服务器端 URL 地址，数据对用户不可见。

1. HTTP 协议的请求方法

1）GET：请求获取 Request - URI 所标识的资源。

2）POST：在 Request - URI 所标识的资源后附加新的数据。

3）HEAD：请求获取由 Request - URI 所标识的资源的响应消息报头。

4）PUT：请求服务器存储一个资源，并用 Request - URI 作为其标识。

5）DELETE：请求服务器删除 Request - URI 所标识的资源。

6）TRACE ：请求服务器回送收到的请求信息，主要用于测试或诊断。

2. HTTP 协议的请求方法

HTTP 的 get 方式传递数据量较小，一般不大于 2KB。考虑到简易新闻客户端的数据量较小，因此本项目采用 HttpGet 方式进行通信。本项目 HTTP 方式请求新闻模块的通信代码如下所示。

```
01. private List < NewInfo > getNewsFromInternet() {
02.         HttpClient client = null;
03.         try {
04.             // 定义一个客户端
05.             client = new DefaultHttpClient();
06.             // 定义 get 方法
07.             HttpGet get = new HttpGet("http://58.154.51.100:8080/EasyNewsClient/
    news.xml");
08.             // 执行请求
09.             HttpResponse response = client.execute(get);
10.             int statusCode = response.getStatusLine().getStatusCode();
11.             if(statusCode == 200) {
12.                 InputStream is = response.getEntity().getContent();
13.                 List < NewInfo > newInfoList = getNewListFromInputStream(is);
14.                 return newInfoList;
15.             } else {
16.                 Log.i(TAG, "访问失败:" + statusCode);
17.             }
18.         } catch (Exception e) {
19.             e.printStackTrace();
20.         } finally {
21.             if(client != null) {
22.                 client.getConnectionManager().shutdown();}
23.                 }
24.         return null;
25.     }
```

【代码说明】

- 第 05 行代码定义一个客户端，HttpClient 是一个接口，因此创建对象不能直接使用 new 关键字，只能采用 HttpClient 的子类去创建对象。
- 第 07 行代码定义 HttpGet 的请求，传递一个 URL 参数，这个 URL 中的 IP 地址为服务器地址，这里使用本机服务器（PC）IP 地址，8080 是 Tomcat 服务器端口号，EasyNewsClient 为服务器项目名称，news. xml 是 WebRoot 下面的服务器新闻资源。
- 第 09 行代码是客户端向服务器发送 http 请求，并且返回 Response 对象。第 10 行代码是从 Response 对象中取出返回的状态码。第 11 行代码是判断状态码是否为 200，若为 200，则说明通信成功
- 第 12 行代码表示获取服务器返回的新闻内容，此新闻内容以流的形式传递过来，因此需要将 I/O 流转化成为 List，即需要解析新闻服务器中的 XML 文件。
- 第 22 行代码是执行连接完成后关闭客户端，以保证资源释放。

3. 解析新闻方法

服务器数据目前有很多种存储方式，目前比较流行的方式是 Json 数据方式。Json 是一种轻量级的数据交换格式，也有的使用 XML（可扩展标记语言），它包括几乎所有的万国码 Unicode 字符，是 W3C 推荐标准，本系统客户端请求的新闻数据即为 XML 数据格式。

要将服务器中的 XML 文件显示到手机客户端上，就必须解析 XML 文件，下面即为本项

目解析新闻 XML 文件的方法。

```
01. private List < NewInfo > getNewListFromInputStream( InputStream is) throws Exception {
02.             XmlPullParser parser = Xml. newPullParser( ) ;// 创建一个 pull 解析器
03.             parser. setInput( is, " utf - 8" ) ;// 指定解析流和编码
04.             int eventType = parser. getEventType( ) ;
05.             List < NewInfo > newInfoList = null;
06.             NewInfo newInfo = null;
07.             while( eventType ! = XmlPullParser. END_DOCUMENT) {// 如果没有到结尾处，继续
        循环
08.                   String tagName = parser. getName( ) ;// 结点名称
09.                   switch ( eventType) {
10.                   case XmlPullParser. START_TAG: //  < news >
11.                         if( " news". equals( tagName) ) {
12.                               newInfoList = new ArrayList < NewInfo > ( ) ;
13.                         } else if( " new". equals( tagName) ) {
14.                               newInfo = new NewInfo( ) ;
15.                         } else if( " title". equals( tagName) ) {
16.                               newInfo. setTitle( parser. nextText( ) ) ;
17.                         } else if( " detail". equals( tagName) ) {
18.                               newInfo. setDetail( parser. nextText( ) ) ;
19.                         } else if( " comment". equals( tagName) ) {
20.                         newInfo. setComment( Integer. valueOf( parser. nextText( ) ) ) ;
21.                               } else if( " image". equals( tagName) ) {
22.                         newInfo. setImageUrl( parser. nextText( ) ) ;
23.                         }
24.                   break;
25.             case XmlPullParser. END_TAG:// </news >
26.                   if( " new". equals( tagName) ) {
27.                         newInfoList. add( newInfo) ;
28.                   }
29.                   break;
30.             default:
31.                   break;
32.             }
33.             eventType = parser. next( ) ;// 取下一个事件类型
34.       }
35.       return newInfoList;
36. }
```

【代码说明】

- 第 02 行代码定义一个 XML 的 pull 解析器，第 03 行代码指定解析流和编码方式，第 04 行代码获得解析进展（开始或结束）。
- 第 07 行代码判断是否循环到结尾（XML 文件都有开始结束标记，通过标记判断）。
- 第 08 行代码定义 XML 文件结点名称。
- 第 9 ～ 23 行代码是通过结点名称来逐个对 XML 文件的每个结点进行解析。
- 第 25 ～ 29 行代码是通过 XML 文件结束标记来结束 XML 解析，并将解析的 NeuInfo

对象加入到 List 中。

4. Handler 传递消息

Android 的消息机制是另一种形式的“事件处理”，这种机制是为了解决 Android 应用的多线程问题。Android 平台不允许 Activity 新启动的线程访问 Activity 里的界面组件，这样会导致新启动的线程无法修改界面组件的属性值，此时，需要通过 Hander 的消息机制来实现。下面代码为本项目使用 Handler 发送消息的代码。

```
01.    private Handler handler = new Handler() {
02.        /**
03.         * 接收消息
04.         */
05.        @Override
06.        public void handleMessage(Message msg) {
07.            switch (msg.what) {
08.            case SUCCESS:// 访问成功，有数据
09.                // 给 Listview 列表绑定数据
10.                newInfoList = (List<NewInfo>) msg.obj;
11.                MyAdapter adapter = new MyAdapter();
12.                lvNews.setAdapter(adapter);
13.                break;
14.            case FAILED:// 无数据
15.                Toast.makeText(MainActivity.this, "当前网络崩溃了.", 0).show();
16.                break;
17.            default:
18.                break;
19.            }
20.        }
21.    };
```

【代码说明】

- 第 01 行代码定义一个 Handler 类，用于接收子线程的数据来更新 UI 界面。
- 第 06 行代码定义一个 handleMessage()方法，传递一个 Message 对象。第 07 行代码利用 Message 对象定义一个判断码（msg.what），如果有多个线程，它是用来判断是来自哪个线程的 Handler；如果只有一个线程，也可以用来判断线程连接成功与否。
- 第 10 行代码是服务器通过 Message 对象的 msg.obj 获取客户端传递的消息（Object 类型），并且将这个对象传递赋值给 List <NewInfo>。
- 第 11、12 行代码是定义一个适配器，将获得的新闻数据（List <NewInfo> 对象）绑定到 ListView 控件。

📖 Handler 主要用异步消息的处理来传递 Message，Handler 对象用于接受子线程发送的数据，并用此数据配合主线程更新 UI，用 Handler 对象的 handlerMessage 方法处理传过来的数据信息，并操作 UI；Handler 还可以传递 Runnable 对象，用于通过 Handler 绑定的消息队列，安排不同操作的执行顺序。

📖 要将 List 数据显示到 ListView 控件上，就必须将数据先绑定到一个适配器上，然后再将适配器设置到 ListView 控件。

下面是 Handler 客户端发送消息的代码。

```
01. private void init() {
02.     lvNews = (ListView) findViewById(R.id.lv_news);
03.     // 抓取新闻数据
04.     new Thread(new Runnable() {
05.         @Override
06.         public void run() {
07.             // 获得新闻集合
08.             List<NewInfo> newInfoList = getNewsFromInternet();
09.             Message msg = new Message();
10.             if(newInfoList != null) {
11.                 msg.what = SUCCESS;
12.                 msg.obj = newInfoList;
13.             } else {
14.                 msg.what = FAILED;
15.             }
16.             handler.sendMessage(msg);
17.         }
18.     }).start();
19.
20.
21. }
```

【代码说明】

- 第 04 行代码定义一个 Thread 线程类，这是一个匿名内部类，Thread 构造函数实现 Runnable 类的对象引用，通过线程 run()方法启动线程。
- 第 08 行代码是获取服务器解析的 XML 文件，并将其赋值给 List <NewInfo> 对象。
- 第 10 ～ 15 行代码通过判断码 msg.what 判断是否成功连接线程，通过 msg.obj 传递新闻对象。

11.6 实体模块设计

在 com.synu.neteasedemo.domain 包存放着数据模型公共类，在这个包中有一个 NewsInfo 类，通过 getXXX()方法和 setXXX()方法将新闻内容数据设置到客户端，主要实现代码如下所示。

```
01. public class NewInfo {
02.     private String title; //标题
03.     private String detail; //详细
04.     private Integer comment; //跟帖数量
05.     private String imageUrl; //图片链接
06.     @Override
07.     public String toString() {
08.         return "NewInfo [title=" + title + ", detail=" + detail + ", comment="
09.                 + comment + ", imageUrl=" + imageUrl + "]";
```

```
10. }
11.     public NewInfo(String title, String detail, Integer comment, String imageUrl) {
12.         super();
13.         this.title = title;
14.         this.detail = detail;
15.         this.comment = comment;
16.         this.imageUrl = imageUrl;
17.     }
18.     public NewInfo() {
19.         super();
20.         // TODO Auto - generated constructor stub
21.     }
22.     public String getTitle() {
23.         return title;
24.     }
25.     public void setTitle(String title) {
26.         this.title = title;
27.     }
28.     public String getDetail() {
29.         return detail;
30.     }
31.     public void setDetail(String detail) {
32.         this.detail = detail;
33.     }
34.     public Integer getComment() {
35.         return comment;
36.     }
37.     public void setComment(Integer comment) {
38.         this.comment = comment;
39.     }
40.     public String getImageUrl() {
41.         return imageUrl;
42.     }
43.     public void setImageUrl(String imageUrl) {
44.         this.imageUrl = imageUrl;
45.     }
46. }
```

11.7 工具类设计

本项目中需要设计一个 Adapter 适配器来连接数据和 ListView 控件。Android 的适配器主要有 4 种：ArrayAdapter、SimpleAdapter、SimpleCursorAdapter 和 BaseAdapter，这 4 种适配器之间的区别如表 11-1 所示。在这 4 种适配器中，BaseAdapter 是使用最多、最灵活、通用性最好的适配器。

表 11-1　四种适配器的区别

Adpter	含　义	Adpter	含　义
ArrayAdapter <T>	用来绑定一个数组，支持泛型操作	SimpleCursorAdapter	用于绑定游标得到的数据
SimpleAdapter	用来绑定 XML 文件中定义的控件对应的数据	BaseAdapter	通用基础适配器

其实适配器还有很多，需要注意的是，各种 Adapter 只不过是转换的方式和能力不一样而已。本项目定义的 MyAdapter 继承 BaseAdapter，需要重写 4 个方法，BaseAdapter 重写方法的 Outline 如图 11-5 所示。

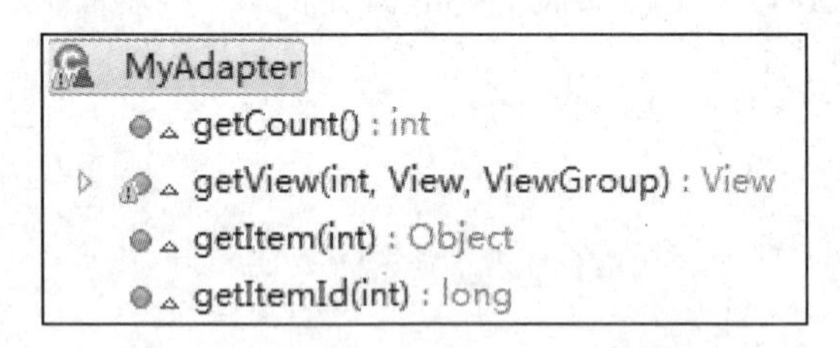

图 11-5　MyAdapter 类的重写方法结构

具体代码如下所示。

```
01. class MyAdapter extends BaseAdapter {
02.         /**
03.          * 返回列表的总长度
04.          */
05.         @Override
06.         public int getCount() {
07.             return newInfoList.size();
08.         }
09.         /**
10.          * 返回一个列表的子条目的布局
11.          */
12.         @Override
13.         public View getView(int position,View convertView,ViewGroup parent) {
14.             View view = null;
15.             if(convertView == null) {
16.                 LayoutInflater inflater = getLayoutInflater();
17.                 view = inflater.inflate(R.layout.listview_item, null);
18.             } else {
19.                 view = convertView;
20.             }
21.             // 重新赋值,不会产生缓存对象中原有数据保留的现象
22.             SmartImageView sivIcon = (SmartImageView) view.findViewById(R.id.siv_listview
                _item_icon);
23.             TextView tvTitle = (TextView) view.findViewById(R.id.tv_listview_item_title);
24.             TextView tvDetail = (TextView) view.findViewById(R.id.tv_listview_item_de-
                tail);
```

```
25.                 TextView tvComment = (TextView) view.findViewById(R.id.tv_listview_item_
                    comment);
26.
27.                 NewInfo newInfo = newInfoList.get(position);
28.
29.                 sivIcon.setImageUrl(newInfo.getImageUrl());// 设置图片
30.                 tvTitle.setText(newInfo.getTitle());
31.                 tvDetail.setText(newInfo.getDetail());
32.                 tvComment.setText(newInfo.getComment() + "跟帖");
33.                 view.setOnClickListener(new OnClickListener() {
34.                     public void onClick(View v) {
35.                         // TODO Auto-generated method stub
36.                         showInfo();
37.                     }
38.                 });
39.             return view;
40.         }

41.         @Override
42.         public Object getItem(int position) {
43.             // TODO Auto-generated method stub
44.             return null;
45.         }

46.         @Override
47.         public long getItemId(int position) {
48.             // TODO Auto-generated method stub
49.             return 0;
50.         }
51.     }
```

【代码说明】

- 第 06 ～ 08 行代码用 getCount()方法返回 int 类型的列表长度。
- 第 13 ～ 21 行的 getView()是最为关键的一段代码，这个方法返回一个 View 对象，每个 View 对象就是一条数据，getView(int position, View convertView, ViewGroup parent)方法的 3 个参数含义分别是：参数 position 代表数据的位置（即第几条数据）；参数 convertView 代表缓存数据，开始为 0，当有条目变为不可见时，convertView 就缓存了它的数据，后面再出来的条目只需要更新数据即可，这样大大节省了系统资源的开销；参数 parent 代表 ListView 对象。
- 第 42 ～ 45 行代码的 getItem（int position）方法传递一个 position（item 的位置索引）参数，返回一个当前 position 位置的 item 对象。
- 第 47 ～ 50 行代码的 getItemId（int position）方法传递一个 position（位置索引），返回一个 long 类型的 itemId。

当系统开始绘制 ListView 时，首先调用 getCount()方法，得到它的返回值，即 ListView 的长度，然后系统调用 getView()方法，根据这个长度逐一绘制 ListView 的每一行。也就是说，如果让 getCount()返回 1，那么只显示一行。而 getItem()和 getItemId()则在需要处理和取得 Adapter 中的数据时调用。

当启动 Activity 呈现第一屏 ListView 时，convertView 为 0。当用户向下滚动 ListView 时，上面的条目变为不可见，下面出现新的条目。此时 convertView 不再为空，而是创建了一系列 convertView 的值。

当单击 ListView 的每个 Item（单个项目）时，弹出对话框，对话框提示“是否关注这条新闻”，具体实现代码如下所示。

```
01.            public void showInfo(){
02.            new AlertDialog.Builder(this)
03.            .setTitle("我的新闻我做主")
04.            .setMessage("是否关注这条新闻?")
05.            .setPositiveButton("关注", new DialogInterface.OnClickListener(){
06.                public void onClick(DialogInterface dialog, int which){
07.    Toast.makeText(MainActivity.this, "感谢您关注本条新闻!", Toast.LENGTH_LONG).show
    ();
08.                }
09.            }).setNegativeButton("不关注", new DialogInterface.OnClickListener(){
10.                public void onClick(DialogInterface dialog, int which){
11.                        Toast.makeText(MainActivity.this, "欢迎点击查看其他新闻!",
        Toast.LENGTH_LONG).show();
12.                }
13.            })
14.              .show();
15.
16.        }
```

本项目定义的对话框实现效果如图 11-6 所示。

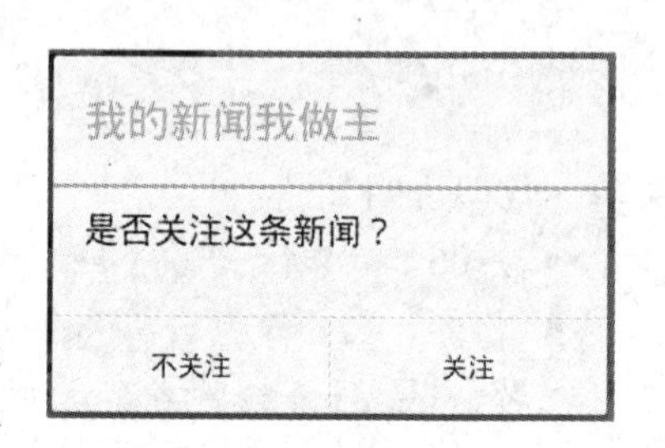

图 11-6　AlertDialog 实现效果

11.8　打包和安装

完成 Android 项目之后，如何才能把项目发布到 Internet 上供别人使用呢？需要将程序打包成 Android 安装包文件——APK（Android Package），其扩展名为“.apk”。将 APK 文件直接上传到 Android 模拟器或 Android 手机中执行，即可进行安装。在 Eclipse 中，只需选中项目名称并右击，在弹出的快捷菜单中选择“run as”→“Android Application”命令，即可完成项目的打包安装。但实际上打包和安装过程还是比较复杂的。下面以新闻客户端项目为例，应用程序安装过程有以下 3 个步骤。

1. 生成 apk 文件

1）生成 .dex 文件。

2）资源索引表生成 resources.arsc。

3）准备未编译文件。

4）将清单文件 AndroidMenifest. xml 文件转换成二进制。

5）使用 debug. keystore 对整个应用程序进行打包签名。

2. 加载 apk 文件到模拟器中

把 apk 文件加载到/data/local/tmp/xxx. apk

3. 安装应用程序

1）进入 Eclipse 的 DBMS 中，在 File Explore 下将：/data/local/tmp/xxx. apk，剪切到文件：/data/app/包名 - 1. apk（其中包名为打包项目的包名）。

2）在/data/data/文件夹下以包名创建一个文件夹，用于存储当前程序的数据。

3）在 packages. xml 和 packages. list 文件中分别添加一条记录。

Android 系统要求具有其开发者签名的私人密钥的应用程序才能够被安装。生成数字签名和打包项目成 APK 都可以采用命令行的方式，但是通过 Eclipse 中的向导可以更加方便地完成整个流程。数字签名的打包过程非常简单，步骤如下。

1）选中项目名称“EasyNewsClient”并右击，在弹出的快捷菜单中选择“Export”命令，打开如图 11-7 所示的窗口。

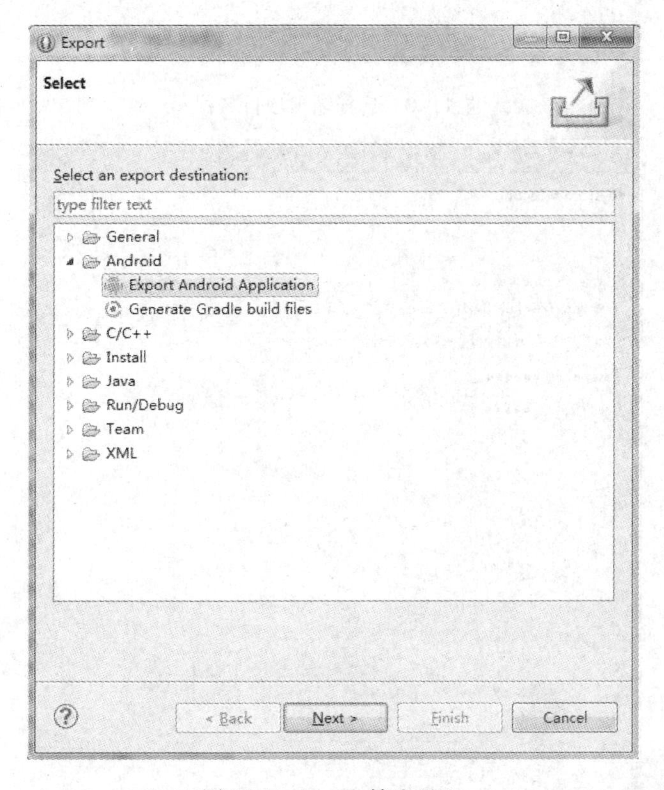

图 11-7　Export 输出界面

2）单击“Select”界面中的“Next”按钮，打开如图 11-8 所示的窗口

3）单击“Project Checks”界面中的“Next”按钮，打开如图 11-9 所示的窗口。如果有签名文件，就选择“Use existing keystore”单选按钮；如果以前没有创建过签名文件，就选择“Create new keystore”单选按钮。

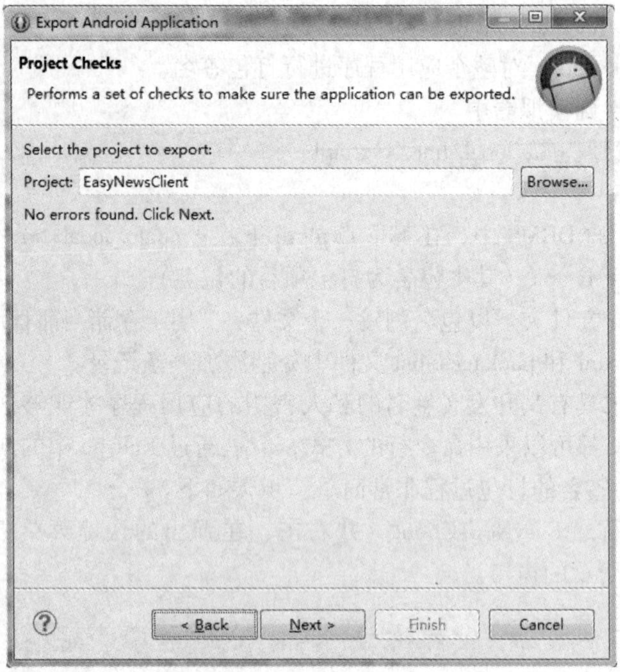

图 11-8　选择输出项目名称

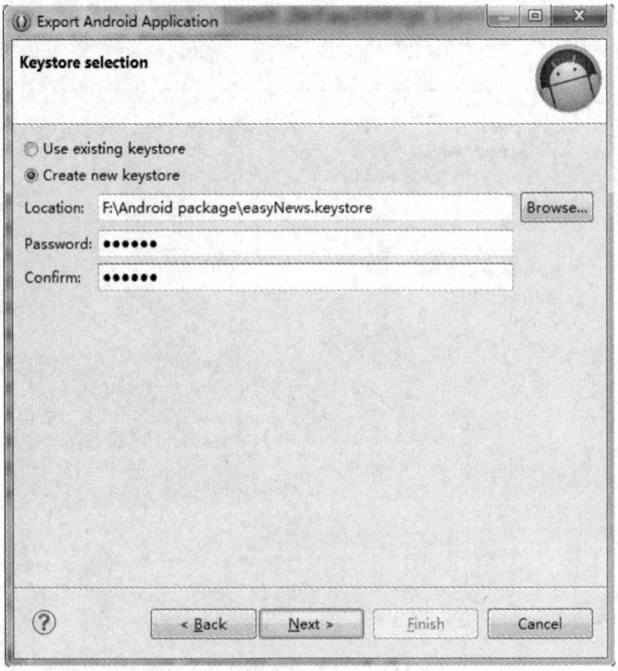

图 11-9　Keystore selection 界面

这里选择的是创建新的签名文件，然后在“Location”选项中选择存放签名文件的位置，最后在“Password”和“Confirm”文本框中设置密码和确认密码。

4）单击“Keystore selection”界面中的“Next”按钮，打开如图 11-10 所示的窗口。

Key Creation 界面中有些选项必须填写，其他选填即可，填写值含义如表 11-2 所示。

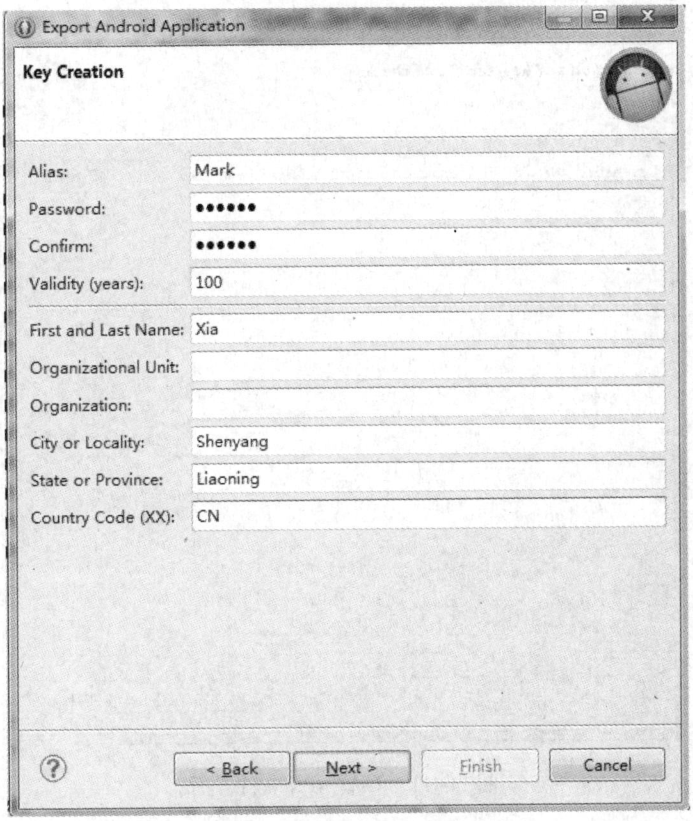

图 11-10　Key Creation 界面

表 11-2　Key Creation 界面的填写值含义

填写的属性	含　义	是否必填
Alias	签名的别名	是
Password	密码	是
Confirm	确认密码	是
Validity（years）	签名有效期（单位：年）	是
First and Last Name	姓名	
Organizational Unit	组织单位	
Organizations	组织	任填其中之一
City or Locality	城市和地址	
State or Province	省/州	
County Code	国家代码	

5）单击“Key Creation”界面中的“Next”按钮，打开如图 11-11 所示的窗口，在“Destination APK file”选项中找到刚才存放签名文件的路径，用来存放项目 apk 文件，然后单击“Finish”按钮

这样就完成了项目的签名和打包过程，最后可以在刚才存放签名文件和 APK 文件的路径中找到相应的签名文件和 APK 文件，如图 11-12 所示。

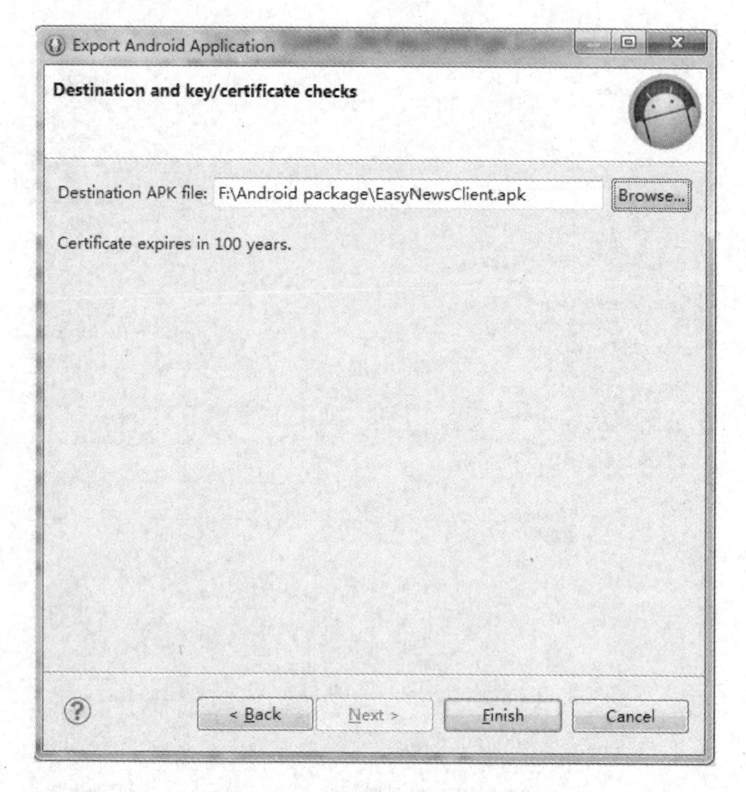

图 11-11　存放 APK 文件界面

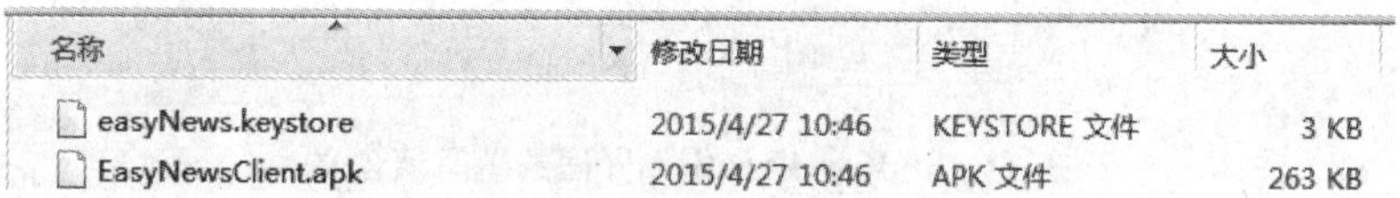

名称	修改日期	类型	大小
easyNews.keystore	2015/4/27 10:46	KEYSTORE 文件	3 KB
EasyNewsClient.apk	2015/4/27 10:46	APK 文件	263 KB

图 11-12　签名文件和项目 APK 文件

📖 签名文件是非常有用的，因此生成的签名文件一定要保存好，在下次项目需要升级时，就要选择已经存在的签名文件，如果没有这个签名文件，就会导致升级错误。

本章小结

本章通过一个简易新闻客户端案例，阐述了 Android 开发整体流程，基本覆盖了本书所有的知识点，包括客户端与服务端的交互、网络连接知识、多线程知识、UI 基本控件知识、对话框设计、XML 数据解析和 ListView 显示等。通过这个案例的设计思路讲解和小知识点穿插讲解，不仅会对本书中涉及的知识点加深理解，而且还会学到一些新的设计思路，如自定义控件。虽然本书中没有涉及这方面的知识，但考虑到今后在 Android 开发设计中经常会使用到，而且该知识点并不难理解，因此在本项目中也穿插了这种延伸的知识点的讲解。本项目还采用了部分开源项目代码，这给了初学者一个很好的学习开发思路，多使用别人的优秀代码可能比自己写代码更高效，今后在实际开发工作中也是会经常使用开源代码或者开源框架，这是很好的开发习惯。

课后练习

一、操作题

1. 设计一个简易学生成绩管理系统。该系统的主界面包括学生学号、学生姓名、学生成绩 3 个字段和增删改查 4 个按钮，数据库采用 SqLite 本地存储数据，用户可以通过增删改查来管理学生成绩，请模拟这一简易系统。

2. 设计一个简易购物车功能。该系统的主界面包括商品的代码、商品名称、商品价格、商品数量 4 个字段和 1 个按钮，采用 Tomcat 连接服务器，服务器端提供商品数据，客户端读取商品数据，并且将商品添加到购物车，添加成功后用 Toast 输出成功信息。

参 考 文 献

[1] 李宁. Android 应用开发实战[M]. 2 版. 北京：机械工业出版社，2013.

[2] 英特尔亚太研发有限公司，英特尔软件学院教材编写组. 基于英特尔平台的 Android 应用开发[M]. 大连：东软电子出版社，2013.

[3] 吴亚峰，于复兴. Android 应用开发完全自学手册[M]. 北京：人民邮电出版社，2012.

[4] Android 中的 BroadCastReceiver[OL]. www. iteye. com.

[5] Android 开发学习笔记：对话框浅析[OL]. www. 51cto. com.

[6] Android 开发学习笔记：Notification 和 NotificationManager 浅析[OL]. www. 51cto. com.

[7] Android dialog：日期和时间选择对话框[OL]. www. csdn. net.

[8] Android 之菜单：选项菜单[OL]. www. cnblogs. com.

[9] Android 之多线程工作（一）AsyncTask[OL]. www. iteye. com.

[10] Android 进程和线程详解（2）[OL]. www. ltesting. net.

[11] Android 多线程：AsyncTask 详解[OL]. www. cnblogs. com.

[12] Android 之选择联系人并返回电话号码[OL]. www. csdn. net.

[13] Android 开发之旅：短信的收发及在 Android 模拟器之间实践（二）[OL]. www. cnblogs. com.

[14] 孙更新，邵长恒，宾晟. Android 从入门到精通[M]. 北京：电子工业出版社，2011.

[15] 杨丰盛. Android 应用开发揭秘[M]. 北京：机械工业出版社，2010.

[16] 郭宏志. Android 应用开发详解[M]. 北京：电子工业出版社，2010.

[17] 李宁. Android 开发权威指南[M]. 2 版. 北京：人民邮电出版社，2013.

[18] Reto Meier. Android 4 高级编程[M]. 佘建伟，赵凯，译. 3 版. 北京：清华大学出版社，2013.

[19] 汪杭军，王慧婷，崔坤鹏. Android 应用程序开发[M]. 北京：机械工业出版社，2014.

[20] 张冬玲，杨宁. Android 应用开发教程[M]. 北京：清华大学出版社，2013.

[21] 谢景明，王志球，冯福锋. Android 移动开发教程（项目式）[M]. 北京：人民邮电出版社，2013.